U0226161

大学物理实验

（基础篇）

主　编　任亚杰　何军锋　崔富刚

副主编　（按姓名拼音排序）

娄本浊　谭　毅　赵升频

科学出版社

北京

内 容 简 介

本书是根据《理工科类大学物理实验课程教学基本要求》及国家质量监督检验检疫总局、国家标准化管理委员会发布的各类国家标准，结合目前物理实验教学仪器的发展状况，在多年来的实验教学教改和教学经验的基础上编写而成的. 全书主要包括四个部分，第一部分是绪论，简要介绍了物理实验课程的地位、任务、基本要求及大学物理实验课的主要环节；第二部分是物理实验基础知识，系统介绍了误差及不确定度理论、有效数字、数据处理基本方法、物理实验中的基本测量方法、仪器调节方法等；第三部分是基础物理实验，选取了涵盖力、热、光、电、磁及近代物理共 30 个实验项目；第四部分是附录，给出了国际单位、物理基本常数及实验中可能用到的其他常数.

本书可作为高等院校理工科各专业、高等师范院校非物理专业的物理实验教学用书及物理学专业的基础物理实验教学用书，亦可供各类高职院校、独立学院相关专业选用.

图书在版编目(CIP)数据

大学物理实验. 基础篇 / 任亚杰，何军锋，崔富刚主编. —北京:科学出版社，2022.1

ISBN 978-7-03-069371-6

Ⅰ. ①大⋯　Ⅱ. ①任⋯　②何⋯　③崔⋯　Ⅲ. ①物理学－实验－高等学校－教材　Ⅳ. ①O4-33

中国版本图书馆 CIP 数据核字(2021)第 138101 号

责任编辑：窦京涛　田轶静 / 责任校对：杨聪敏
责任印制：赵　博 / 封面设计：无极书装

科学出版社 出版
北京东黄城根北街 16 号
邮政编码：100717
http://www.sciencep.com
三河市春园印刷有限公司印刷
科学出版社发行　各地新华书店经销
*

2022 年 1 月第　一　版　开本：720×1000　1/16
2025 年 2 月第四次印刷　印张：15 1/4
字数：307 000
定价：39.00 元
(如有印装质量问题，我社负责调换)

前　言

物理实验技术是工程技术的基础，是学生系统地学习实验方法、仪器使用、数据处理等技能的良好训练平台，是理工科学生不可或缺的一门重要基础课程.

本书是作者根据《理工科类大学物理实验课程教学基本要求》、《测量不确定度评定与表示》(JJF 1059.1—2012)及《测量不确定度评定和表示》(GB/T 27418—2017)的相关精神，参考《数据的统计处理和解释　正态样本离群值的判断和处理》(GB/T 4883—2008)、《数值修约规则与极限数值的表示和判定》(GB/T 8170—2008)、《通用卡尺检定规程》(JJG 30—2012)等国家标准，结合目前物理实验教学仪器的发展状况，在多年来的实验教学教改和教学经验的基础上编写而成的.

本书编撰过程中主要体现了以下几点：

(1)体系简洁. 全书主要包括四个部分，第一部分是绪论，简要介绍了物理实验课程的地位、任务、基本要求及大学物理实验课的主要环节；第二部分是物理实验基础知识，系统介绍了误差及不确定度理论、有效数字、数据处理基本方法、物理实验中的基本测量方法、仪器调节方法等；第三部分是基础物理实验，选取了涵盖力、热、光、电、磁及近代物理共 30 个实验项目，着重在基本物理量的测量、基本实验能力、不确定度估算方面培养学生，使学生具备自主完成实验的能力，并在实验过程及后续数据处理过程中培养学生实事求是的科学态度、综合与创新思维，锻炼学生的科研能力，提高学生的科研素质；第四部分是附录，给出了国际单位、物理基本常数及实验中可能用到的其他常数.

(2)在实验内容编排上，每个实验都提出明确的实验目的，以明确学生的实验任务；并且加入了探索创新项，给学有余力的学生提供了一个可以进一步研究的方向.

(3)概念、方法等与国家标准保持一致. 例如，不确定度部分严格参照《测量不确定度与表示》(JJF 1059.1—2012)、《测量不确定度评定和表示》(GB/T 27418—2017)，力争在学生能够理解的前提下，系统介绍物理实验中要用到的不确定知识. 相关概念、符号与标准 JJF 1059.1—2012 保持一致.

(4)考虑到学生现状，在实验内容的安排上，较详尽地介绍了主要仪器的结构原理和使用方法，并简明地叙述了该实验的意义和应用方面的背景知识. 每个实验都给出了紧扣实验内容的思考题.

实验教学必须依靠集体的力量才能完成，本书凝聚了多位教师和实验技术人员的智慧和劳动成果. 参与本书编写的有：何军锋(绪论、第 1 章、2.1、2.2、附录)、任亚杰(2.3、2.4、2.8、2.11、2.21)、崔富刚(2.5、2.6、2.7、2.9、2.10)、谭毅(2.12、2.13、2.14、2.15、2.18)、娄本浊(2.16、2.19、2.20、2.25、2.26、2.27)、赵升频(2.17、2.22、2.23、2.24).

　　本书是我们实验教学改革的总结，也是教材建设的一次必要尝试，书中难免存在不妥之处，望广大读者在使用过程中提出宝贵意见，以便修改和完善.

编　者

2020 年 10 月

目　　录

绪　　论

物理学是研究物质的基本结构、基本运动形式、相互作用及转化规律的学科. 它的基本理论渗透在自然科学的各个领域, 应用于生产技术的许多部门, 是自然科学和工程技术的基础.

在人类追求真理、探索未知世界的过程中, 物理学展现了一系列科学的世界观和方法论, 深刻影响着人类对物质世界的基本认识、人类的思维方式和社会生活, 是人类文明的基石, 在人才的科学素质培养中占有重要的地位.

物理学本质上是一门实验科学. 物理实验是科学实验的先驱, 体现了大多数科学实验的共性, 在实验思想、实验方法及实验手段等方面是各学科科学实验的基础.

一、物理实验课程的地位、作用与任务

物理实验课程是高等理工科院校对学生进行科学实验基本训练的必修基础课程, 是本科生接受系统实验方法和实验技能训练的开端.

物理实验课程覆盖面广, 具有丰富的实验思想、方法、手段, 同时能提供综合性很强的基本实验技能训练, 是培养学生科学实验能力、提高科学素质的重要基础. 这在培养学生严谨的治学态度、活跃的创新意识、理论联系实际和适用科技发展的综合应用能力等方面具有其他实践课程不可替代的作用.

(1) 培养学生的基本科学实验技能, 提高学生的科学实验基本素质, 使学生初步掌握科学的思想和方法.

(2) 培养学生的科学思维和创新意识, 使学生掌握实验研究的基本方法, 提高学生的分析能力和创新能力.

(3) 提高学生的科学素质, 培养学生理论联系实际和实事求是的科学作风, 认真严谨的科学态度, 积极主动的探索精神, 遵守纪律、团结协作、爱护公共财产的优良品德.

二、物理实验课程的基本要求

对于物理实验课程教学的能力培养、教学内容的基本要求, 教育部高等学校物理学与天文学教学指导委员会物理基础课程教学指导分委员会编制的《理工科大学物理实验课程教学基本要求》中有详细规定.

1. 物理实验课程能力培养基本要求

(1)独立实验的能力. 能够通过阅读实验教材、查询有关资料和思考问题, 掌握实验原理及方法、做好实验前的准备; 正确使用仪器及辅助设备、独立完成实验内容、撰写合格的实验报告; 通过以上实验训练, 逐步形成自主实验的基本能力.

(2)分析与研究的能力. 能够融合实验原理、设计思想、实验方法及相关的理论知识对实验结果进行分析、判断、归纳与综合. 掌握利用实验研究物理现象和物理规律的基本方法, 具有初步的分析研究能力.

(3)理论联系实际的能力. 能够在实验中发现问题、分析问题并解决问题, 逐步提高学生综合运用所学知识和技能解决实际问题的能力.

(4)创新能力. 能够完成符合规范要求的设计性、综合性内容的实验, 进行初步的具有研究性或创意性内容的实验. 激发学生的学习主动性, 逐步培养学生的创新能力.

2. 物理实验课程内容的基本要求

大学物理实验应包括普通物理实验(力学、热学、电磁学、光学实验)和近代物理实验, 具体的教学内容基本要求如下:

(1)掌握测量误差的基本知识, 具有正确处理实验数据的能力.

①掌握测量误差与不确定度的基本概念, 逐步学会用不确定度对直接测量和间接测量的结果进行评估.

②掌握一些常用的实验数据处理方法, 包括列表法、作图法和最小二乘法等. 随着计算机及其应用技术的普及, 应包括用计算机通用软件处理实验数据的基本方法.

(2)掌握基本物理量的测量方法. 例如, 长度、质量、时间、热量、温度、湿度、压强、压力、电流、电压、电阻、磁感应强度、光强度、折射率、电子电荷、普朗克常量、里德伯常量等常用物理量及物性参数的测量, 注意加强数字化测量技术和计算技术在物理实验教学中的应用.

(3)了解常用的物理实验方法, 并逐步学会使用. 例如, 比较法、换测法、放大法、模拟法、补偿法、平衡法和干涉法等, 以及在近代科学研究和工程技术中广泛应用的其他方法.

(4)掌握实验室常用仪器的性能, 并能够正确使用. 例如, 长度测量仪器、计时仪器、测温仪器、变阻器、电表、交/直流电桥、通用示波器、低频信号发生器、分光仪、光谱仪、常用电源和光源等仪器.

根据条件, 在物理实验课中逐步引进在当代科学研究与工程技术中广泛应用的现代物理技术, 如激光技术、传感器技术、微弱信号检测技术、光电子技术、结构分析波谱技术等.

(5)掌握常用的实验操作技术.例如,零位调节、水平/铅直调整、光路共轴调整、消视差调节、逐次逼近调整、根据给定的电路图正确接线、简单的电路故障检查与排除,以及在近代科学研究与工程技术中广泛应用的仪器的正确调节.

(6)在教学中要适当介绍一些物理实验史料和物理实验在工程技术及现代科学技术中的应用知识,对学生进行辩证唯物主义世界观和方法论教育,并培养学生创新意识、创新思维和创新能力.

三、大学物理实验课的主要环节

1. 课前预习

实验预习的要求是在课前认真阅读要做的实验,写出实验预习报告.预习报告包含以下几个方面.

(1)实验目的:明确实验要达到的要求.

(2)实验原理:简要叙述实验原理,写出测量公式,画出原理图、电路图等.

(3)实验仪器:列出实验所需要的主要仪器.

(4)内容与步骤:简要写出实验步骤.

(5)画出实验数据表格:根据实验内容要求设计出数据记录表.

(6)完成预习思考题.

2. 课内操作

操作是学习科学实验知识、培养实验技能、完成实验任务的主要环节.它包括以下方面.

(1)对照实物熟悉测量仪器,进行合理布局.进一步掌握所用仪器的性能、测量方法及实验注意事项等.

(2)对量具、仪器进行调整,或按电路、光路图进行连接,复杂连接须经教师检查后方可进行实验.

(3)按实验步骤进行正确操作,若出现异常现象,应终止实验,分析原因,并与指导教师讨论解决.

(4)正确读取、记录实验数据.记录的数据应满足有效数字的要求.所记录的原始数据不可随意更改,要做到如实、及时地记录实验数据及观察到的现象.

(5)操作完成后,经教师在原始数据上签字以后,再止动仪器、切断电源或光源,并整理好仪器.

3. 课后撰写实验报告

实验报告是完成实验后的书面总结,是把感性认识深化为理性认识的过程,它具有科研报告和科学论文的性质. 因此, 认真书写实验报告, 不仅可以提高自己写作报告和科研论文的水平, 而且可以提高组织材料、语言表达、文字修饰的诸多能力. 物理实验报告一般包括以下几项内容.

(1) 实验名称: 所做实验的名称.

(2) 实验时间: 做实验的具体时间.

(3) 实验人、指导教师: 做实验者本人姓名、指导教师姓名.

(4) 实验目的: 完成本实验要达到的基本要求.

(5) 实验原理: 简要叙述实验的物理思想和理论定律, 简单推导测量用公式, 电学和光学实验必须画出相应的电路图或光路图.

(6) 实验仪器: 所用仪器的名称和型号.

(7) 实验内容和步骤: 根据实际实验过程, 写出实验内容和步骤.

(8) 数据记录与处理: 设计出合理的数据表格, 将原始数据填入表中; 按要求写出主要计算过程及误差处理过程, 完整表达实验结果; 若用作图法处理实验数据, 必须严格按要求作图, 画出符合规定的图线, 实验曲线必须画在坐标纸上.

(9) 小结: 讨论实验中遇到的问题, 写出自己的见解、体会和收获, 提出对实验的改进意见等.

实验报告字体要工整, 文句要简明; 原始数据要附在实验报告中一并交给教师审阅, 没有原始数据的实验报告是无效的.

学生在实验时, 必须遵守实验室各项规章制度, 并在实验后搞好实验室卫生.

第 1 章　物理实验基础知识

大学物理实验作为一门独立的基础实验课，要求学生在测量的基础上，合理处理数据并进行不确定度估算，同时还要掌握一些基本的仪器调节方法. 本章主要介绍测量的定义及分类、测量误差、测量不确定度的估算、有效数字及应用、物理实验中的数据处理基本方法及常用仪器调节方法等.

1.1　测量及分类

1.1.1　测量

1. 测量的定义

所谓测量，一般指按照某种规律，用数据来描述观察到的现象，即对事物作出量化描述. 测量是对非量化实物的量化过程. 在工程实践中，测量就是将待测物理量与被选作计量标准的同类物理量在数值上进行比较，从而确定二者比值(倍数)的实验认识过程. 比值称为待测物理量的数值，选用的计量标准称为单位. 测量结果必须包含测量数值和单位，如选定质量的单位为千克，长度的单位为米等.

2. 测量要素

一个完整的测量过程一般包含四个要素，即测量客体、计量单位、测量方法及测量准确度.

(1)测量客体是指测量对象，即待测物理量. 由于物理量种类繁多，性质各异，所以要对待测物理量的定义、性质等加以研究和熟悉，以便进行测量.

(2)计量单位指测量中选择的计量标准，即单位. 显然测量数值与计量单位的选择有关. 我国的法定计量单位是国际单位(SI). 国际单位制中七个基本物理量的单位：长度单位是米(m)、质量单位是千克(kg)、时间单位是秒(s)、温度单位是开尔文(K)、电流单位是安培(A)、发光强度单位是坎德拉(cd)、物质的量单位是摩尔(mol). 在实际测量中，还有一些常用计量单位，如长度测量中常用分米(dm)、厘米(cm)、毫米(mm)等.

(3)测量方法指在进行测量时所用的按类叙述的一组操作逻辑次序. 具体来说，

就是根据被测物理量的特点，分析研究该参数与其他参数的关系，最后确定对该物理量进行测量的操作方法.

(4)测量准确度指测量结果与真值的一致程度. 由于任何测量过程总不可避免地会出现测量误差，误差大说明测量结果离真值远，准确度低. 因此，准确度和误差是两个相对的概念. 由于存在测量误差，任何测量结果都是以一近似值来表示的.

3. 测量条件

测量总是在一定条件下进行，科学实验中实验条件又分为重复性测量条件、复现性测量条件及期间精密度测量条件.

(1)重复性测量条件：简称重复性条件，指相同测量程序、相同操作者、相同测量系统、相同操作条件和相同地点，并在短时间内对同一或类似的被测对象重复测量的一组测量条件.

(2)复现性测量条件：简称复现性条件，指不同地点、不同操作者、不同测量系统对同一或类似被测对象重复测量的一组测量条件.

(3)期间精密度测量条件：简称期间精密度条件，指除了相同测量程序、相同地点，以及在一个较长时间内对同一或相类似的被测对象重复测量的一组测量条件外，还包括涉及改变的其他条件. 改变可包括新的校准、测量标准器、操作者和测量系统.

1.1.2 测量分类

按照不同分类方法，测量可分为不同的类型，下面将对常用分类进行介绍.

1. 直接测量、间接测量及组合测量

(1)直接测量：可以用测量仪器或仪表直接读出测量值的测量叫直接测量，相应的物理量叫直接测量量. 例如，用螺旋测微器测量长度，用天平测量质量，用停表测量时间等.

(2)间接测量：不直接对被测物理量进行测量，而是直接测量那些与被测量有确切函数关系的物理量，然后通过函数计算而得到被测量的过程叫做间接测量，相应的物理量叫间接测量量. 例如，测量某长方体的体积 V，已知体积 V 与长方体的长 a、宽 b、高 c 的函数关系为 $V = a \cdot b \cdot c$，则先直接测量 a、b、c 各量，这些量是直接测量量，然后通过计算得到体积 V，V 就是间接测量量.

由于直接测量简单、快捷，人们总是想方设法利用间接测量量与直接测量量的函数关系设计制造出可以直接测量的仪器设备，把间接测量转化为直接测量，如欧姆表、密度计、压强计等就是这类仪器.

(3)组合测量：又称"联立测量"，即被测物理量必须经过联立方程组才能导出

最后测量结果. 在进行联立测量时, 一般需要改变测试条件, 才能获得一组联立方程所要的数据. 对联立测量, 在测量过程中, 操作手续很复杂, 花费时间很长, 是一种特殊的精密测量方法. 它一般适用于科学实验或特殊场合.

例如, 测量一金属导线的温度系数. 电阻与温度的关系可近似表示为

$$R_T = R_0(1 + \alpha T)$$

将该金属导线置于不同的温度 T_1、T_2, 测得对应阻值 R_1、R_2, 代入上式可得

$$R_{T_1} = R_0(1 + \alpha T_1)$$

$$R_{T_2} = R_0(1 + \alpha T_2)$$

以上两式联立即可得到温度系数 α.

在实际测量工作中, 一定要从测量任务的具体情况出发, 经过具体分析后再决定选用哪种测量方法.

2. 等精度测量与不等精度测量

按照测量条件, 测量又可分为等精度测量和不等精度测量两类.

(1) 等精度测量: 为了减小测量误差, 往往对同一个固定物理量进行多次重复测量, 如果每次测量的条件都相同(同一观测者、同一套仪器、同一种实验原理和方法、同样的环境等), 就没有任何根据可以判断某次测量一定比另一次测量更准确, 所以, 每次测量的精度被认为是相同的, 这种重复测量称为等精度测量, 测得的一组数据称为测量列.

(2) 不等精度测量: 在诸多测量条件中, 只要一个发生了变化, 这时所进行的测量, 就叫不等精度测量.

按照不同分类标准, 如按测量重复性分为单次测量和重复测量, 按标准器与待测件是否接触分为接触测量和非接触测量, 按是否向被测对象施加能量分为主动测量和被动测量, 按被测量变化快慢分为静态测量和动态测量等, 这里不再赘述.

1.2　测量误差分类及估算

1.2.1　测量误差

1. 真值与误差

待测物理量的客观存在值称为该物理量的真值, 记为 x_0. 测量的目的就是要得到真值. 但测量受到测量仪器精度的限制, 以及测量方法、测量环境等因素的影响,

实际测量值(记为 x)与真值之间存在一定的差异,这种差异叫测量误差. 用 Δx 表示测量误差,则

$$\Delta x = x - x_0 \tag{1.2.1}$$

真值是一个理想概念,一般情况下是不可知的. 物理实验课中被测物理量的真值一般采用公认值、理论值或准确度较高仪器的测量值(约定真值).

2. 算术平均值与测量偏差

(1)算术平均值:对某一个物理量在相同实验条件下进行了 n 次测量,得到 n 个测量值为 $x_1, x_2, \cdots, x_i, \cdots, x_n$,算术平均值为

$$\bar{x} = \frac{1}{n}\sum_{i=1}^{n} x_i \quad (i=1,2,\cdots,n) \tag{1.2.2}$$

由统计学原理可以证明,算术平均值是真值的最佳估计值,所以,在实验中常用算术平均值 $\bar{x}$ 代替真值 x_0.

(2)测量偏差:某次测量值 x_i 与算术平均值 $\bar{x}$ 的差值称为该次测量值的测量偏差,用 Δx_i 表示,则

$$\Delta x_i = x_i - \bar{x} \tag{1.2.3}$$

它表示第 i 次测量值的偏差. 实际测量中,用测量偏差代替测量误差,习惯上仍然称为测量误差.

(3)绝对误差、相对误差、引用误差及百分误差.

①绝对误差:表示某次测量值 x_i 偏离算术平均值 $\bar{x}$ 的测量误差绝对值的大小,即

$$\Delta x_i = |x_i - \bar{x}| \tag{1.2.4}$$

②相对误差:表示绝对误差与算术平均值的比值. 反映绝对误差对被测物理量的影响,相对误差用符号 E_x 表示

$$E_x = \frac{\Delta x_i}{\bar{x}} \times 100\% \tag{1.2.5}$$

相对误差量纲为一,仅是一个用百分数表示的比值. 例如,测得两个物体的长度分别为 l_1=23.50(0.03)cm,l_2=2.35(0.03)cm,则其相对误差分别为

$$E_1 = \frac{0.03}{23.50} \times 100\% \approx 0.13\%, \qquad E_2 = \frac{0.03}{2.35} \times 100\% \approx 1.3\%$$

从绝对误差看,两者相等,但从相对误差看,后者比前者大 10 倍,我们自然认为第一个测量更准确,反过来也告诉我们,对 l_2 可选择一个精度更高的仪器来测量.

③引用误差:表示测量仪器某标称范围(或量程)内的最大绝对误差与该标称范围(或量程)上限之比,常以百分数表示. 引用误差是相对误差的一种,而且该相对

误差是引用了特定值的，故该误差又称为引用相对误差、满度误差. 若用 A_m 表示仪表满量程，则引用误差表示为

$$E_\text{m} = \frac{\Delta x_\text{m}}{A_\text{m}} \times 100\% \tag{1.2.6}$$

④百分误差：将测量误差与真值或理论值比较，用百分误差来表示，即

$$E_x = \frac{|x - x_0|}{x_0} \times 100\% \tag{1.2.7}$$

1.2.2　测量误差的分类

测量误差按照产生的原因和性质可分为系统误差、随机误差和粗大误差.

1. 系统误差

在同一条件下(指方法、仪器、环境、人员等)，对某一物理量进行多次重复测量时，误差的大小和符号(正、负)均保持不变或按照一个确定的已知规律变化，这类误差称为系统误差.

产生系统误差的主要原因如下.

(1)仪器误差：测量时所使用的测量工具、仪表、仪器、装置、设备本身固有的缺陷带来的误差，如仪器刻度盘分度不均匀、停表走时偏快等.

(2)仪器零位误差：仪器的零位未校准时所造成的误差，如螺旋测微器、卡尺及电表等仪器的零位不准.

(3)方法和理论误差：由所采用的测量原理或者测量方法本身的近似、不严格、不完备产生的测量误差. 如用落球法测定液体的黏滞系数时，理论上要求液体无限广延，实际上是在直径有限的容器中测量，结果使测量值总是偏大.

(4)环境误差：测量系统以外的周围环境因素对测量的影响产生的误差，如温度、湿度、气压、震动、灰尘、光照、电场、磁场、电磁波等.

(5)主观误差：由进行测量的操作人员素质条件所引起的误差. 它与实验者的分辨能力、反应速度以及固有习惯等有关. 如有的人按停表总是落后，有的人则总是提前.

系统误差的特征是确定性. 在相同条件下对同一物理量进行多次测量时误差的大小和符号均保持不变的系统误差称为定值系统误差，如仪器零位误差、理论误差等；按确定的已知规律变化的系统误差称为变值系统误差.

系统误差的消除、减小和修正可在实验前、实验中及实验后进行. 如实验前对测量仪器进行校正，对实验方法进行完善，对实验人员进行培训等，实验中采用一定方法(如抵消法、交换法、对称测量法等)对系统误差进行补偿，实验后对数据进行修正等.

2. 随机误差

相同条件下，在对同一被测量进行多次测量中，各次测得的误差大小和符号不可预测，它们以随机的方式变化并具有抵偿性，这种误差称为随机误差，也叫偶然误差. 随机误差的特征是随机性.

随机误差在测量次数大量增加的情况下，总体服从一定的统计规律——高斯分布，也叫正态分布. 随机误差不能用修正测量结果的方法加以消除，只能用多次测量取平均的方法来降低它的影响.

随机误差的产生，一方面是测量过程中一些随机的、未能控制的可变因素或不确定因素引起的，如测量者视觉、听觉、触觉感应能力的限制，环境因素的干扰等. 另一方面，由被测对象本身不稳定引起的，如被测样品本身存在微小差异等.

3. 粗大误差

粗大误差指明显超出规定预期的误差. 它是统计的异常值，测量结果带有的粗大误差应按一定规则剔除.

粗大误差是由实验者选择仪器有缺陷或操作不当造成的一种人为差错，如读错数字、看错刻度、记错数字、操作有误等.

1.2.3 随机误差的估算

1. 随机误差的性质

随机误差是随机的，但当在相同条件下，对同一物理量进行很多次测量时，发现测量误差值服从正态分布规律，如图 1.2.1 所示，横轴 Δ 表示误差，纵轴 $f(\Delta)$ 为误差分布的概率密度函数，可见随机误差具有以下性质.

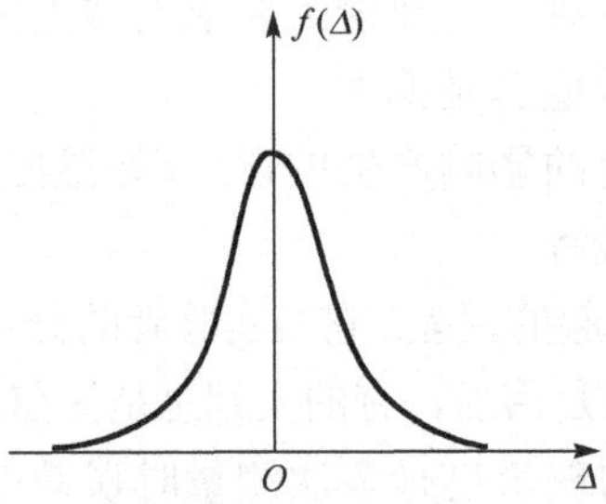

(1) 单峰性：绝对值小的误差出现的概率比绝对值大的误差出现的概率大.

(2) 对称性：大小相等、符号相反的误差出现的概率相同.

(3) 有界性：非常大的误差出现的概率趋近于零.

(4) 抵偿性：当测量次数增多时，由于正负误差出现的概率相等，所以误差的平均值趋近于零，即当 $n \to \infty$ 时，测量量的平均值趋近于真值

图 1.2.1　正态曲线

$$\lim_{n \to \infty} \frac{1}{n} \sum_{i=1}^{n} \Delta x_i = 0 \tag{1.2.8}$$

2. 总体标准偏差

当测量次数无限增多时，各次测量值 x_i 的误差 Δx_i 的平方平均值的平方根称为总体标准偏差或理论标准偏差，用 σ 表示，即

$$\sigma = \sqrt{\frac{1}{n}\sum_{i=1}^{n}(x_i-m)^2}\quad(n\to\infty)\tag{1.2.9}$$

式中，n 为测量次数；m 为 $n\to\infty$ 时的总体平均值，不考虑系统误差时，m 就是真值.

由于实验中不可能 $n\to\infty$，故 m 是一个理想值，所以 σ 不是一个具体的测量误差，它反映了在相同条件下进行一组测量时的概率分布情况，只具有统计意义，是一个统计特征值.

3. 实验标准偏差

在实际测量中，测量次数总是有限的，真值是不可知的，标准误差只有理论意义. 实际误差处理时，一般用测量偏差代替测量误差，用实验标准偏差近似代替标准误差. 实验标准偏差，简称实验标准差，它是对同一被测量进行有限次测量，表征测量结果分散性的量. 实验标准差又分为单个测量值的实验标准差和算术平均值的实验标准差.

1）单个测量值的实验标准差

误差理论证明，当对被测量 X 进行有限次的 n 次测量时，n 次测得值中某单个测得值 x_k 的实验标准偏差 $s(x_k)$ 可按贝塞尔（Bessel）公式计算

$$s(x_k) = \sqrt{\frac{1}{n-1}\sum_{i=1}^{n}(x_i-\overline{x})^2}\tag{1.2.10}$$

式中，x_i 为第 i 次测量的测得值；$\overline{x}$ 为 n 次测量所得一组测得值的算术平均值. 由式（1.2.10）可知，其自由度 ν（自由度指在方差运算中，和的项数减去对和的限制数）为 $n-1$.

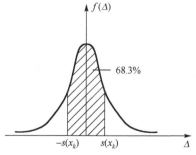

图 1.2.2　标准误差的意义示意图

实验标准偏差 $s(x_k)$ 表征在相同的测量条件下，对同一物理量作 n 次测量时，其结果的离散程度. 如图 1.2.2 所示，经计算可得在 $-s(x_k)\sim +s(x_k)$ 范围内，分布曲线所包围的面积（图中斜线部分）占总面积的 68.3%，即单次测量值的标准偏差的意义为：在相同条件下进行一组测量时，任意一个测量值落在 $(\overline{x}-s(x_k),\overline{x}+s(x_k))$ 区间的可能性为 68.3%.

2) 算术平均值的实验标准差

对同一物理量进行 n 次等精度测量，由误差理论可以证明，其算术平均值的实验标准偏差为

$$s(\overline{x}) = \frac{s(x_k)}{\sqrt{n}} = \sqrt{\frac{1}{n(n-1)} \sum_{i=1}^{n} (x_i - \overline{x})^2} \tag{1.2.11}$$

需要指出的是，当被测物理量本身不稳定时，即此量没有确定的真值，计算平均值的标准偏差就没有实际意义，这时只需计算单个测得值的实验标准差.

1.2.4 系统误差的估算

在实际测量中，既有随机误差也有系统误差. 物理实验中所用仪器的精度一般不太高，所以，测量中的系统误差往往是影响测量结果的重要因素. 产生系统误差的原因众多，各有各的特点. 与随机误差有统一的估算方法不同，系统误差需要分别进行分析估算.

系统误差按可掌握程度分为定值系统误差和变值系统误差，定值系统误差的特点是在整个测量过程中，其大小和方向保持不变，可以通过修正加以消除. 所以本书只讨论变值系统误差的估算. 在基础物理实验中，变值系统误差有仪器误差限误差和灵敏度误差.

1. 仪器误差限误差 Δ_{ins} 的估算

仪器误差限误差 Δ_{ins} 一般是指在正确使用仪器的条件下，仪器的示值和被测量实际值之间可能产生的最大绝对误差. 仪器误差是在仪器的制造过程中不可避免地存在各种缺陷所造成的测量误差. 一般由仪器说明书和国家标准给出估算值或估算公式，若给出了仪器示值最大允许误差，则仪器误差限取仪器示值最大允许误差的绝对值. 实验室常用仪器的误差限如下.

(1) 量程为 $0\sim300$mm 的钢直尺，Δ_{ins} 一般取 0.1mm；量程为 $0\sim1$m 的钢卷尺，Δ_{ins} 一般取 0.5mm.

(2) 游标卡尺的示值最大允许误差与仪器的最小分度值、测量范围上限有关，表 1.2.1 给出了不同分度值、不同测量范围上限的游标卡尺示值最大允许误差.

(3) 外径螺旋测微器示值的最大允许误差不应超过表 1.2.2 规定的误差；壁厚螺旋测微器、板厚螺旋测微器示值的最大允许误差应不超过±8μm. 数显外径螺旋测微器示值的最大允许误差应不超过表 1.2.3 规定的误差.

(4) 读数显微镜、测量显微镜物镜的放大倍数误差、回程误差和示值误差的最大允许误差见表 1.2.4. 圆工作台的最大示值误差 6′.

表 1.2.1　游标卡尺示值最大允许误差

测量范围上限/mm	示值最大允许误差/mm		
	分度值为 0.01mm，0.02mm	分度值为 0.05mm	分度值为 0.10mm
70	±0.02	±0.05	±0.10
200	±0.03		
300	±0.04	±0.08	
500	±0.05		
1000	±0.07	±0.10	±0.15
1500	±0.11	±0.15	±0.20
2000	±0.14	±0.20	±0.25

表 1.2.2　外径螺旋测微器示值的最大允许误差

测量范围/mm	最大允许误差/μm
0～25，25～50	±4
50～75，75～100	±5
100～125，125～150	±6
150～175，175～200	±7
200～225，225～250	±8
250～275，275～300	±9
300～325，325～350	±10
350～375，375～400	±11
400～425，425～450	±12
450～475，475～500	±13

表 1.2.3　数显外径螺旋测微器示值的最大允许误差

测量范围/mm	最大允许误差/μm
0～25，25～50	±2
50～75，75～100，100～125，125～150	±3
150～175，175～200，200～225，225～250	±4
250～275，275～300	±5
300～325，325～350，350～375，375～400	±6
400～425，425～450，450～475，475～500	±7

表 1.2.4　物镜放大倍数误差、回程误差和示值误差的最大允许误差

仪器名称	分度值/mm	最大允许误差/μm		
		物镜放大倍数	回程误差	示值误差
读数显微镜	0.01	±5	5	10
	0.005	±3	2.5	5
	0.0025	±1.5	1.5	2.5
	0.001	±0.5	0.5	0.8
	0.0005	±0.3	0.3	0.6
测量显微镜	≤0.01	—	2	5+L/15 (L—测量长度，mm)

(5)常用电阻箱，各旋钮电阻值的准确度等级相等，仪器误差限 Δ_{ins} 为

$$\Delta_{\mathrm{ins}} = (k\%R + m\delta) \quad \Omega$$

式中，k 为电阻箱的准确度等级，可以从所用电阻箱上查出；R 为电阻箱指示值；m 为电阻箱可使用旋钮数；δ 为盘间接触电阻的允许值，其大小与电阻箱的准确度等级 k 有关. δ 的取值可由表 1.2.5 查得.

表 1.2.5　电阻箱取不同准确度等级 k 时 δ 的取值

准确度等级 k	0.02	0.05	0.1	0.2
δ/Ω	0.001	0.001	0.002	0.005

(6)指针式直流电表，仪器误差限 Δ_{ins} 为

$$\Delta_{\mathrm{ins}} = M \times k\%$$

式中，M 为所使用的量程；k 为准确度等级.

(7)数字式仪表的误差限有多种表达式，下面给出常用的两种：

$$\Delta_{\mathrm{ins}} = N_x a\% + N_{\mathrm{m}} b\%$$

或

$$\Delta_{\mathrm{ins}} = N_x a\% + n$$

式中，a 是仪表的准确度等级；N_x 是仪表示数；b 是常数，称为误差的绝对项系数；N_{m} 是仪表的量程；n 是仪表固定项误差，相当于最小量化单位的倍数.

例如，某数字电压表 $\Delta_{\mathrm{ins}}=0.02\%U_x+2$，则固定误差项是最小量化单位的 2 倍；若取 2V 量程，数字显示 1.4786V，最小量化单位为 0.0001V，则

$$\Delta_{\mathrm{ins}}=0.02\%\times1.4786+2\times0.0001\approx5\times10^{-4}(\mathrm{V})$$

(8)箱式电桥的仪器误差限 Δ_{ins} 由下式给出：

$$\Delta_{\text{ins}} = \frac{c}{100}\left(R_x + \frac{R_N}{10}\right)$$

式中，c 为电桥准确度等级，一般标注在仪器铭牌上；R_x 为标度盘示值乘以倍率盘示值；R_N 为基准值，取有效量程内最大的 10 的整数幂（若 $R_x=420.5\Omega$，则 $R_N=10^2\Omega$；若 $R_x=4205\Omega$，则 $R_N=10^3\Omega$）.

（9）直流电势差计（箱式）. 电势差计的仪器误差 Δ_{ins} 由下式给出：

$$\Delta_{\text{ins}} = \frac{c}{100}\left(U_x + \frac{U_N}{10}\right)$$

式中，c 为直流电势差计的准确度等级，一般分为八个级别，其等级指数分别为 0.0005，0.001，0.002，0.005，0.01，0.02，0.05，0.1；U_x 为标度盘示值乘以倍率盘示值；U_N 为基准值，取有效量程内最大的 10 的整数.

以上是主要实验仪器的误差限和误差限计算公式，其他仪器的误差限可根据说明书或国家标准估算.

2. 灵敏度误差 Δ_s 的估算

1）灵敏度的定义

电桥、电势差计等仪器使用检流计作为电路平衡指示器. 电路平衡时，若待测量 x 发生很小变化 Δx，平衡指示器发生微小变化 Δn，则把 Δn 与 Δx 之比定义为该仪器（或该电路）的灵敏度，用 S_a 表示，即

$$S_a = \frac{\Delta n}{\Delta x} \tag{1.2.12}$$

把上式称为绝对灵敏度. 在实际中，为了定量反映灵敏度 S_a 随测量值 x 的变化，往往采用相对灵敏度，它定义为

$$S_r = \frac{\Delta n}{\dfrac{\Delta x}{x}} \tag{1.2.13}$$

绝对灵敏度和相对灵敏度没有本质上的区别. 本书采用绝对灵敏度估算误差.

2）灵敏度误差 Δ_s 的估算

灵敏度误差用 Δ_s 表示. 一般人眼能分辨的偏转为三分之一格，因此引起的最大误差

$$\Delta_s = \frac{1}{3S_a} = \frac{1}{3}\left(\frac{\Delta x}{\Delta n}\right) \tag{1.2.14}$$

3. 仪器误差与标准误差的换算

理论分析指出，对于多数仪器，其仪器误差和灵敏度误差服从均匀分布，即在

误差区间内，不同大小和符号的各种误差出现的概率都相同，区间外出现的概率为零，如图 1.2.3 所示(图中，a 为仪器误差，$p(x)$ 为各种误差出现的概率). 例如，总长为 1000mm 的钢直尺，按国家标准允许误差为 0.20mm，这个值在整个直尺上的

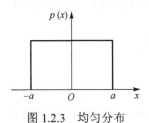

图 1.2.3　均匀分布

任何部位都可能发生，也就是说，它是均匀地分布在整个直尺上的所有部位. 按均匀分布的规律性，仪器误差转换成标准误差为

$$s(\Delta_{\text{ins}}) = \frac{\Delta_{\text{ins}}}{\sqrt{3}} \tag{1.2.15}$$

即它的置信概率为 68.3%(由统计规律得出).

同理，灵敏度误差转换成标准误差为

$$s(\Delta_{\text{s}}) = \frac{\Delta_{\text{s}}}{\sqrt{3}} \tag{1.2.16}$$

4. 消除系统误差影响的一般方法

1)标准量替换法

在相同测量条件下，先对被测量进行测量，再用同等量的标准量替换，被测量的数值就等于这个标准量. 例如，在天平左盘中放入被测量，右盘放入中介物质(如干净细沙)，调平后，拿去被测物，加进标准砝码与右盘中介物质达到平衡，被测物的质量就等于这些标准砝码的质量，这样就可以消除天平不等臂引入的系统误差.

2)交换法

用平衡法对被测量进行一次测量，然后将被测量与标准量交换位置再进行一次测量，取两次测量的标准量值的平均值作为测量结果. 如用天平测质量时，为了消除天平臂长不相等带来的系统误差，可采用交换法测量.

有时用交换法测量时，不能简单地用标准量值的平均值作为测量结果，需进行其他相应计算，如惠斯通电桥测量电阻实验中，若两次测得的标准量值分别为 R_{s}、R_{s}'，则通过下式计算被测量 R_x 方可消除金属丝粗细不均带来的系统误差

$$R_x = \sqrt{R_{\text{s}} R_{\text{s}}'}$$

3)异号法

在两次测量过程中使系统误差改变符号，取其平均值即可消除系统误差. 例如，在灵敏电流计实验中，使用换向开关，改变电路中电流流向，使光斑左偏一次、右偏一次，取平均值即可消除线圈扭力矩使线圈左右偏转不等带来的系统误差；在霍尔效应测磁场中，为了消除不等势电压对测量的影响，可改变流过霍尔片电流的方向或改变磁场的方向，取其平均值作为测量结果.

4）多次测量法

具有随机误差特性的系统误差，可采用不同部位多次测量的方法，用平均值作为测量值来减小系统误差．例如，杨氏模量用的金属丝直径不均匀，采用多次测量法在金属丝上、中、下三个部位多次测量求其平均值而达到消除系统误差的目的．

1.2.5　精密度、正确度和准确度

测量结果与真值的接近程度称为精度．一般用测量精度的高低对测量结果进行定性评价，它与测量误差相对应．精度包括精密度、正确度、准确度．

（1）精密度：指重复测量所得各测量值的离散程度，它反映了随机误差大小的程度．精密度高表示随机误差小，测量重复性好．

（2）正确度：表示测量值或实验结果与真值的符合程度，它表示系统误差对测量值的影响．正确度高表示系统误差小，测量值接近真值的程度高．正确度反映了系统误差大小的程度．

（3）准确度：描述各测得值重复性及测得结果与真值的接近程度，它反映了系统误差和随机误差综合的大小程度．测量准确度高，表示所测结果既精密又正确，即随机误差和系统误差都小．

对于某一具体的测量，精密度高，正确度不一定高；正确度高，精密度也不一定高，但若是准确度高，精密度和正确度一定高，用如图 1.2.4 所示的打靶例子加以说明．子弹落在靶心周围有三种情况：

图 1.2.4(a)表示射击的精密度高但正确度低，即随机误差小而系统误差大．

图 1.2.4(b)表示射击的正确度高但精密度低，即系统误差小而随机误差大．

图 1.2.4(c)表示射击的准确度高，既精密又正确，系统误差和随机误差都小．

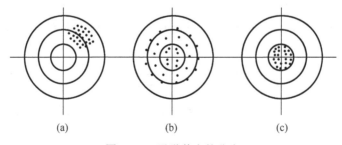

(a)　　　　　　　　(b)　　　　　　　　(c)

图 1.2.4　子弹着点的分布

精密度、正确度、准确度只是对测量结果作定性评价，有时不严格区分这“三度”而泛称为精度．要对测量结果作定量的评价，需要定量估算各种误差．

1.3 测量结果的不确定度评定

1.3.1 不确定度的概念及分类

1. 不确定度的引入

由于真值不可测，误差自然不可知．传统的实验数据处理方法中，对于随机误差，也只能用偏差给出测量值落在某一置信区间的概率．对于系统误差，其中某些信息也不可能全部掌握．这就势必影响到计量测试乃至整个科学技术的交流和发展．

为了解决误差不易确定带来的影响，经过多年研究，1980 年，国际计量局(BIPM)召集和成立了不确定度表示工作组，在广泛征求各国意见的基础上起草了一份建议书，即 INC—1(1980)．该建议书向各国推荐了不确定度的表示原则，从而使测量不确定度的表示方法趋于统一．在此基础上，经过不断的改进和完善，1993 年，国际标准化组织(ISO)、国际计量局(BIPM)、国际电工委员会(IEC)、国际临床化学联合会(IFCC)、国际理论化学与应用化学联合会(IUPAC)，国际理论物理与应用物理联合会(IUPAP)、国际法制计量组织(OIML)联合发布了《测量不确定度表示指南》(GUM93)．

GUM 在属于定义、概念、评定方法和报告的表达方式上都做了更明确的统一规定，它代表了当前国际上表示测量结果及其不确定度的约定做法，从而使不同国家、不同地区、不同学科、不同领域在表示测量结果及其不确定度时具有一致的含义．

为了在我国推广和规范不确定度表示方法，1999 年 1 月，我国颁布了国家计量技术规范 JJF 1059—1999《测量不确定度评定与表示》．该规范对全国范围内使用和评定测量不确定度、计量技术规范的制定、证书或报告的发布和量值的国际国内比对等方面起到了重要的指导和规范作用，使我国对测量结果的表述与国际一致．为了深化不确定度的应用，在总结十多年来的经验及适应、进一步采用国际标准的基础上，国家质量监督检验检疫总局在广泛征求意见后对 JJF 1059—1999 进行了修订，并在 2012 年 12 月发布了 JJF 1059.1—2012《测量不确定度评定与表示》；2017 年 12 月发布了国家标准 GB/T 27418—2017《测量不确定度评定和表示》．本书不确定度的评定就是依 JJF 1059.1—2012 及 GB/T 27418—2017 为蓝本编写而成．

2. 测量不确定度及分类

测量不确定度，简称不确定度，是指根据所用到的信息、表征赋予被测量值分散性的非负参数．此参数可以是诸如称为标准测量不确定度的标准偏差(或其特定倍数），或是说明了包含概率的包含区间半宽度. 其中，包含概率指在规定的包含区间内包含被测量的一组值的概率；包含区间指基于可获得信息确定的被测量的一组值的区间，被测量值以一定的概率落在该区间. 不确定度的大小反映了测量结果可信赖程度的高低.

以标准偏差表示的测量不确定度称为标准测量不确定度，简称标准不确定度. 测量不确定度一般由若干分量组成，且有不同的评定方法. 对在规定测量条件下测得的量值用统计分析的方法进行的测量不确定度分量的评定，称为测量不确定度的 A 类评定，简称 A 类评定，可用标准偏差表征. 用不同于测量不确定度 A 类评定的方法对测量不确定度分量进行的评定，称为测量不确定度的 B 类评定，简称 B 类评定. 由在一个测量模型中各输入量的标准不确定度获得的输出量的标准不确定度，称为合成标准测量不确定度，简称合成标准不确定度. 标准不确定度除以测得值的绝对值，称为相对标准测量不确定度，简称相对标准不确定度. 合成标准不确定度与一个大于 1 的数字因子的乘积，称为扩展测量不确定度，简称扩展不确定度.

3. 不确定度与误差的关系

测量不确定度和误差是误差理论中的两个重要概念，它们都是评价测量结果质量高低的重要指标，都可作为测量结果的精度评定参数. 但它们又有明显区别，必须正确认识和区分，以免混淆和误用.

从定义上看，误差是测量结果与真值之差，它以真值为中心，而测量不确定度是以被测量的估计值为中心，因此误差是一个理想概念，难以定量评定；而不确定度反映了人们对测量认识不足的程度，可以定量评定.

从分类上看，误差按自身特征和性质分为系统误差、偶然误差、粗大误差等，并可采取不同措施来减小和消除各类误差的影响. 但由于各类误差之间并不存在绝对界限，所以误差分类判别和计算不易掌握. 不确定度则按数值评定方法分为 A、B 两类，两类评定方法没有优劣之分，按实际情况的可能性加以应用. 不确定度评定虽然要分析不确定度的来源和性质，但在处理方法上只考虑其对结果的影响，从而简化了分类，便于评定和计算.

不确定度概念的引入并不意味着必须放弃误差的概念. 实际上，误差仍可用于定性描述理论和概念，只是涉及具体数值时使用不确定度代替误差. 客观地说，不确定度是对经典误差理论的必要补充，是现代误差理论的内容之一，但还有待进一步研究、完善和发展.

1.3.2　直接测量结果的不确定度评定

测量不确定度评定的方法简称 GUM 法. 用 GUM 法评定测量不确定度的一般流程如图 1.3.1 所示.

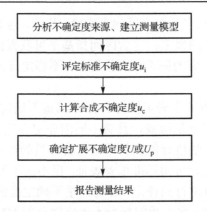

图 1.3.1　用 GUM 法评定测量不确定度的一般流程

对于报告测量结果，有时可以直接用合成不确定度来报告，此时不必计算扩展不确定度.

1. 离群值的剔除

在不确定度评定时，必须剔除因测量中的失误或突发因素而得到的测量值中的离群值. 离群值指样本中的一个或几个观测值离其他观测值较远，暗示它们可能来自不同总体. 离群值有以下三种情形.

(1) 上侧情形：根据实际情况或以往经验，离群值都为高端值.

(2) 下侧情形：根据实际情况或以往经验，离群值都为低端值.

(3) 双侧情形：根据实际情况或以往经验，离群值可为高端值，也可为低端值.

上侧情形和下侧情形统称单侧情形. 在实际处理中，若没有认定单侧情形，按双侧情形处理.

不确定评定的观测值来自同一总体，因此在评定不确定度时，必须剔除离群值. 物理实验中常用格鲁布斯(Grubbs)检验法或狄克松(Dixon)检验法来剔除离群值. 本书采用格鲁布斯检验法. 格鲁布斯检验法具体方法如下.

1) 上侧情形

(1) 计算出统计量 G_n 的值

$$G_n = (x(n) - \bar{x})/s(x_k) \tag{1.3.1}$$

$$s(x_k) = \sqrt{\frac{1}{n-1}\sum_{i=1}^{n}(x_i - \bar{x})^2} \tag{1.3.2}$$

式中，$\bar{x}$ 为样本的被测量的算术平均值；$s(x_k)$ 为被测量的实验标准差.

(2) 确定检出水平 α（为检出离群值而指定的统计检验的显著水平. 除非另有约定，一般取 $\alpha=0.05$），在附表 3 中查出临界值 $G_{1-\alpha}(n)$.

(3)当 $G_n > G_{1-\alpha}(n)$ 时，判定 $x(n)$ 为离群值，否则不能判定.

(4)对于检出的离群值 $x(n)$，确定剔除水平 α'(为检出离群值是否高度离群而指定的统计检验的显著水平. 剔除水平的值不超过检出水平的值. 除非另有约定，一般取 $\alpha'=0.01$)，在附表 3 中查出临界值 $G_{1-\alpha'}(n)$. 当 $G_n > G_{1-\alpha'}(n)$ 时，判定 $x(n)$ 为统计离群值；否则，判定 $x(n)$ 为歧离值(在检出水平下显著，但在剔除水平下不显著的离群值).

2)下侧情形

(1)计算出统计量 G_n' 的值

$$G_n' = (\bar{x} - x(1))/s(x_k) \tag{1.3.3}$$

(2)确定检出水平 α，在附表 3 中查出临界值 $G_{1-\alpha}(n)$.

(3)当 $G_n' > G_{1-\alpha}(n)$ 时，判定 $x(1)$ 为离群值；否则不能判定.

(4)对于检出的离群值 $x(1)$，确定剔除水平 α'，在附表 3 中查出临界值 $G_{1-\alpha'}(n)$. 当 $G_n' > G_{1-\alpha'}(n)$ 时，判定 $x(1)$ 为统计离群值，否则，判定 $x(n)$ 为歧离值.

3)双侧情形

(1)计算出统计量 G_n 和 G_n' 的值.

(2)确定检出水平 α，在附表 3 中查出临界值 $G_{1-\alpha/2}(n)$.

(3)当 $G_n > G_n'$ 且 $G_n > G_{1-\alpha/2}(n)$ 时，判定 $x(n)$ 为离群值；当 $G_n' > G_n$ 且 $G_n' > G_{1-\alpha/2}(n)$ 时，判定 $x(1)$ 为离群值；否则不能判定.

(4)对于检出的离群值 $x(1)$ 或 $x(n)$，确定剔除水平 α'，在附表 3 中查出临界值 $G_{1-\alpha'/2}(n)$，当 $G_n' > G_{1-\alpha'/2}(n)$ 时，判定 $x(1)$ 为统计离群值；否则，判定 $x(n)$ 为歧离值. 当 $G_n > G_{1-\alpha'/2}(n)$ 时，判定 $x(n)$ 为统计离群值；否则，判定 $x(n)$ 为歧离值.

2. 标准不确定度的 A 类评定

对被测量进行独立重复观测，通过所得到的一系列测得值，用统计分析方法获得单个测量值 x_k 的实验标准偏差 $s(x_k)$，当用算术平均值的 $\bar{x}$ 作为被测量估计值时，被测量估计值的 A 类标准不确定度按下式计算：

$$u_A(\bar{x}) = s(\bar{x}) = \frac{s(x_k)}{\sqrt{n}} \tag{1.3.4}$$

标准不确定度的 A 类评定一般流程如图 1.3.2.

在标准不确定度的 A 类评定中，根据不同测量条件，可采用不同方法计算实验标准偏差 $s(x_k)$.

1)贝塞尔公式法

在重复性条件或复现性条件下对同一被测量独立重复观测 n 次，得到 n 个测量

值为 $x_1, x_2, x_3, \cdots, x_n$，被测量 X 的最佳估计值是 n 个独立测得值的算术平均值.

$$\bar{x} = \frac{1}{n} \sum_{i=1}^{n} x_i \tag{1.3.5}$$

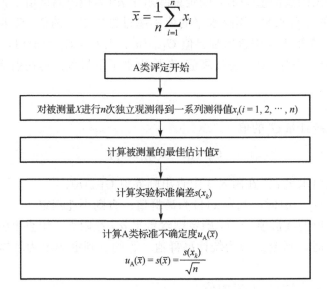

图 1.3.2　标准不确定度的 A 类评定流程图

单个测量值 x_k 的实验标准偏差 $s(x_k)$ 用贝塞尔公式确定

$$s(x_k) = \sqrt{\frac{1}{n-1} \sum_{i=1}^{n} (x_i - \bar{x})^2} \tag{1.3.6}$$

被测量估计值 $\bar{x}$ 的 A 类标准不确定度 $u_A(\bar{x})$ 按下式计算:

$$u_A(\bar{x}) = s(\bar{x}) = \frac{s(x_k)}{\sqrt{n}} = \sqrt{\frac{1}{n(n-1)} \sum_{i=1}^{n} (x_i - \bar{x})^2} \tag{1.3.7}$$

2) 极差法

在测量次数较少时,可采用极差法获得 $s(x_k)$. 在重复性条件或复现性条件下,对 X 进行 n 次独立重复观测,测得值中的最大值与最小值之差称为极差,用 R 表示. 在 X_i 可以估计接近正态分布的前提下,单个测量值 x_k 的实验标准偏差 $s(x_k)$ 可近似评定为

$$s(x_k) = \frac{R}{C} \tag{1.3.8}$$

式中,C 为极差系数. 极差系数 C 可由表 1.3.1 查得.

表 1.3.1　极差系数 C

n	2	3	4	5	6	7	8	9
C	1.13	1.69	2.06	2.33	2.53	2.70	2.85	2.97

被测量估计值的 A 类标准不确定度按下式计算：

$$u_A(\overline{x}) = s(\overline{x}) = \frac{s(x_k)}{\sqrt{n}} = \frac{R}{C\sqrt{n}} \tag{1.3.9}$$

例如，对某一被测件质量进行了 3 次测量，测得值的最大值与最小值之差为 2g，查表 1.3.1 得到极差系数 C=1.69，则此次质量测量的 A 类标准不确定度为

$$u_A(\overline{x}) = \frac{R}{C\sqrt{n}} = \frac{2}{1.69 \times \sqrt{3}} \approx 0.69\ \mathrm{g}$$

3）预评估重复性

在日常开展同一类被测件的常规检定、校准或检测工作中，如果测量系统稳定，测量重复性无明显变化，在重复性条件下预先对典型的被测件进行 n 次测量（一般不小于 10 次），由贝塞尔公式（1.3.6）确定单个测得值的实验标准偏差 $s(x_k)$。在对某个被测件实际测量时可以只测 m 次（$1 \leqslant m < n$），并以 m 次独立测量的算术平均值作为被测量的估计值，则该被测量估计值由重复性导致的 A 类标准不确定度由下式计算：

$$u_A(\overline{x}) = s(\overline{x}) = \frac{s(x_k)}{\sqrt{m}} = \sqrt{\frac{1}{m(n-1)}\sum_{i=1}^{n}(x_i - \overline{x})^2} \tag{1.3.10}$$

用这种方法评定的标准不确定度的自由度仍为 $\nu = n-1$。另外，当怀疑测量重复性有变化时，应及时重新测量和计算实验标准偏差 $s(x_k)$。

例如，某计量人员在建立计量标准时，对计量标准进行过重复性评定，对被测件重复测量 10 次，按贝塞尔公式计算出实验标准偏差 $s(x)=0.008\mathrm{V}$。现在在相同条件下对同一被测件测量 4 次，取 4 次测量的算术平均值作为测量结果的最佳估值，则测量结果的 A 类标准不确定度为

$$u_A(\overline{x}) = s(\overline{x}) = \frac{s(x)}{\sqrt{m}} = \frac{0.008}{\sqrt{4}} = 0.004\mathrm{V}\ ,\quad \nu = 9$$

A 类评定方法通常比其他评定方法所得到的不确定度更客观，并且具有统计的严格性，但要求有充分的重复次数，且重复测量所得的测得值相互独立。

A 类评定时应尽可能考虑随机效应的来源，使其反映到测得值中去。如通过直径测量圆面积时，在直径的重复测量中，应随机选取不同方向测量。

3. 标准不确定度的 B 类评定

B 类评定方法是根据有关的信息或经验，判断被测量的可能区间 $[\overline{x}-a, \overline{x}+a]$，假设被测量值的概率分布，根据概率分布和要求的概率 p 确定 k，则 B 类标准不确定度 u_B 可由下式得到：

$$u_B = \frac{a}{k} \tag{1.3.11}$$

式中，a 为被测量可能区间的半宽度；根据概率论获得的 k 称为置信因子，根据扩展不确定度的倍乘因子获得的 k 称为包含因子. B 类评定的一般流程如图 1.3.3 所示.

图 1.3.3　标准不确定度的 B 类评定流程图

1)区间半宽度 a 的确定

区间半宽度 a 一般根据以下信息确定：

(1)以前的测量数据；

(2)对有关技术资料和测量特性的了解和经验；

(3)生产厂提供的技术说明书；

(4)校准证书、检定证书或其他文件提供的数据；

(5)手册或某些资料给出的参考数据；

(6)检定规程、校准规范或测试标准中给出的数据；

(7)其他有用信息.

例如：

a. 生产厂提供的测量仪器的最大允许误差(误差限)为 $\pm\Delta$，则区间半宽度为 $a=\Delta$；

b. 校准证书提供的校准值，给出了其扩展不确定度 U，则区间半宽度为 $a=U$；

c. 由相关资料查得某参数的最小值 a_- 和最大值 a_+，最佳估计值为该区间中点，则区间半宽度为 $a=(a_+-a_-)/2$；

d. 当测量仪器或实物量具给出准确度等级时，可以按检定规程的该等级的最大允许误差得到对应区间的半宽度；

e. 必要时，可根据经验推断某量值不会超出的范围，或用实验的方法估计可能的区间.

2) k 的确定

(1) 已知扩展不确定度是合成标准不确定度的若干倍时，该倍数就包含因子 k.

(2) 假设为正态分布时，根据要求的概率查表 1.3.2 得到 k.

表 1.3.2 正态分布情况下概率 p 与置信因子 k 的关系

p	0.500	0.683	0.900	0.950	0.955	0.990	0.997
k	0.675	1	1.645	1.960	2	2.576	3

(3) 假设为非正态分布时，根据概率分布表 1.3.3 得到 k，表中 $p=1$.

表 1.3.3 非正态分布的置信因子 k

分布类别	三角分布	梯形 ($\beta = 0.71$)	矩形(均匀)	反正弦	两点
k	$\sqrt{6}$	2	$\sqrt{3}$	$\sqrt{2}$	1

注：β 为梯形的上底与下底之比，对于梯形分布来说，$k = \sqrt{6/(1+\beta^2)}$. 当 $\beta=1$ 时，梯形分布变为矩形分布；当 $\beta=0$ 时，梯形分布变为三角分布.

3) 概率分布假设

(1) 被测量受许多随机影响量的影响，当它们各自的效应为同等量级时，不论各影响量满足怎样的概率分布，被测量的随机变化近似正态分布.

(2) 如果有证书或报告给出的不确定度具有包含概率为 0.95、0.99 的扩展不确定度 U_p(即给出 U_{95}、U_{99})，此时除非另有说明，否则可按正态分布来评定.

(3) 当利用有关信息或经验估计出被测量值可能值区间的上限和下限时，其值在区间外的可能性几乎为零. 若被测量值落在给定区间内的任意值处的可能性相同，则可假设为均匀分布(矩形分布、等概率分布)；若被测量值落在该区间中心的可能性最大，则假设为三角分布；若落在该区间中心的可能性最小，而落在该区间上限和下限的可能性最大，则假设为反正弦分布.

(4) 已知被测量的分布是两个不同大小的均匀分布合成时，可假设为梯形分布.

(5) 对被测量的可能值落在区间内的情况缺乏了解时，一般假设为均匀分布.

(6) 实际工作中可依据同行专家的研究结果或经验来假设概率分布.

例如：

a. 由数据修约、测量仪器最大允许误差或分辨力、参考数据的误差限、度盘或齿轮的回程、平衡指示器调零不准、测量仪器的滞后或摩擦效应导致的不确定度，通常假设为均匀分布.

若数字显示器的分辨力为 δ_x，由分辨力导致的标准不确定度分量 $u(x)$ 采用 B 类评定，则区间半宽度 $a=\delta_x/2$，假设可能值在区间内为均匀分布，查表得 $k = \sqrt{3}$，则

由分辨力导致的标准不确定度分量 $u(x)$ 为

$$u(x) = \frac{a}{k} = \frac{\delta_x}{2\sqrt{3}}$$

b. 两相同均匀分布的合成、两个独立量之和值或差值服从三角分布.

c. 度盘偏心引起的测角不确定度、正弦振动引起的位移不确定度、无线电测量中失配引起的不确定度、随时间正弦或余弦变化的温度不确定度,一般假设为反正弦分布(即 U 形分布).

d. 按级使用量块时(00 级除外),中心长度的偏差的概率分布可假设为两点分布.

4. 合成标准不确定度

对于简单直接测量,应分析和评定测量时导致测量不确定度的各分量 u_i,若互不相关,则合成标准不确定度用"方和根"计算,即

$$u_c = \sqrt{\sum_{i=1}^{n} u_i^2} \tag{1.3.12}$$

对于单次测量,其合成标准不确定度就是 B 类不确定度的"方和根".

5. 扩展不确定度

扩展不确定度是被测量可能值包含区间的半宽度. 扩展不确定度包含 U 和 U_p 两种.

扩展不确定度 U 由合成标准不确定度的 u_c 乘以包含因子 k 得到,按下式计算:

$$U = ku_c \tag{1.3.13}$$

式中,包含因子 k 一般取 2 或 3. 若 $k=2$,则由 $U=2u_c$ 所确定的区间包含概率约为 95%;若 $k=3$,则由 $U=3u_c$ 所确定的区间包含概率约为 99%.

在通常测量中,一般取 $k=2$. 当取其他值时,应说明其来源. 当给出扩展不确定度 U 时,一般应注明所取的 k 值;若未注明 k 值,则指 $k=2$.

当要求扩展不确定度所确定的区间具有接近于规定的包含概率 p 时,扩展不确定度用 U_p 表示. 当 p 为 0.95 或 0.99 时,分别表示为 U_{95} 和 U_{99}. 扩展不确定度 U_p 的计算比较复杂,这里就不再赘述.

6. 相对不确定度

相对不确定度的表示应加下标 r 或 rel. 用合成标准不确定度计算的相对不确定度称为相对标准不确定度,表示为 u_r 或 u_{rel};用扩展不确定度计算的相对不确定度称为扩展相对不确定度,表示为 U_r 或 U_{rel}.

1）相对标准不确定度

$$u_r = u_c(\bar{x})/\bar{x} \quad 或 \quad u_{rel} = u_c(\bar{x})/\bar{x} \tag{1.3.14}$$

式中，$\bar{x}$ 为被测量 X 的最佳估计值.

2）相对扩展不确定度

$$U_r = U/\bar{x} \quad 或 \quad U_{rel} = U/\bar{x} \tag{1.3.15}$$

式中，$\bar{x}$ 为被测量 X 的最佳估计值.

7. 测量不确定度的表示

测量不确定度可以用合成标准不确定度 u_c 表示，也可以用扩展不确定度 U 表示.

1）合成标准不确定度 $u_c(y)$ 表示

合成标准不确定度 $u_c(y)$ 的表示可用以下三种形式之一.

例如，标准砝码的质量 m_s，被测量的估计值为 100.02147g，合成标准不确定度 $u_c(m_s)=0.35\text{mg}$，则表示为

a. $m_s =100.02147\text{g}$，$u_c(m_s)=0.35\text{mg}$，$u_r(m_s)=3.5\times10^{-6}$.

b. $m_s =100.02147(35)\text{g}$，$u_r(m_s)=3.5\times10^{-6}$. 括号内的数是合成标准不确定度的值，其末位与前面结果内末位数字对齐.

c. $m_s =100.02147(0.00035)\text{g}$，$u_r(m_s)=3.5\times10^{-6}$. 括号内的数是合成标准不确定度的值，与前面结果有相同的计量单位.

形式 b 常用于公布常数、常量，此时，无须相对标准不确定度. 另外要注意，为了避免与扩展不确定度混淆，JJF 1059.1—2012 对合成标准不确定度的表示规定不使用 $m_s =(100.02147\pm0.00035)\text{g}$ 的形式.

2）扩展不确定度 U 表示

例如，标准砝码的质量 m_s，被测量的估计值为 100.02147g，合成标准不确定度 $u_c(m_s)=0.35\text{mg}$，取包含因子 $k=2$，$U=2u_c(m_s)=0.70\text{mg}$，则表示为

a. $m_s =100.02147\text{g}$，$U=0.70\text{mg}$，$U_r(m_s)=7.0\times10^{-6}$，$k=2$.

b. $m_s =(100.02147\pm0.00070)\text{g}$，$U_r(m_s)=7.0\times10^{-6}$，$k=2$.

c. $m_s =100.02147(70)\text{g}$，$U_r(m_s)=3.5\times10^{-6}$，$k=2$. 括号内为 $k=2$ 的 U 值，其末位与前面结果内末位数字对齐.

d. $m_s =100.02147(0.00070)\text{g}$，$U_r(m_s)=3.5\times10^{-6}$，$k=2$. 括号内为 $k=2$ 的 U 值，与前面结果有相同的计量单位.

上述表示中，可忽略 $k=2$，若 k 取其他值，则必须注明.

在测量结果表示中，还需注意以下几点：

（1）不确定度单独表示时，不要加"±"号. 例如，$u_c=0.1\text{mm}$ 或 $U=0.2\text{mm}$，不能写成 $u_c=\pm0.1\text{mm}$ 或 $U=\pm0.2\text{mm}$.

(2)不带形容词的"不确定度"或"测量不确定度"用于一般概念性叙述. 当定量表示某一被测量估计值的不确定度时要说明是"合成标准不确定度"还是"扩展不确定度".

(3)不确定度本身是一个估计值,一般情况下,u_c 和 U 根据需要取一位或两位有效数字,其后数字按"宁大勿小"的原则进位. 若 u_c 和 U 的有效数字首位为 1 或 2,一般应给出两位有效数字. 为了在连续计算过程中避免修约误差导致的不确定度,对于评定过程中的各不确定度分量可以适当多保留一些位数.

(4)通常,在相对计量单位下,被测量的估计值应修约到其末位与不确定度的末位一致. 剩余位数按"四舍六入五凑偶"的规则进行取舍修约(详见 1.4 节).

(5)在科学实验中,特别是工程技术上,有时不要求或不可能明确标明测量结果的不确定度,此时常用有效数字粗略表示测量的不确定度,即测量值有效数字的最后一位表示不确定度所在位. 因此在记录测量数据时要注意有效数字,不能随意加减.

例 1　一台数字电压表的技术说明书说明:"在仪器校准后的两年内,示值的最大允许误差为 $\pm(14\times10^{-6}\times$读数$+2\times10^{-6}\times$量程)." 在校准后的 20 个月内在 1V 量程上测量电压 V,一组重复独立观测值的算术平均值 $\bar{V}=0.928571$V,标准不确定度 A 类评定为 $u_A(\bar{V})=12\mu$V,附加修正 $\Delta\bar{V}=0$,修正值的不确定度 $u(\Delta\bar{V})=2.0\mu$V. 使用合成不确定度表示电压测量结果.

解　(1)被测量 V 的最佳估计值
$$V=\bar{V}+\Delta V=0.928571\text{V}$$

(2)A 类标准不确定度
$$u_A(\bar{V})=12\mu\text{V}$$

(3)B 类标准不确定度.
区间半宽度
$$a=14\times10^{-6}\times0.928571+2\times10^{-6}\times1\approx15(\mu\text{V})$$
假设可能值在区间内为均匀分布,$k=\sqrt{3}$,则
$$u_B(\bar{V})=\frac{a}{k}=\frac{15}{\sqrt{3}}\approx8.7(\mu\text{V})$$

(4)修正值的不确定度
$$u(\Delta\bar{V})=2.0\mu\text{V}$$

(5)合成标准不确定度:可以判断三个不确定度分量不相干,则
$$u_c(\bar{V})=\sqrt{u_A^2(\bar{V})+u_B^2(\bar{V})+u^2(\Delta\bar{V})}=\sqrt{12^2+8.7^2+2.0^2}\approx15(\mu\text{V})$$

(6)电压测量结果

$$V = 0.928571(0.000015)\,\mathrm{V}, \quad u_r(\overline{V}) = 1.7 \times 10^{-5}$$

例 2 用一测量范围为 0~25mm 的螺旋测微器测量某圆柱体的直径 8 次. 得到数据为 $d_i\,(\mathrm{mm})$：2.117，2.123，2.113，2.119，2.116，2.118，2.115，2.121. 计算测量结果并给出不确定度.

解 (1)圆柱体直径 d 的最佳估计值为

$$\overline{d} = \frac{1}{8}\sum_{i=1}^{8} d_i = 2.118\,\mathrm{mm}$$

(2)A 类不确定度评定为

$$u_A(\overline{d}) = \sqrt{\frac{1}{8(8-1)}\sum_{i=1}^{8}(d_i - \overline{d})^2} = 0.0011\,\mathrm{mm}$$

(3)B 类不确定度评定. 区间半宽度为

$$a = \Delta_{\mathrm{ins}} = 0.004\,\mathrm{mm}$$

可能值在区间内为均匀分布，$k = \sqrt{3}$，则

$$u_B(\overline{d}) = \frac{\Delta_{\mathrm{ins}}}{\sqrt{3}} = \frac{0.004}{\sqrt{3}} \approx 0.0024(\mathrm{mm})$$

(4)合成标准不确定度为

$$u_c(\overline{d}) = \sqrt{u_A^2(\overline{d}) + u_B^2(\overline{d})} = 0.0027\,\mathrm{mm}$$

(5)直径测量结果为

$$d = 2.1180(0.0027)\,\mathrm{mm}, \quad u_r(\overline{d}) = \frac{u_c(\overline{d})}{\overline{d}} = \frac{0.0027}{2.1180} \approx 1.3 \times 10^{-3}$$

1.3.3 间接测量结果的不确定度评定

在实际测量中，很多被测量不能直接测量，或直接测量难以保证测量精度，需要进行间接测量.

1. 间接测量量的最佳估值

测量中，当被测量(即输出量)Y 由 N 个输入量 X_1，X_2，$\cdots$，X_N 通过函数 f 来确定时，测量模型为

$$Y = f(X_1, X_2, \cdots, X_N) \tag{1.3.16}$$

设输入量 X_i 的估计值为 x_i，被测量 Y 的估计值为 y，则模型公式可写成下列函数形式：

$$y = f(x_1, x_2, \cdots, x_N) \tag{1.3.17}$$

被测量 Y 的最佳估计值 y 可用下列两种计算方法求出.

(1)计算方法一

$$y = \overline{y} = \frac{1}{n}\sum_{k=1}^{n} f(x_{1k}, x_{2k}, \cdots, x_{Nk}) \tag{1.3.18}$$

式中,y 是取 Y 的 n 次独立测量得到的测量值 y_k 的算术平均值,其每个测定值 y_k 的不确定度不同,且每个 y_k 都是根据同时获得的 N 个输入量 X_i 的一组完整的测定值求得的.

(2)计算方法二

$$y = f(\overline{x}_1, \overline{x}_2, \cdots, \overline{x}_N) \tag{1.3.19}$$

式中,$\overline{x}_i = \frac{1}{n}\sum_{k=1}^{n} x_{ik}$,它是第 i 个输出量的 n 次独立测量所得测量值的算术平均值. 这一方法的实质是先求输入量 X_i 的最佳估计值 $\overline{x}_i$,再通过函数关系计算 y.

当 f 是输入量 X 的线性函数时,以上两种计算方法均可,且计算结果相同. 当 f 是输入量 X 的非线性函数时,应该采用式(1.3.18)计算.

2. 间接测量结果的不确定度传播规律

当被测量 Y 与 N 个输入量 $X_i(i=1,2,\cdots,N)$ 的测量模型及函数关系式分别由式(1.3.16)及式(1.3.17)确定,且各输入量均互不相关时,被测量 Y 的最佳估值 y 的合成标准不确定度 $u_c(y)$、相对标准不确定度 $u_r(y)$ 分别按下式计算:

$$u_c(y) = \sqrt{\sum_{i=1}^{N}\left(\frac{\partial f}{\partial x_i}\right)^2 u_c^2(x_i)} \tag{1.3.20}$$

$$u_r(y) = \frac{u_c(y)}{|\overline{y}|} = \sqrt{\sum_{i=1}^{N}\left(\frac{\partial \ln f}{\partial x_i}\right)^2 u_c^2(x_i)} \tag{1.3.21}$$

当测量模型为 $Y = A_1 X_1 + A_2 X_2 + \cdots + A_N X_N$,且各输入量互不相关时,合成标准不确定度由下式确定:

$$u_c(y) = \sqrt{\sum_{i=1}^{N} A_i^2 u_c^2(x_i)} \tag{1.3.22}$$

当测量模型为 $Y = A X_1^{P_1} X_2^{P_2} \cdots X_N^{P_N}$,且各输入量互不相关时,可用下式先计算相对不确定度:

$$u_r = \frac{u_c(y)}{|\overline{y}|} = \sqrt{\sum_{i=1}^{N}\left[P_i u_c(x_i)/x_i\right]^2} = \sqrt{\sum_{i=1}^{N}\left[P_i u_r(x_i)\right]^2} \tag{1.3.23}$$

再计算合成不确定度

$$u_c(y) = \overline{y} u_r \qquad (1.3.24)$$

当测量模型为 $Y = AX_1X_2\cdots X_N$，且各输入量互不相关时，式(1.3.24)可简化为

$$u_r = \frac{u_c(y)}{|y|} = \sqrt{\sum_{i=1}^{N}\left[u_c(x_i)/x_i\right]^2} = \sqrt{\sum_{i=1}^{N}u_r^2(x_i)} \qquad (1.3.25)$$

由以上讨论可得，当被测量 Y 的估计值 y 与 N 个输入量 $X_i(i=1,2,\cdots,N)$ 的估计值 $x_i(i=1,2,\cdots,N)$ 是乘除关系时，先用式(1.3.23)计算相对标准不确定度，再用式(1.3.24)计算合成标准不确定度较方便；当被测量 Y 的估计值 y 与 N 个输入量 $X_i(i=1,2,\cdots,N)$ 的估值 $x_i(i=1,2,\cdots,N)$ 是加减关系时，先用式(1.3.22)计算合成标准不确定度较方便. 一些常用函数的不确定度传递公式如表 1.3.4 所示.

表 1.3.4　常用函数关系的标准不确定度传递公式

函数关系	合成标准不确定度	相对标准不确定度
$y = \sum_{i=1}^{n} A_i x_i$	$u_c(y) = \sqrt{\sum_{i=1}^{N} A_i^2 u_c^2(x_i)}$	$u_r = \frac{u_c(y)}{|y|}$
$y = Ax_1x_2$ $y = Ax_1/x_2$	$u_c(y) = |\overline{y}| \cdot u_r$	$u_r = \sqrt{\left[\frac{u_c(x_1)}{\overline{x}_1}\right]^2 + \left[\frac{u_c(x_2)}{\overline{x}_2}\right]^2}$
$y = x^m$	$u_c(y) = |\overline{y}| \cdot u_r$	$u_r = m \cdot \frac{u_c(x)}{\overline{x}}$
$y = A\dfrac{x_1^m}{x_2^n}$	$u_c(y) = |\overline{y}| \cdot u_r$	$u_r = \sqrt{\left[m\frac{u_c(x_1)}{\overline{x}_1}\right]^2 + \left[n\frac{u_c(x_2)}{\overline{x}_2}\right]^2}$
$N = \sqrt[m]{x}$	$u_c(y) = |\overline{y}| \cdot u_r$	$u_r = \frac{1}{m} \cdot \frac{u_c(x)}{\overline{x}}$
$y = \sin x$	$u_c(y) = |\cos \overline{x}| \cdot u_c(x)$	$u_r = \frac{u_c(y)}{|y|}$
$y = \cos x$	$u_c(y) = |\sin \overline{x}| \cdot u_c(x)$	$u_r = \frac{u_c(y)}{|y|}$
$y = \ln x$	$u_c(y) = \frac{u_c(x)}{\overline{x}}$	$u_r = \frac{u_c(y)}{|y|}$

注：A、m、n 均为常数.

间接测量的结果表示方法与直接测量类似，这里就不再介绍.

例 3　用分度值为 0.02mm，量程为 70mm 的游标卡尺和量程为 25mm 的螺旋测微器分别测量某规则圆柱体的高度和直径各 10 次，数据如下表(单位：mm).

物理量	次数									
	1	2	3	4	5	6	7	8	9	10
d	15.642	15.634	15.640	15.646	15.644	15.640	15.641	15.643	15.638	15.635
h	31.22	31.20	31.32	31.38	31.12	31.10	31.16	31.14	31.26	31.24

计算圆柱体的体积和不确定度.

　　解　(1)直径 d 的最佳估值

$$\bar{d} = \frac{1}{10}\sum_{i=1}^{10} d_i = 15.640\,\mathrm{mm}$$

高度 h 的最佳估值

$$\bar{h} = \frac{1}{10}\sum_{i=1}^{10} h_i = 31.20\,\mathrm{mm}$$

圆柱体体积的最佳估值

$$\bar{V} = \frac{\pi \bar{d}^2 \bar{h}}{4} = \frac{3.1416 \times 15.640^2 \times 31.20}{4} \approx 5.994 \times 10^3\,(\mathrm{mm}^3)$$

　　(2)直径 d 的 A 类标准不确定度

$$u_{\mathrm{A}}(\bar{d}) = \sqrt{\frac{1}{10 \times (10-1)}\sum_{i=1}^{10}(d_i - \bar{d})^2} = 0.0013\,\mathrm{mm}$$

　　区间半宽度 $a = \Delta_{\mathrm{ins}} = 0.004\,\mathrm{mm}$ ，假设可能值在区间内为均匀分布，$k = \sqrt{3}$ ，则直径 d 的 B 类标准不确定度

$$u_{\mathrm{B}}(\bar{d}) = \frac{a}{k} = \frac{0.004}{\sqrt{3}} \approx 0.0024\,(\mathrm{mm})$$

直径 d 的合成标准不确定度

$$u_{\mathrm{c}}(\bar{d}) = \sqrt{u_{\mathrm{A}}^2(\bar{d}) + u_{\mathrm{B}}^2(\bar{d})} = \sqrt{0.0013^2 + 0.0024^2} \approx 0.0028\,(\mathrm{mm})$$

　　(3)高度 h 的 A 类标准不确定度

$$u_{\mathrm{A}}(\bar{h}) = \sqrt{\frac{1}{10 \times (10-1)}\sum_{i=1}^{10}(h_i - \bar{h})^2} \approx 0.0024\,(\mathrm{mm})$$

　　区间半宽度 $a = \Delta_{\mathrm{ins}} = 0.02\,\mathrm{mm}$ ，假设可能值在区间内为均匀分布，$k = \sqrt{3}$ ，则高度 h 的 B 类标准不确定度

$$u_{\mathrm{B}}(\bar{h}) = \frac{a}{k} = \frac{0.02}{\sqrt{3}} \approx 0.012\,(\mathrm{mm})$$

高度 h 的合成标准不确定度

$$u_{\mathrm{c}}(\bar{h}) = \sqrt{u_{\mathrm{A}}^2(\bar{h}) + u_{\mathrm{B}}^2(\bar{h})} = \sqrt{0.0024^2 + 0.012^2} \approx 0.013\,(\mathrm{mm})$$

　　(4)圆柱体体积 V 的相对标准不确定度

$$u_{\mathrm{r}}(\bar{V}) = \sqrt{\left[\frac{2u_{\mathrm{c}}(\bar{d})}{\bar{d}}\right]^2 + \left[\frac{u_{\mathrm{c}}(\bar{h})}{\bar{h}}\right]^2} = \sqrt{\left(\frac{2 \times 0.0028}{15.640}\right)^2 + \left(\frac{0.013}{31.20}\right)^2} \approx 5.5 \times 10^{-5}$$

$$u_c(\overline{V}) = \overline{V} \cdot u_r = 4\,\mathrm{mm}^3$$

（5）圆柱体体积测量结果为

$$V = 5994(4)\,\mathrm{mm}^3, \quad u_r(\overline{V}) = 5.5 \times 10^{-5}$$

1.4 有 效 数 字

1.4.1 有效数字概念

有效数字，具体地说，是指在分析工作中实际能够测量到的数字. 测量中，仪器读数通常应估读到测量误差位. 如图 1.4.1 所示，用最小刻度为毫米的米尺测量某物体的长度，物体长度大于 4.2cm，小于 4.3cm，虽然米尺上没有小于毫米的刻度，但可以凭眼力估读到 0.1mm（即最小刻度的 1/10），可以读出物体的长度为 4.25cm 或 4.26cm，前两位数字可以从尺上直接读出，是可靠数字，而第三位数字是观测者估读出来的，估读结果因人而异，因此这一位数字称为存疑数字或可疑数字. 测量结果中的可靠数字和一位可疑数字统称为测量结果的有效数字. 有效数字的最后一位是误差所在位，图 1.4.1 及图 1.4.2 物体长度的测量结果是三位有效数字.

$$L = 4.25\mathrm{cm}$$

图 1.4.1 用毫米刻度尺测长度

$$l = 4.30\mathrm{cm}$$

图 1.4.2 与毫米对齐的读数

如果物体的末端正好与刻度线对齐，如图 1.4.2 所示，估读的一位是 "0"，所以 "0" 也是有效数字，必须记录，此时读出物体的长度应为 4.30cm，是三位有效数字，如果写成 4.3cm，会被认为是用最小刻度为厘米的尺子测量的，因十分位上的 "3" 是可疑数字，这与实际测量不符，所以在物理实验中 4.30cm≠4.3cm.

对于有效数字，一般有如下规定.

（1）在测量数据中，1～9 都是有效数字，数字中间和后面的 "0" 都是有效数字，数字前面的 "0" 只起定位作用，不是有效数字. 如 80.46cm 是四位有效数字，

0.05080cm 也是四位有效数字.

若测量值很大或很小，常用 10 的方幂来表示其数量级，这种数据记录方式称为科学计数法. 例如 $0.00608\text{m}=6.08\times10^{-3}\text{m}$，等号左右两边有效数字的位数相同，都是三位有效数字.

(2)十进制的单位换算不能增减有效数字的位数. 例如

$$6.30\text{cm}=6.30\times10^{4}\mu\text{m}=6.30\times10^{-2}\text{m}=6.30\times10^{-5}\text{km}$$

换算后的有效数字位数没有改变，仍然是三位有效数字.

非十进制单位换算可能会增减有效数字位数，其有效数字应由误差所在位确定. 例如，在角度测量中，有

$$\theta=7.8(0.1)°=468(6)',\quad \varphi=1.50(0.05)'=90(3)''$$

(3)运算中，常数 π、h、e、1/6 等一般与各测量值中位数最多的相同或多取一位.

(4)直接测量读数时应估读到仪器的测量误差位，在实际操作中，究竟估读到哪一位数字，应由测量仪器的精度（即最小分度值）和实验误差两个因素共同决定. 一般情况下，最小分度是 2 的（包括 0.2、0.02 等），采用 1/2 估读，不足半小格的舍去，超过半小格的按半小格估读，如安培表 0～0.6A 挡；最小分度是 5 的（包括 0.5、0.05 等），采用 1/5 估读，如伏特表 0～15V 挡；最小分度是 1 的（包括 0.1、0.01 等），采用 1/10 估读，如刻度尺、螺旋测微器、安培表 0～3A 挡、电压表 0～3V 挡等，当测量精度要求不高或仪器精度不够高时，也可采用 1/2 估读.

(5)间接测量的有效数字位数由误差决定，间接测量值的末位应与误差所在的一位对齐. 例如，测得铜柱体密度 $\bar{\rho}=7.901\,\text{g/cm}^3$，$u_c(\bar{\rho})=0.04\,\text{g/cm}^3$，则 $\rho=7.90(0.04)\,\text{g/cm}^3$.

1.4.2　数值修约规则

数值修约指通过省略原数值的最后若干位数字，调整所保留的末位数字，使最后所得到的值最接近原数值的过程. 测量值修约，首先要确定需要保留的有效数字和位数，保留数字的位数确定后，后面多余的数字就应予以舍入修约. 在测量学中，一般采用"四舍六入五凑偶"的规则进行舍入修约，即有效数字的运算结果只保留一位可疑数字，尾数（第一位可疑数字后面的所有数字，统称尾数）"小于 5 则舍，大于 5 则入，等于 5 时，若 5 的前面是偶数则舍，是奇数则入". 例如，将下列数据取为四位有效数字，则为

　　3.14159→3.142　　　2.71729→2.717　　　4.32750→4.328
　　3.12650→3.126　　　6.378501→6.379　　　7.691499→7.691

测量结果的不确定度的有效数字，采取"宁大勿小，进位法则"，即只进不舍. 如某计算结果的不确定度为 0.031，相对不确定度为 3.01×10^{-2}，结果表示中不确定度取 0.04，相对不确定度取 3.1×10^{-2}.

1.4.3　有效数字的运算规则

有效数字运算的总原则是除遵守数学运算法则外，还规定准确数字与准确数字的运算结果仍为准确数字；可疑数据与任何数据的运算结果均为可疑数据，但可疑数据与其他数据运算有进位时，进位为准确数据.

1. 加减运算

有效数字的加减法：为了使说明简单和直观，我们用竖式进行计算，在数字下面划横线的为可疑数字.

$$
\begin{array}{r}
48.6 \\
+\quad 6.234 \\
\hline
54.834
\end{array}
\qquad
\begin{array}{r}
10.1 \\
+\quad 4.178 \\
\hline
14.278
\end{array}
\qquad
\begin{array}{r}
10.1 \\
-\quad 4.145 \\
\hline
5.955
\end{array}
\qquad
\begin{array}{r}
10.1 \\
-\quad 4.25 \\
\hline
5.85
\end{array}
$$

$48.6+6.234\approx54.8$　　$10.1+4.178\approx14.3$　　$10.1-4.145\approx6.0$　　$10.1-4.25\approx5.9$

结论：加减运算中，结果的可疑位应与诸数中可疑数字数量级最大的一位对齐.

2. 乘法运算

乘法运算中，积的有效数字一般与参与运算各数中有效数字最少的相同；但首位相乘有进位时，其积的有效数字则比参与运算各数中有效数字最少的多取一位.

$$
\begin{array}{r}
15.32 \\
\times\quad 1.86 \\
\hline
9192 \\
12256 \\
1532 \\
\hline
28.4952
\end{array}
\qquad
\begin{array}{r}
23.48 \\
\times\quad 21.5 \\
\hline
11740 \\
2348 \\
4696 \\
\hline
504.820
\end{array}
\qquad
\begin{array}{r}
4.178 \\
\times\quad 91.2 \\
\hline
8356 \\
4178 \\
37602 \\
\hline
381.0336
\end{array}
$$

$15.32\times1.86\approx28.5$　　　　$23.48\times21.5\approx505$　　　　$4.178\times91.2\approx381.0$

3. 除法运算

除法运算中，商的有效数字一般与参与运算各数中有效数字最少的相同；但当被除数的有效数字少于或等于除数的有效数字，且其最高位的数小于除数最高位的数，则商的有效数字应比被除数的有效数字少一位.

$$51.78\div3.13\approx16.5\qquad 12764\div361\approx35.4\qquad 156\div384\approx0.41$$

4. 乘方、开方运算

某一个数的乘方、开方的有效数字的位数与其底数的有效数字位数相同. 例如

$$225^{2}\approx5.06\times10^{4},\qquad \sqrt{25.36}\approx5.036,\qquad \sqrt{28900}\approx170.00$$

5. 函数运算

为简便运算，在物理实验中作如下规定.

(1)三角函数：三角函数的有效位数由角度的有效位数确定，若角度能读到 1′，一般取四位有效数字，若可以读到 30″，则取五位有效数字. 例如

$$\cos 9°24′ \approx 0.9866, \qquad \sin 9°24′30″ \approx 0.1634\underline{7}$$

(2)对数函数：对数尾数的有效数字位数与真数的有效数字位数相同. 例如

$$\ln 4.3\underline{8} \approx 1.4\underline{8}, \qquad \lg 1.983 \approx 0.297\underline{3}$$

(3)指数函数：把 e^x、10^x 的运算结果用科学计数法表示，小数点前保留一位，小数点后面保留的位数与在小数点后的位数相同，包括紧接小数点后的"0". 例如

$$e^{9.24} \approx 1.03 \times 10^4, \qquad e^{52} \approx 4 \times 10^{22}, \qquad 10^{6.25} \approx 1.78 \times 10^6, \qquad 10^{0.0035} \approx 1.0081$$

1.5　实验数据处理基本方法

实验测得的数据，必须经过科学的分析和处理才能揭示出各个物理量之间的关系，通过获得原始数据得出结论. 所以说数据处理是实验工作不可缺少的一部分. 不同的实验有不同的数据处理方法，这里主要介绍物理实验中常用的数据处理方法，即列表法、图示法、图解法、逐差法、最小二乘法.

1.5.1　列表法

列表法是科技工作者经常使用的一种方法. 列表的主要优点是数据整齐，分类清楚，规律和结论明确，并易于发现错误数据. 在物理实验中，常常使用两种数据表格，一种是原始数据记录表格，把数据处理与计算以及误差处理的过程在实验报告中逐一撰写出；另一种是实验数据处理表格，它不仅有原始数据记录，还将实验数据的自变量、因变量的各个数据计算过程和最后结果按一定的格式有秩序地排列起来，其中含有计算公式、误差计算公式等. 因此，合理设计出各个实验的数据表格是实验的重要组成部分.

列表没有固定格式，可根据具体的实验情况设计数据表格. 设计数据表格时，应遵循以下原则：

(1)表格名称写在表格上方居中.

(2)表格设计合理，栏目排列的顺序要与测量的先后和计算的顺序相对应，便于看出相关物理量之间的关系，便于分析数据之间的函数关系和数据处理.

(3)标题栏必须标明表中各个栏目符号所代表的物理量和单位，单位不要重复记在数值上. 实验室给出的数据或查得的单项数据应列在表格的上部.

(4)表中所记录的数据要正确反映测量值的有效数字. 例如,记录所用电表的准确度等级和量程等;相关元件的标志性参数,如光栅常数、霍尔系数等.

(5)测量条件加括号写在表格名称下方,必须的说明写在表格的下方.

例如,用螺旋测微器测量钢球直径,表 1.5.1 给出了用列表法记录和处理的数据.

表 1.5.1 钢球直径测量

测量仪器:螺旋测微器(量程:0~25mm,$\Delta_{\text{ins}}=0.004$mm;零点读数:$x_0=0.003$mm)

测量次序	读数 x_i/mm	直径 d_i/mm	$v_i = d_i - \bar{d}$ /mm	v_i^2 /($\times 10^{-8}$mm^2)
1	6.002	5.998	0.0013	169
2	6.001	5.997	0.0003	9
3	6.000	5.996	−0.0007	49
4	6.001	5.997	0.0003	9
5	6.000	5.996	−0.0007	49
6	6.000	5.996	−0.0007	49
7	6.001	5.997	0.0003	9
8	6.003	5.999	0.0023	529
9	5.999	5.995	−0.0017	289
10	6.000	5.996	−0.0007	49
平均值		5.9967		121

A 类不确定度

$$u_{\text{A}}(\bar{d}) = \sqrt{\frac{1}{10 \times (10-1)} \sum_{i=1}^{10} v_i^2} \approx 0.00037 \, \text{mm}$$

B 类不确定度:假设可能值在区间服从均匀分布,$k = \sqrt{3}$,则

$$u_{\text{B}}(\bar{d}) = \frac{a}{k} = \frac{\Delta_{\text{ins}}}{k} = \frac{0.004}{\sqrt{3}} \approx 0.0024 (\text{mm})$$

合成标准不确定度

$$u_{\text{c}}(\bar{d}) = \sqrt{u_{\text{A}}^2(\bar{d}) + u_{\text{B}}^2(\bar{d})} \approx 0.0025 \, \text{mm}$$

钢柱直径测量结果为

$$d = 5.9967(0.0025) \text{mm}, \quad u_{\text{r}} = 4.2 \times 10^{-4}$$

列表法清晰明了,便于分析比较、揭示规律,也有利于记忆. 但列表法也有它的局限性,如求解范围小,适用题型窄,大多跟寻找规律或显示规律有关. 比如,正、反比例的内容,整理数据,乘法口诀,数位顺序等内容的教学大都采用"列表法".

1.5.2　图示法

"图示法"是一种以图形为主要方式，揭示事物现象或本质特征的方法. 其实质是使科学知识形象化，抽象知识具体化，零碎知识系列化，复杂问题简明化. 图示法有多种形式，如结构图、曲线图等，物理实验中常用的图示法为曲线图.

曲线图可将一系列数据之间的关系或其变化用图线直观地表示出来. 它可以研究物理量之间的变化规律，找出相应的函数关系，求取经验公式. 若图线是许多测量点描述出来的光滑曲线，则作图法有多次测量取其平均效果的作用.

实验作图不是示意图，而是要用图来表达从实验中得到的物理量之间的关系，同时还要反映出测量的精确程度.

作图的基本步骤包括：图纸的选择、坐标的分度和标记、实验点的描绘、实验曲线描绘、注解和说明.

1)图纸的选择

作图必须用坐标纸，一般用直角坐标纸，必要时可用对数坐标纸、半对数坐标纸、极坐标纸等，应根据实验情况选择合适的坐标纸.

坐标纸的大小及坐标轴的比例，应根据测量数据的有效数字和结果的需要来确定. 作图区至少要占图纸的一半以上.

2)坐标的分度和标记

绘制实验曲线时，应以自变量为横轴，因变量为纵轴，并标明各坐标轴所代表的物理量及其单位.

坐标轴的分度要根据实验数据的有效数字和对实验结果的要求来确定，原则上数据中的可靠数字在图中应是可靠的，数据中可疑的一位在图中亦是估读的，不能因作图而引起额外误差.

在坐标轴上每隔一定的间隔均匀标出分度值，标记的数字的有效数字位数应与原始数据的有效数字位数相同，单位应与坐标轴单位一致. 若数据特别大或特别小，可以提出乘积因子，例如，提出$\times 10^{14}$、$\times 10^{-2}$，放在坐标轴末端的单位前面，使图线比较适中地呈现在图纸上，不偏于一角或一边，能明显地反映图线的变化特点和趋势.

横轴和纵轴的标度可以不同，坐标轴的起点也不一定从零开始，可用比数据最小值再小一些的整数作为起点.

3)实验点的描绘

根据测量数据，在图上一般用符号"×"标出数据点的位置，"×"号要用细笔清楚地画出，数据点准确地落在"×"的交点上. 如果要在同一张图上画出几条曲线，那么每条曲线要用不同的符号标记，如"⊕""⊙""△""◇"等.

4)实验曲线描绘

根据数据点分布的变化趋势，利用直尺或曲线板，画出实验曲线，大部分数据点在光滑曲线上，其他数据点大致均匀地分布在所画曲线的两侧，并尽量靠近曲线，如图 1.5.1 所示. 作校正曲线时，相邻数据点一律用直线连接，整个校正曲线呈折线形式，如图 1.5.2 所示.

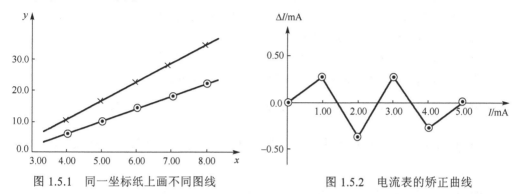

图 1.5.1 同一坐标纸上画不同图线   图 1.5.2 电流表的矫正曲线

5) 注解和说明

在图纸的明显位置写清图的名称、测试条件等.

1.5.3 图解法

根据已经作好的图线，应用解析的方法求出对应的函数和有关参量，这种方法称为图解法. 在物理实验中，图解法常用来求解以下问题.

1. 直线图解法

若图线类型为直线，则在实验数据范围内，在尽量靠近直线的两端处任取两点 $A(x_1, y_1)$ 和 $B(x_2, y_2)$，一般不取测量的数据点，该两点用与实验点不同的符号标出，并在旁边注明坐标值，设图线的直线方程为

$$y = Kx + b$$

将 $P_1(x_1, y_1)$ 和 $P_2(x_2, y_2)$ 两点的坐标值代入上式，有

$$y_1 = Kx_1 + b, \quad y_2 = Kx_2 + b$$

求得直线的斜率 K 和截距 b 分别为

$$K = \frac{y_2 - y_1}{x_2 - x_1}, \qquad b = \frac{x_2 y_1 - x_1 y_2}{x_2 - x_1} \tag{1.5.1}$$

如果 x 轴的起点为零，则有 $x=0$，$y=b$，截距 b 的值可以直接从图线上读取.

2. 曲线改直

由于直线比较容易精确地绘制，因此当实验图线不是直线时，可以通过变量代

换将其变成直线，这种处理方法称为曲线改直. 常用的曲线改直方法有以下几种.

(1) $y = ax^b$，a、b 为常量. 对函数两边取常用对数得 $\lg y = b \lg x + \lg a$，$\lg y$ 与 $\lg x$ 为线性关系，作 $\lg y\text{-}\lg x$ 图线，则直线斜率为 b，截距为 $\lg a$.

(2) $y = ae^{-bx}$，a、b 为常量. 对函数两边取自然对数得 $\ln y = -bx + \ln a$，$\ln y$ 与 x 为线性关系，作 $\ln y\text{-}x$ 图线，则直线斜率为 $-b$，截距为 $\ln a$.

(3) $y = ab^x$，a、b 为常量. 对函数两边取常用对数得 $\lg y = x \lg b + \lg a$，$\lg y$ 与 x 为线性关系，作 $\lg y\text{-}x$ 图线，则直线斜率为 $\lg b$，截距为 $\lg a$.

(4) $xy = c$，c 为常量，则有 $y = c\dfrac{1}{x}$，y 与 $\dfrac{1}{x}$ 为线性关系，斜率为 c.

(5) $y = a + \dfrac{b}{x}$，a、b 为常量. y 与 $\dfrac{1}{x}$ 为线性关系，作 $y\text{-}\dfrac{1}{x}$ 图线，则直线斜率为 b，截距为 a.

例 4　在灵敏电流计的研究实验中，灵敏电流计的灵敏度和内阻的测量公式为 $R_1 = -(R_s + R_g) + \dfrac{R_s S}{R_2 N} U$，实验中测得的数据如表 1.5.2 所示，使用作图法求电流计内阻 R_g 和灵敏度 S.

表 1.5.2　灵敏电流计研究数据记录表

（$R_s=1.0\Omega$，$R_2=500.0$，$N=20.0\text{mm}$）

U/V	0.80	1.00	1.20	1.40	1.60	1.80	2.00	2.20
R_1/Ω	172.5	224.9	282.5	338.9	398.0	450.2	508.7	563.7

解　根据实验数据，作 $R_1\text{-}U$ 曲线，如图 1.5.3 所示.

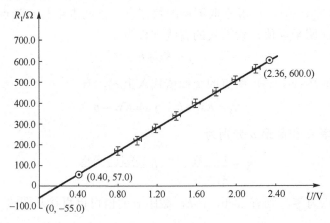

图 1.5.3　$R_1\text{-}U$ 曲线

在直线上取两点(0.40，57.0)、(2.36，600.0)，则由测量公式得

$$S = \frac{R_2 N}{R_s} \cdot \frac{\Delta y}{\Delta x} = \frac{500.0 \times 20.0}{1.0} \times \frac{600.0 - 57.0}{2.36 - 0.40} \approx 2.77 \times 10^6 (\text{mm} \cdot \text{A}^{-1})$$

电流计内阻

$$R_g = 55.0 - 1.0 = 54.0(\Omega)$$

1.5.4　逐差法

逐差法是物理实验中常用的数据处理方法之一, 特别是当自变量与因变量之间呈线性关系, 而自变量为等间距变化时, 用逐差法处理更有独特性.

例如, 在测量杨氏模量实验中, 金属丝所受拉力 F 与伸长量 δx 呈线性关系. 记录测量数据时, 先记下标尺上的读数 n_0, 然后依次递增和递减力的值, 如 F_1、$2F_1$、$3F_1$、$4F_1$、$5F_1$、$6F_1$、$7F_1$, 读得八个标尺读数分别为 n_0、n_1、n_2、n_3、n_4、n_5、n_6、n_7, 用逐项逐差以后再取平均值的方法得

$$\delta x_1 = n_1 - n_0, \quad \delta x_2 = n_2 - n_1, \quad \delta x_3 = n_3 - n_2, \quad \cdots, \quad \delta x_7 = n_7 - n_6$$

$$\overline{\delta x} = \frac{1}{7}(n_1 - n_0 + n_2 - n_1 + n_3 - n_2 + n_4 - n_3 + n_5 - n_4 + n_6 - n_5 + n_7 - n_6) = \frac{n_7 - n_0}{7}$$

中间数值全部抵消, 只用了始末两次的测量值, 与一次性加力 $7F_1$ 的单次测量等价, 失去了多次测量的意义. 所以这样的数据不能用逐项逐差的方法来计算, 要用下面的隔项逐差法来计算.

隔项逐差法是把数据分成两组: n_0、n_1、n_2、n_3 和 n_4、n_5、n_6、n_7, 两组取对应的差值, 即

$$\delta x_1 = n_4 - n_0, \quad \delta x_2 = n_5 - n_1, \quad \delta x_3 = n_6 - n_2, \quad \delta x_4 = n_7 - n_3$$

则伸长量的平均值为

$$\overline{\delta x} = \frac{n_4 - n_0 + n_5 - n_1 + n_6 - n_2 + n_7 - n_3}{4} \tag{1.5.2}$$

这样数据才能被充分利用. 上式中伸长量是力增加 $4F_1$ 时金属丝的平均伸长量. 由此可见, 采用这种逐差法将保持多次测量的优越性.

1.5.5　最小二乘法

作图法所拟合出的直线或曲线有较大的主观性, 不是最佳图线. 由一组实验数据找出一条最佳的拟合实验曲线, 更严格的方法是最小二乘法, 用最小二乘法拟合直线处理数据时, 任何人处理同一组数据, 只要计算过程正确, 得到的斜率和截距都是唯一的. 最小二乘法用途非常广泛, 本书只讨论用最小二乘法进行一元线性拟合.

最小二乘法一元线性拟合原理是：如果能找到一条最佳的拟合直线，那么各测量值与这条拟合直线上各个对应点数值之差的平方和，在所有拟合直线中应是最小的.

设两个物理量 x、y 满足线性关系，测得一组实验数据 (x_i, y_i) $(i=1, 2, 3, \cdots, n)$，由这组数据得到的直线回归方程为

$$y = a + bx \tag{1.5.3}$$

待定系数 a、b. 设各组数据测量条件相同，且在 x_i、y_i 中只有 y_i 有测量误差.

由于误差的存在，测得的 (x_i, y_i) $(i=1, 2, 3, \cdots, n)$ 不可能完全落在方程 (1.5.3) 所表示的直线上. 与某一个 x_i 对应的测量值 y_i 与回归方程 (1.5.3) 求得值在 y 方向的偏差为

$$\Delta y_i = y_i - y = y_i - (a + bx_i)$$

根据最小二乘法原理，a、b 的取值应该使所有 y 方向偏差平方和取得最小值，即

$$\sum_{i=1}^{n} (\Delta y_i)^2 = \sum_{i=1}^{n} (y_i - a - bx_i)^2 = \min (\text{极小值})$$

根据求极值条件可得

$$\frac{\partial}{\partial a}\left(\sum_{i=1}^{n} \Delta y_i^2\right) = -2\sum_{i=1}^{n} (y_i - a - bx_i) = 0$$

$$\frac{\partial}{\partial b}\left(\sum_{i=1}^{n} \Delta y_i^2\right) = -2\sum_{i=1}^{n} (y_i - a - bx_i)x_i = 0$$

若令

$$\bar{x} = \frac{1}{n}\sum_{i=1}^{n} x_i, \quad \bar{y} = \frac{1}{n}\sum_{i=1}^{n} y_i, \quad \overline{x^2} = \frac{1}{n}\sum_{i=1}^{n} x_i^2, \quad \overline{y^2} = \frac{1}{n}\sum_{i=1}^{n} y_i^2$$

则有

$$\bar{x}b + a = \bar{y}, \quad \overline{x^2}b + \bar{x}a = \overline{xy}$$

(1) 回归直线斜率和截距的最佳估计值

$$a = \bar{y} - b\bar{x}, \qquad b = \frac{\bar{x} \cdot \bar{y} - \overline{xy}}{\bar{x}^2 - \overline{x^2}} \tag{1.5.4}$$

(2) 各参量的标准偏差.

测量值偏差的标准偏差为

$$s_y = \sqrt{\frac{\sum\limits_{i=1}^{n} (y_i - y)^2}{n - k}} = \sqrt{\frac{\sum\limits_{i=1}^{n} (y_i - a - bx_i)^2}{n - k}} \tag{1.5.5}$$

式中，n 为测量次数；k 为未知数个数，此处 $k=2$.

a 的标准偏差为

$$s_a = \sqrt{\frac{\overline{x^2}}{n(\overline{x^2} - \overline{x}^2)}} \cdot s_y \tag{1.5.6}$$

b 的标准偏差为

$$s_a = \sqrt{\frac{1}{n(\overline{x^2} - \overline{x}^2)}} \cdot s_y \tag{1.5.7}$$

例 5　在灵敏电流计研究实验中，测得的数据如表 1.5.2 所示，若电阻 R_1 与电压 U 之间满足关系 $R_1 = a + bU$. 用线性拟合法计算 a 和 b 的值.

解

$$\overline{U} = \frac{1}{8}\sum_{i=1}^{8} U_i = 1.500\,\mathrm{V}$$

$$\overline{R_1} = \frac{1}{8}\sum_{i=1}^{8} R_{1i} = 367.4\,\Omega$$

$$\overline{U^2} = \frac{1}{8}\sum_{i=1}^{8} U_i^2 = 2.460\,\mathrm{V}^2$$

$$\overline{UR_1} = \frac{1}{8}\sum_{i=1}^{8} U_i R_{1i} = 610.1\,\mathrm{V}\cdot\Omega$$

$$b = \frac{\overline{U}\cdot\overline{R_1} - \overline{UR_1}}{\overline{U}^2 - \overline{U^2}} = \frac{1.500\times367.4 - 610.1}{1.500^2 - 2.460} \approx 281.0$$

$$a = \overline{R_1} - b\overline{U} = 367.4 - 281.0\times1.500 = -54.0$$

所以

$$R_1 = -54.0 + 281.0U$$

a、b 的标准偏差请自行运算.

1.6　物理实验中的基本测量方法

物理实验主要研究物质运动规律、物质结构和物质间的相互作用. 物理实验方法是以一定的物理现象、物理规律和物理原理为依据，确立合适的物理模型，研究各物理量之间关系的科学实验方法. 测量方法是指测量某一物理量时，如何根据测量要求，在给定的条件下，尽可能地消除或减小系统误差和随机误差，使获得的测量值更为精确的方法. 由于现代物理实验离不开精确的测量, 所以实验方法和测量方法之间相辅相成, 互为依存, 甚至无法严格区分. 在物理实验数百年的发展中, 积累和总结了许多对物理实验具有普遍指导意义的思想和方法. 本节主要介绍物理实验中几种常用的测量方法, 如比较法、换测法、放大法、平衡法、补偿法、模拟法和干涉法等. 学习和掌握这些思想和方法对掌握实验的基本技能和以后的科研、学习和工作都大有益处.

1.6.1　比较法

比较法是物理实验中最基本、最普遍的测量方法, 它是将待测量和标准量进行比较而得到测量结果的一种测量方法. 比较法可分为直接比较法、间接比较法和替代法.

1. 直接比较法

将待测量与经过校准的仪器或量具进行直接比较测出其量值的方法称为直接比较法. 直接比较法有如下特点:

(1) 同量纲. 待测量与标准量的量纲相同. 例如, 用米尺测量某物体的长度, 同为长度的量纲.

(2) 直接可比. 待测量与标准量可以直接进行比较, 从而获得待测量的量值. 例如, 用天平称量物体的质量, 当天平平衡时, 砝码的示数就是待测量的量值.

(3) 同时性. 待测量与标准量的比较是同时发生的, 没有时间的超前与落后. 例如, 用秒表测量某一过程的持续时间, 过程开始时启动秒表, 过程结束时止动秒表, 此时秒表示数即为该过程经历的时间.

直接比较法的测量精度受测量仪器或量具自身精度的局限, 要提高测量精度就必须提高测量仪器或量具的精度.

2. 间接比较法

多数物理量无法通过直接比较来测量, 通常将待测量通过某种变换, 或借助中间量来间接实现比较测量, 这种测量方法称为间接比较法.

例如, 磁电式电流表是利用通电线圈在磁场中受到的磁力矩与游丝所受的扭转力矩平衡时, 电流与电流表指针的偏转角成正比的原理制成的, 通过与电流表指针偏转角的间接比较, 测出电路中的电流强度.

3. 替代法

当待测量无法与标准量直接比较时, 可以利用它们对某一物理过程具有等效的作用, 用标准器件替代测量来提高测量精度, 此方法实际是平衡测量法的引申.

如用伏安法测未知电阻时, 可用标准电阻箱进行替代测量. 测量时只要改变标准电阻值的大小，使加在标准电阻两端的电压及流过标准电阻的电流与测量未知电阻时的数值相等，那么标准电阻的阻值即为待测电阻的阻值. 这样的测量方法称为替代法.

1.6.2　换测法

根据物理量之间的各种效应和定量的函数关系，通过对有关物理量进行测量来求出待测的物理量，这种方法称为"换测法". 由于物理量之间存在多种效应，所以有各种不同的转换方法. 换测法大致可分为参量换测法和能量换测法两种. 换测法不仅在物理实验中，而且在科学测量的各个领域都得到了广泛应用.

1. 参量换测法

利用各种参量变换及其变化的相互关系来测量某一物理量的方法称为参量换测法. 参量换测法是一种常用的方法，贯穿于整个物理实验领域.

例如，在测定固体密度时，利用密度 ρ 与质量 m、体积 V 的关系 $\rho = m/V$，将对固体密度 ρ 的测量转换为对固体质量 m、体积 V 的测量.

2. 能量换测法

某种运动形式的物理量，通过能量变换器变换成另一种运动形式的物理量的测量方法，称为能量换测法. 能量换测法的种类很多，下面介绍几种比较典型的.

(1) 压电换测法. 压电换测法是压力和电压之间的转换测量方法，它利用某些材料的压电效应，能够实现压力与电压之间的转换.

例如，常见的话筒和扬声器就是这种换能器，话筒将声波压力变化转换成相应的电压变化，而扬声器则相反，把变化的电压信号转换成声波信号.

(2) 热电换测法. 热电换测法是将热学量转换成电学量进行测量的方法. 它通常利用热敏电阻、热电偶等器件将温度变化转变成电阻、电动势的变化量后进行测量.

例如，在测定固体导热系数时，常常利用温差电动势原理，将温差的测量转换成热电偶温差电动势的测量.

(3) 光电换测法. 光电换测法是光学量和电学量之间的转换测量方法. 其转换测量的主要依据是光电效应的实验规律. 转换元件主要有光电管、光电倍增管、光电池、光敏电阻、光敏二极管、光敏三极管等. 目前，各种光电转换器件在测量和控制系统、光通信系统及计算机的光电输入设备中得到了广泛应用.

(4) 磁电换测法. 磁电换测法是将磁学量转变成电学量后进行测量的方法. 磁感应强度不易直接测量，利用磁电转换后，测量变得简便、快速. 如在霍尔效应测磁场实验中，利用霍尔效应，将磁感应强度的测量转换为霍尔元件的工作电流和霍尔电压的测量. 另外，测量磁感应强度的方法还有冲击法和感应法. 冲击法是将磁感应强度的测量转换为冲击电流计最大偏转刻度的测量；感应法是将磁感应强度的测量转换为交变感应电动势有效值的测量.

必须指出，设计或采用任何形式的换测法，都应遵循以下原则：

(1)进行参量转换时，转换原理及转换参量之间的关系应正确无误.

(2)转换参量是为了简化测量过程或提高精度.

(3)换能器要有足够的输出，并且性能必须稳定.

(4)变换中若伴有其他效应，应予以校正或补偿.

(5)要考虑技术上是否可行，是否符合经济效益.

1.6.3　放大法

在物理实验中，有时会由于被测量过小，用给定仪器测量会带来很大的误差，或无法被实验者或仪器直接感知而导致无法测量. 若能将待测量按照一定的规律加以放大，就可以达到既能测量，也能减小误差的目的. 把待测物理量按一定的规律加以放大，再进行测量的方法称为放大法.

放大法是常用的基本测量方法之一，它可分为累计放大法、机械放大法、电磁放大法和光学放大法等.

1. 累计放大法

在待测物理量能够简单重叠的条件下，将它展延若干倍，再进行测量的方法，称为累计放大法. 例如，测量均匀细丝的直径，可以在光滑的圆柱上密绕 100 匝，测出其密布长度 L，则细丝直径为 $L/100$.

累计放大法的优点是在不改变待测量性质的情况下，将待测量展延若干倍后进行测量，因此增加了测量结果的有效数字位数，减小了测量值的相对误差，提高了测量精度. 例如，用停表测量单摆周期，若仪器误差为 0.1s，单摆周期为 2.0s，则测量结果的相对误差为 5.0%，若测量 50 个周期的累计时间间隔，则相对误差仅为 0.1%.

在使用累计放大法时，要注意两点：一是在展延过程中，待测量不发生变化；二是在展延过程中，应避免引入新的误差.

2. 机械放大法

利用机械部件之间的几何关系，使标准单位量在测量过程中得到放大的方法，称为机械放大法.

例如，螺旋测微器利用螺杆鼓轮(微分筒)机构，使仪器的最小刻度从 1mm 变为 0.01mm，提高了测量精度；又如在分光计读数盘的设计中，采用了两种方法，一是增大刻度盘的半径来提高仪器的分辨率；二是应用游标的读数原理，增设了游标读数装置. 可见, 机械放大法可以提高测量仪器的分辨率, 增加测量结果的有效数字位数, 提高测量精度.

3. 电磁放大法

将待测电学量或已被转换为电学量的被测量通过线性电路进行放大成为便于测量的电学量的方法称为电磁放大法.

例如, 在光电效应测普朗克常量实验中, 就是将微弱的光电流通过放大器放大后再进行测量的; 又如在示波器的实验中, 利用示波管将电信号放大以后, 不仅能定性地观察, 而且能定量地测量, 同时还具有直观显示的优点.

4. 光学放大法

将被测量经光学放大后再进行测量的方法称为光学放大法. 光学放大法有两种: 一是通过光学仪器, 将待测物形成放大像, 便于观察判别, 如测微目镜、读数显微镜等; 另一种是通过测量放大后的物理量, 间接测得本身较小的物理量, 如拉伸法测金属丝的杨氏模量实验中的 "光杠杆" 法、在灵敏电流计特性研究实验中的 "光指针" 等都属于这种光学放大法.

由于光学放大法具有稳定性好, 不易受环境干扰等特点, 已广泛应用到各个领域之中.

1.6.4　平衡法

在平衡状态下, 许多非常复杂的物理现象可以比较简单地描述出来, 一些复杂的函数关系也可变得比较简明, 从而容易实现定量或定性分析. 利用平衡状态测量待测物理量的方法, 称为平衡法.

例如, 用等臂天平测量物体的质量时, 当天平指针处于刻度盘 "0" 位, 或左右等幅摆动时, 天平达到平衡, 这表示砝码和待测物所受重力对天平支点的力矩相等, 由于左右力臂相等, 且在同一重力场中, 所以待测物质量与砝码质量相等.

1.6.5　对称测量法

改变测量条件, 使系统误差的方向相逆 ("正向" 与 "反向"、平衡情况下被测量与标准量位置的 "互易" 等) 从而达到消除系统误差目的的测量方法称为对称测量法.

1. 双向对称测量法

对于大小及方向都不变的系统误差, 通过正、反两个方向测量后, 可以使两次的系统误差相互抵消, 从而提高测量精度.

例如，分光计读数盘设置两个读数窗口以消除分光计主轴与读数盘中心的偏心差；霍尔元件测磁场中的换向测量法等都属于双向对称测量法.

　　2. 平衡位置互易法

在平衡条件下，交换被测量与标准量的位置再调节标准量重新达到平衡的过程，称为平衡位置互易法.

例如，在用惠斯通电桥测电阻的实验中，先调节标准电阻使检流计指针示零，电桥达到平衡后，交换未知测量电阻和标准电阻的位置，调节标准电阻使检流计指针再次示零，从而能有效地消除不等臂电阻带来的系统误差.

1.6.6　补偿法

测量过程就是通过实验仪器来检测待测系统真实参量的过程，与之相应的实验方法和检测手段应以不改变待测系统的原有状态为原则. 但是，在用仪器测量待测量时，常常会改变待测系统原来的状态，引起新的系统误差. 为了消除这种系统误差，常根据某一测量原理，在提供一种可调的标准量来抵消待测量所呈现的作用的条件下，对待测量进行测量，这种方法称为补偿法. 补偿法往往与平衡法、比较法结合使用.

例如，用电压表接在待测电源的两端测量电源的电动势时，由于有电流 I 流过电压表，电压表的读数不是电源电动势 E_x，而是路端电压 U，根据全电路欧姆定律，有

$$U = E_x - Ir \qquad\qquad (1.6.1)$$

式中，r 为待测电源的内阻. 这种结果的原因是电压表的接入改变了待测电源的原有状态. 为精确测量电源的电动势，可采用图 1.6.1 所示电路测量，即调节可调标准电源 E_0，使检流计 G 示零，则回路中两个电源电动势 E_x、E_0 必然大小相等，方向相反，此时我们说电路达到"补偿"状态. 电势差计就是应用电压补偿原理的一个例子.

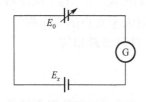

图 1.6.1　补偿原理图

补偿测量法的主要特点是：

(1) 对测量系统进行补偿，不改变测量系统的原始状态，也就不引起新的系统误差.

(2) 当测量系统得到补偿之后，用平衡测量法进行测量，所以补偿测量法具有平衡测量的各种特点.

1.6.7　模拟法

实际现象和过程一般都十分复杂的，涉及众多的因素，采用模型方法对学习和研究起到了简化和纯化的作用. 不直接研究某物理现象或过程本身，而是利用与该

现象或过程相似的模型来进行研究的方法，称为模拟法. 模拟法是以相似理论为基础，根据相似理论，设计出与待测原型(待测物、待测现象等)有物理或数学相似的模型，通过对模型的测量间接测得所研究原型的性质及规律. 模拟法可分为物理模拟法和数学模拟法.

1. **物理模拟法**

保持同一物理本质的模拟方法称为物理模拟法. 例如，用风洞(高速气流装置)中的飞机模型模拟飞机在大气中的飞行；用流槽模型预演河流的冲击作用等均属于物理模拟.

在物理模拟法中，必须保证模型与原型按比例缩小或放大. 只有满足客体(实验条件)和主体(样品或模型)都与原型保持严格的性质、形状及过程相似，物理模型才能成立.

2. **数学模拟法**

两个不同本质的物理现象和过程，依赖于数学形式相似而进行的模拟方法，称为数学模拟法.

用稳衡电流场来模拟静电场就是一个数学模拟的典型例子. 直接对静电场进行测量十分困难，因为任何测试仪器的引入都将明显改变静电场的原有状态. 由于反映稳恒电流场性质的场方程与反映静电场性质的场方程相似，所以可用稳恒电流场来模拟静电场. 若稳恒电流场的空间电极形状和边界条件(由电极表面、导电纸和空气分界面组成)与所研究的静电场相同，则通过测定稳恒电流场的分布就可以模拟出相应静电场的分布.

1.6.8　干涉法

干涉法是指将一列行波分成两个或两个以上的波列，并使它们在同一区域进行叠加而形成稳定干涉图样，通过对干涉图样的分析来研究行波特性的一种方法. 它可将瞬息万变的研究对象变成稳定的静态对象——干涉图样，从而简化研究方法，提高研究精度. 干涉法引入全息摄影术后，形成了一门新技术——干涉计量技术，并在生产实践与科学研究中发挥着越来越重要的作用.

1. **驻波法**

驻波是指两列纵波或两列具有相同偏振面的横波，以相同频率、相近的振幅和恒定的相位差，彼此沿相反的方向传播，叠加后形成的波. 实验中常常利用入射波传播遇到障碍物(或另一种介质分界面)后产生反射波，反射波与入射波相干叠加形成驻波.

声速测定实验就是采用这种方法，此外光学测量中的"等厚干涉法"（如牛顿环），也是利用入射光波与反射光波相干叠加形成驻波而进行测量的.

2. 衍射法

光波通过与其波长可比拟的狭缝时会出现衍射现象. 在波的衍射中，波场能量的分布是连续的相干波源发出的波互相干涉的结果，所以衍射现象的本质是一种特殊的干涉. 衍射法是一种光学测试的重要方法，许多仪器是依此设计的，如衍射光栅、光栅摄谱仪等.

1.6.9　控制变量法

控制变量法是物理实验中常用的实验方法之一. 所谓控制变量法，就是在研究和解决问题的过程中，对影响事物变化规律的因素或条件加以人为控制，使其中的一些条件按照特定的要求发生变化或不发生变化，最终解决所研究的问题. 任何物理实验，都要按照实验目的、原理和方法控制某些条件来研究的. 利用控制变量法研究物理问题，注重了知识的形成过程，有利于扭转重结论、轻过程的倾向，有助于培养学生的科学素养，使学生学会学习.

当今高新科学技术的发展日益趋于交叉综合的特点，信息技术、新材料技术和新能源技术已成为高新技术的重要组成部分. 近代物理的实验方法、实验技术和分析技术在高新技术的各个学科和领域都得到了广泛的应用，并对高新技术的发展和人类社会起着巨大的推动作用. 核磁共振技术与方法、低温和真空技术、核物理技术与方法、扫描隧道显微技术与方法、薄膜制备技术与物性研究等现代物理实验方法与技术是高新技术领域常用的. 详细原理、方法在这里不再赘述.

1.7　物理实验仪器基本调节方法

在实验中，仪器使用前必须进行调整，仪器调整是正常进行实验的基础，正确的调整和操作不仅可将系统误差减小到最低限度，而且对提高实验结果的准确度有直接影响. 本节主要介绍物理实验中最基本、最常用的仪器调整方法，以及电学实验、光学实验的实验规则.

1.7.1　仪器初态和安全位置调整

仪器初态是指仪器设备在进入正式调整、实验前的状态. 正确的初态可以保证仪器安全，保证实验顺利进行. 例如，电学实验中要注意"安全位置"，实验前电源的输出调节旋钮要处于使电压输出为最小的位置；在分压电路中，滑线变阻器要处于使电压输出最小的位置等，这样可以保证仪器的安全. 对设置有调整螺钉的仪器，在调整前, 应先将螺钉处于松紧合适的状态, 并有足够的调节量, 以方便仪器的调整. 例如, 分光计调整实验中, 载物台的螺钉; 迈克耳孙干涉仪实验中, 干涉仪上反光镜的方位调整螺钉等.

1.7.2　零位(零点)调节

绝大多数测量仪器及仪表,如游标卡尺、螺旋测微器、指针式电表等都有零位(零点),在使用以前,都必须检查或校正零位. 对于一些特殊仪器或精度要求高的实验,必须在每次测量前校正仪器零位.

零位校正方法主要有两种:一种是仪器本身带有零位校正装置(如电表), 使用零位校正装置使仪器在测量前处于零位;另一种仪器本身不能进行零位调节(如端点已被磨损的米尺、螺旋测微器等),在进行测量时应先记下最初读数(零点读数),然后对测量数据进行零点修正.

1.7.3　实验装置的水平、铅直调整

在进行实验时, 多数实验装置都要求在"水平"或"铅直"条件下工作. 例如, 在使用天平时, 要求天平底座必须水平, 而福丁气压计必须在铅直条件下才能读数, 杨氏模量仪也必须在铅直条件下才能进行测量.

一般来说, 仪器水平和铅直往往是相互依赖的, 有的仪器能够做到同时满足, 例如, 天平底板水平也就满足了立柱铅直. 但也有一些仪器的铅直和水平是相互独立的, 如测高仪, 立柱的铅直仅仅保证读数系统的正确和有效, 而望远镜本身的水平调节则与具体使用条件有关.

1)水平调节

选择一个具有一定强度、刚度和稳定度的实验台或平滑的地面作为基础平面, 根据三点确定一面的几何原理, 所有的水平调节装置都由三个支承点构成, 通常有一个支承点是固定的, 有两个支承点是可调的. 在调节过程中, 为了防止旋转调节螺钉与桌面或地面有相对移动, 可用有一定刚度的垫块将调节螺钉与台面隔开, 这样不仅可以保护工作台面, 而且可以保证调节工作稳定而灵活地进行. 同时应将各调节螺钉都调到适中位置, 以便在调节时有足够的升降余地.

用来检测水平状态的仪器有水平尺和水平仪, 前者是一维调节, 必须分两步完成, 后者是二维调节, 可不动水平仪一次调节完成. 下面以水平仪为例来说明调节过程. 如图 1.7.1 所示, 气泡水平仪是用一组同心圆表示水平状态的(除气泡水平仪外, 还有其他装置, 例如, 有的天平是用一根细线吊一个圆锥体和底座的圆锥尖对正来表示水平状态), 被调整面 S 由 A、B、C 三个点支撑, 以 A 点为参考点(不可调节点), 将水平仪装置置于 A 点或 D 点, 调节 B、C 两个可调螺钉使气泡停止在同心圆中心位置.

2)铅直调节

对于具有一定高度且在垂直方向上放置测量部件或工件的仪器, 铅直调节是非常重要的. 如自由落体仪、杨氏模量仪等. 这类装置的共同特点是由一个固定在可调底座上的一根或多根立柱构成. 检测标准大多用一根长的悬线看它是否与立柱平行, 如图 1.7.2 所示. 调节底座螺钉可以改变立柱的竖直角度, 当悬线与立柱平行时就可以认定立柱已铅直. 应该指出, 判断立柱和悬线平行, 一定要从两个方向去观察, 例如, 先从 A 方向观察, 它已平行, 然后再从 B 方向观察, 它也平行, 这时才能判断立柱铅直.

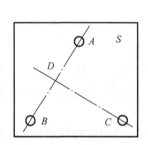

图 1.7.1　水平调节示意图

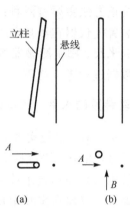

图 1.7.2　铅直调节示意图

1.7.4　光路共轴调整

光学实验中经常要用到一个或多个透镜成像. 为了获得质量好的像, 必须使各个透镜的主光轴重合(即共轴), 并使物体位于透镜的主光轴附近. 此外, 透镜成像公式中的物距、像距都是沿主光轴计算的, 为了测量准确, 必须使透镜的主光轴与带有刻度的导轨平行. 达到上述要求的调节统称为共轴调节. 调节方法如下.

1)粗调

将光源、物体和透镜靠拢, 调节它们的取向和高低位置, 凭眼睛观察, 使它们的中心处在一条和导轨平行的直线上, 使透镜的主光轴与导轨平行, 并且使物(或物屏)和成像平面(或像屏)与导轨垂直. 这一步单凭眼睛判断, 调节效果与实验者的经验有关, 故称为粗调.

2)细调

细调一般用成像规律来调整, 常用的方法有自准法和共轭法.

(1)自准法调节: 物体经过凸透镜所成的像经平面镜反射, 再次经透镜成像于物平面上, 细心调整凸透镜的上下或左右位置, 使之达到物、像中心重合即可.

　　(2)共轭法调节：使物与像屏之间的距离大于四倍焦距，逐步将凸透镜从物屏移向像屏，在移动过程中，像屏上将先后获得一次大的和一次小的清晰的像. 如两次成像的中心重合，即表示已达到共轴等高的要求了. 若大像中心在小像中心的下方，说明透镜位置偏低，应将透镜调高；反之，应将透镜调低. 调节要领可总结为"大像追小像，中心相重合".

　　当有两个透镜需要调节时(如测量凹透镜焦距)，必须逐个进行上述调整，即先将一个透镜(凸)调好，记下像中心在屏上的位置. 然后加上另一透镜(凹)，再次观察成像的情况，对后一透镜的位置作上下、左右调节，直至像的中心仍旧保持在第一次成像时的中心位置.

　　如果在光具座上进行实验，为了获得准确的读数，还必须把光轴调整到与光具座导轨平行，几个光学元件光心到导轨的距离等高，且光学元件的截面与导轨垂直.

1.7.5　消视差调节

　　在实验中，经常会遇到仪器的读数标线(指针、叉丝等)和标尺平面不重合的情况. 如电表的指针和刻度面总是离开一定的距离，当眼睛在不同位置观察时，读得的指示值有时会有差异，这一现象称为视差. 为获得精确的测量结果，实验时必须消除视差.

　　消除视差的方法有两种. 一是使视线垂直标尺平面读数，如 1.0 级以上电表的表盘上均附有平面镜，当指针与其在平面镜中的像重合时，读取的指针指示值即为正确的. 二是使读数标线与标尺平面密合于同一平面，如游标卡尺上的游标加工成斜面，便是为了使游标尺的刻线下端与主尺近似处于同一平面，以减小视差.

　　光学实验中的视差问题较为复杂，除了观察者的读数方法外，还有仪器没有调节好产生的较大视差. 下面来讨论光学仪器测量时的视差.

　　在用光学仪器进行非接触测量时，常使用带有叉丝的望远镜或读数显微镜，它们的共同点是在目镜焦平面内侧附近装有一个十字叉丝(或带有刻度的分化板)，若待测物经物镜后成像在叉丝所在位置处，人眼经目镜观察到叉丝与物体的最后虚像都在明视距离处的同一平面上，则无视差. 要消除视差，可仔细调节目镜(连同叉丝)与物镜之间的距离，使被测物体经物镜后成像在叉丝所在平面上. 一般是一边仔细调节，一边轻微上下、左右移动眼睛，看待测物的像与叉丝之间是否有相对运动，直至二者无相对运动为止.

1.7.6　调焦

　　在使用望远镜、显微镜和测微目镜等光学仪器时，为了进行正确测量或看清目标物，均须进行调焦.

1.7.7　避免空程误差

由丝杠和螺母构成的传动与读数装置，由于螺母与丝杠之间有螺纹间隙，往往在测量刚开始或刚反向转动时，丝杠需要转过一定角度(可能达几十度)才能与螺母啮合. 结果与丝杠连接在一体的鼓轮已有读数变化，而由螺母带动的装置尚未产生位移，造成虚假读数而产生空程误差(回程误差). 为避免产生空程误差，使用此类仪器(如螺旋测微器、读数显微镜、分光计等)时，必须待丝杠与螺母啮合后才能进行测量，且只能向一个方向旋转鼓轮，切忌反转.

1.7.8　回路接线法

在电磁学实验中，常遇到按电路图接线问题. 一个电路可分解为若干个闭合回路，接线时，从回路Ⅰ的始点(往往为高电势点)出发，依次首尾相连，最后仍回到始点，再依次连接回路Ⅱ、回路Ⅲ……这种接线方法称为回路接线法. 按此法接线或查线，可确保电路连线正确.

1.7.9　逐次逼近法

在物理实验中，仪器的调节大多不能一步到位. 例如，电桥达到平衡状态、电势差计达到补偿状态、分光计中光轴的调节等，都要经过反复多次调节才能完成. "逐次逼近调节"是一个能迅速、有效地达到调节要求的调节方法.

依据一定的判断标准，逐次减小调整范围，较快地获得所需状态的方法称为逐次逼近调节法. 不同仪器的判断标准一般并不相同，如物理天平是观察其指针在标度前来回摆动的左右振幅是否相等，电桥则是观察检流计指针是否指零.

1.7.10　先定性、后定量原则

在测量某一物理量随另一物理量变化的关系时，为了避免测量的盲目性，应采用"先定性、后定量原则"进行测量. 即在定量测量前，先对实验的全过程进行定性观察，在对实验数据的变化规律初步了解的基础上，再进行定量测量.

如用光电效应测普朗克常量实验中，对电流随电压变化情况，先进行定性观察，然后在分配测量间隔时，采用不等间距测量，在电压增量相等的两点间，若电流变化较大，就应多测几个点.

习　　题

1. 指出下列情况下产生的误差属于随机误差还是系统误差：
(1)视差；　　　　　　　　　　　　　　(2)天平零点漂移；

(3) 螺旋测微器零点不准视差; (4) 水银温度计毛细管不均匀;

(5) 电表的接入误差; (6) 游标的分度不均匀;

(7) 电源电压不稳定引起的测量值起伏; (8) 非不习惯引起的读数误差.

2. 计算下列数据的算术平均值,单个测得值实验标准差、平均值实验标准偏差及相对误差:

(1) l_i(cm): 3.4298,3.4256,3.4278,3.4190,3.4262,3.4234,3.4242,3.4272,3.4216;

(2) t_i(s): 1.35,1.26,1.38,1.33,1.30,1.29,1.33,1.32,1.32,1.34,1.29,1.36;

(3) m_i(g): 21.38,21.37,21.37,21.38,21.39,21.35,21.36.

3. 下列各量是几位有效数字:

(1) 地球平均半径 R=6371.22km; (2) T=2.0010s;

(3) 真空中的光速 c=299792458m/s; (4) l=0.00058cm;

(5) 地球到太阳的平均距离 s=1.496×10^{8}km; (6) 2.9×10^{23}J.

4. 按有效数字运算法则计算下列各式:

(1) 255.47+5.6+0.06546; (2) 90.55−8.1−31.218;

(3) 91.2×1.45÷1.0; (4) (100.25−100.23)÷100;

(5) π×2.001^2×2.0; (6) $\dfrac{50.00×(18.30−16.3)}{(103−3.0)×(1.00+0.001)}$.

5. 按照不确定度理论和有效数字运算法则改正错误:

(1) h=25.26(0.5)mm; (2) θ=30°35′(10′);

(3) λ=779.6(0.46)nm; (4) Y=(1.67×10^{11}±4.32×10^9)N/m^2;

(5) 500cm=5m; (6) 1.5^2=2.25;

(7) I=0.010000A=10mA; (8) 0.06330 是三位有效数字.

6. 用测量范围 20mm 的螺旋测微器测量小球的直径 d_i(mm):10.000,9.998,10.003,10.002,9.997,10.001,9.998,9.999,10.004. 试用合成标准不确定度表示结果.

7. 一圆柱体,测得直径为 d=10.987(0.006)mm,高度为 h=4.526(0.005)cm,质量为 m=149.106(0.006)g,试用合成标准不确定度表示结果.

8. 常见的数据处理方法有哪些?其中逐差法和最小二乘法的操作要点有哪些?

9. 利用图解法处理数据有哪些注意事项?

10. 用伏安法测电阻数据如下:

I/mA	0.00	2.00	4.00	6.00	8.00	10.00	12.00	14.00	16.00	18.00	20.00	22.00
U/V	0.00	1.00	2.01	3.05	4.00	5.01	5.99	6.98	8.00	9.00	9.96	11.02

试分别用列表法、作图法、逐差法、线性回归法求出函数关系式及电阻值.

第 2 章　基础物理实验

本章选取了 27 个基础实验，涵盖力、热、光、电、磁及近代物理，通过这些实验及实验报告撰写，让学生掌握基本物理量的测量、基本仪器使用及基本物理实验方法的相关知识，并学会数据记录与数据处理、误差分析及不确定度评定的相关理论.

2.1　长　度　测　量

长度是一维空间的度量，为点到点的距离. 通常在二维空间中量度直线边长时，以长度数值较大的为长，数值小或者在"侧边"的为宽. 所以宽度其实也是长度量度的一种，故在三维空间中量度"垂直长度"的高都是长度. 长度是七个基本物理量之一，其单位米(符号：m)是国际单位制中七个基本单位之一. 1m 等于光在真空中 1/299792458s 的时间间隔内所经路径的长度.

长度测量涉及航空航天、航海、军事、工农业等各个领域. 通过本实验，让学生了解常用的较为精密的仪器(如游标卡尺、螺旋测微器)的测量原理. 并初步熟悉数据处理及不确定度评定方法.

【实验目的】

(1)了解游标卡尺、螺旋测微器工作原理；掌握游标卡尺、外径螺旋测微器、测量显微镜使用方法.

(2)熟悉不确定度评定方法.

【实验原理】

1. 游标卡尺工作原理及其使用

游标卡尺是利用带有量爪(或基准面)的尺框在尺身上做相对运动，通过游标显示尺身和尺框上两量爪(或基准面)之间的平行距离，用于测量外尺寸、内尺寸和深度尺寸的计量仪器.

1)游标卡尺的构造

实验室常用游标卡尺一般为带刀口内量爪游标卡尺，如图 2.1.1 所示. 游标卡尺的尺身是一根钢制的毫米分度尺，尺身上套有一个可滑动尺框，尾尺与尺框固定为一体. 尺框上有游标尺, 当外量爪靠拢时, 游标的零线刚好和主尺的零线对齐, 读数为"0". 测量物体外部尺寸时, 可将物体放在外量爪之间, 用外量爪轻轻夹住物体, 此时主标尺与游标尺示值之和就是被测物体的长度. 同理, 测物体内径时, 可以用刀口内量爪; 测物体深度时, 可以用深度测量面和测度测量杆.

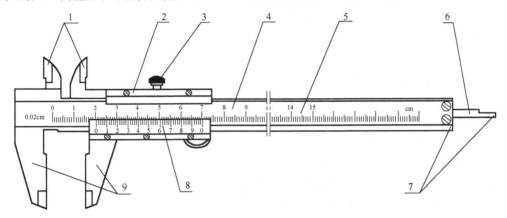

图 2.1.1 带刀口内量爪游标卡尺

1. 刀口内量爪; 2. 尺框; 3. 紧固螺钉; 4. 尺身; 5. 主标尺;
6. 深度测量杆; 7. 深度测量面; 8. 游标尺; 9. 外量爪

2) 游标卡尺工作原理

游标卡尺上的游标刻度有多种分度, 常用的有 10 分度、20 分度、50 分度等, 其共同特征是利用主标尺刻度与游标尺分度的微小差异来提高测量精度, 而提高多少精度则取决于游标分度数和主尺的最小分度值.

设主尺最小分度为 a, 游标的分度数为 n, 游标的分度值为 b, 则一般游标尺的总长有两种取法.

(1) 取游标总长为 $(n-1)a$, 则有

$$nb=(n-1)a, \quad b=\frac{n-1}{n}a$$

$$\delta l=a-b=\frac{a}{n}$$

(2) 取游标总长为 $(2n-1)a$, 则有

$$nb=(2n-1)a, \quad b=\frac{2n-1}{n}a$$

$$\delta l=2a-b=\frac{a}{n}$$

δl 就是游标尺的分度值, 它等于主标尺分度值的 $1/n$. 可见游标卡尺的分度值取

决于主标尺分度值和游标尺分度数，与游标尺的总长无关.

游标卡尺的读数等于主标尺的整毫米部分读数加上游标尺毫米以下的小数部分，读数一般按以下三个步骤进行.

(1)读整数：主标尺读游标尺零刻线前方刻度，该值就是最后读数的整数部分；

(2)读小数：找到游标尺与主标尺刻线对齐的刻线，在游标尺上读出该刻线距离游标尺零刻线的格数 N，将其与游标尺分度值 δl 相乘，即得最后读数的小数部分 $N\delta l$；

(3)求和：将所得读数的整数部分和小数部分相加，就是游标卡尺的最终读数.

游标卡尺的读数一般先以毫米为单位，然后再换算成所需单位. 游标卡尺读数一般不估读，但其最后一位仍为可疑数据.

下面以 50 分度的游标卡尺为例说明卡尺的读数原理. 50 分度的游标卡尺的分度值为 0.02mm. 当游标尺零线正对在主标尺上某一刻度时(图 2.1.2)，毫米以上的整数部分可以直接从主标尺上读取为 x=10mm；游标上的"2"处第 22 格刻度与主尺上的刻度线对得最齐，所以小数部分 y 等于 22 乘以该卡尺的分度值 0.02mm，即

$$y=22\times0.02=0.44(\text{mm})$$

所以该读数为

$$l=x+y=10.44\text{mm}$$

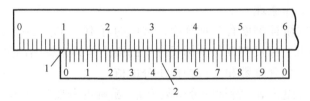

图 2.1.2 游标卡尺读数原理
1. 整数部分；2. 小数部分

3)游标卡尺使用注意事项

(1)用游标卡尺测量前，先将外量爪合拢，检查游标的"0"线与主尺的"0"线是否重合，如不重合，记下零点读数 l_0，以便对被测量值进行修正.

(2)使用游标卡尺过程中，推动游标尺时不要用力过大，以免弄伤刀口. 卡尺不宜放在潮湿的地方，用完应立即放回盒内.

2. 螺旋测微器工作原理及其使用

1)螺旋测微器的构造

螺旋测微器又叫千分尺，它是比游标卡尺更精密的测长仪器，常用它来测量精密零件尺寸、金属丝的直径和薄板的厚度，也可固定在望远镜、显微镜、干涉仪等

仪器上用以测量微小距离或角度，其准确度至少可达 0.01mm.

实验室常用的螺旋测微器为测砧固定式螺旋测微器，如图 2.1.3 所示. 它主要由一根精密的测微螺杆和螺母套管组成，测微螺杆的后端装有微分筒. 常见螺旋测微器的螺母套螺距有 0.5mm、0.25mm 和 1mm，微分筒的分度有 50 分度、25 分度和 100 分度.

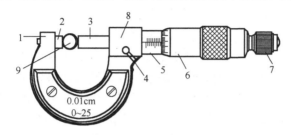

图 2.1.3　测砧固定式螺旋测微器

1. 尺架；2. 测砧；3. 测微螺杆；4. 锁紧装置；5. 固定套筒；

6. 微分筒；7. 测力装置；8. 螺母套管；9. 被测物

2) 螺旋测微器的测量原理

螺旋测微器是根据螺旋推进原理设计的. 设螺母套螺距为 a，微分筒的分度为 n，则当微分筒相对螺母套管转动一周时，测微螺杆沿轴线方向前进或者后退距离为 a，所以微分套筒转过一分格，螺杆在轴线方向移动 a/n，微分筒的分度值即为 a/n. 这样，沿轴线方向的微小长度，用沿圆周上较大的长度精确表示，实现了机械放大，从而提高了测量精度.

螺旋测微器的读数分三步(以下以螺母套螺距为 0.5mm、微分筒的分度为 50 的螺旋测微器为例).

(1) 读固定刻度(即固定套筒刻度)：微分筒的端面是读取固定刻度的基准，微分筒端面左边固定套筒上露出的刻线的数字就是主尺的读数. 读数时，先读整刻度，再读半刻度，二者之和即为固定刻度读数. 若微分筒的端面前无半刻度线，则半刻度为 0；若微分筒的端面前有半刻度线，则半刻度为 0.5mm.

(2) 读可动刻度(即微分筒刻度)：固定套筒的基线是读取小数的基准. 微分套筒最小刻度为 0.01mm，读数时应估读到最小刻度的十分之一，即 0.001mm.

(3) 求和：将上述两次读数相加，即为测量结果. 图 2.1.4 给出了两个螺旋测微器读数示例.

3) 螺旋测微器使用注意事项

(1) 校对零点时，若读数不为"0"，应记下零点读数，如图 2.1.5(a) 的零点读数为

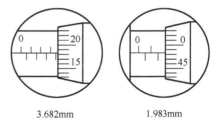

3.682mm　　　　1.983mm

图 2.1.4　螺旋测微器的读数原理

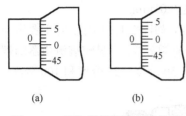

图 2.1.5　螺旋测微器的零点读数

+0.004mm，图 2.1.5(b)的零点读数为-0.015mm，物体实际长度应从测量时的读数值中减去这个零点读数.

(2)因为螺旋测微器的主尺分度值为 0.5mm，所以，特别要留心微分套筒前沿是否过了半毫米线. 但有时出现似过非过的情况，那就要旋到零点，观察零点位置微分套筒与主尺的重合情况.

(3)在两测量面将要接触时，或在测量面与被测物体将要接触时，不要直接旋转微分筒，而应旋转尾部的测力装置，直至听到"喀喀"声为止. 这表示测力装置内部打滑，无法带动测微螺杆前进，这样可以防止测量压力过大，避免损坏螺旋测微器的内部精密螺纹或被测物体，也可避免附加的测量误差.

(4)测量完毕应在两测量面之间留出间隙，以免热膨胀时螺旋测微器内部精密螺纹受损.

【仪器及工具】

游标卡尺、螺旋测微器、JQC(15J)测量显微镜、金属圆筒、小球等.

【实验内容】

(1)熟悉游标卡尺、螺旋测微器、测量显微镜的使用方法、读数方法及使用注意事项，记录其量程、分度值、仪器最大允许误差及零点读数.

(2)测量金属圆筒体积. 严格按照游标卡尺使用规则，用游标卡尺测量给定金属圆筒的外径 D、内径 d、高度 H、深度 h.

(3)测量小球的体积. 严格按照螺旋测微器使用规则，用螺旋测微器测量给定小球直径 d.

(4)测量线宽 d、线长 l. 严格按照测量显微镜使用规则，分别用测量显微镜测量给定物体(线条)长度、宽度的起始位置、终止位置.

(5)测量角度 θ. 严格按照测量显微镜使用规则，用测量显微镜测量给定角的两边角位置.

要求：以上所有测量均不低于 6 次!

【实验数据及处理】

1. 数据记录

将实验数据填入表 2.1.1～表 2.1.4 中.

表 2.1.1　仪器参数记录表

仪器名称		量程	分度值	示值误差	零点误差
螺旋测微器					
游标卡尺					
测量显微镜	x轴				
	y轴				
	圆工作台				

表 2.1.2　金属圆通体积测量

物理量	次数						平均值	修正值
	1	2	3	4	5	6		
D/mm								
d/mm								
H/mm								
h/mm								

表 2.1.3　小球体积测量

物理量	次数						平均值	修正值
	1	2	3	4	5	6		
d/mm								

表 2.1.4　线长、线宽、夹角测量

物理量	次数						平均值
	1	2	3	4	5	6	
起始位置/mm							—
终止位置/mm							—
线长/mm							
起始位置/mm							—
终止位置/mm							—
线宽/mm							
起始位置/(°)							—
终止位置/(°)							—
夹角/(°)							

2. 数据处理

(1)分别对金属圆筒的内径 d、外径 D、高度 H、深度 h 进行不确定度评定；计算出金属圆筒的体积，并进行不确定度评定；用合成标准不确定度表示测量结果.

$$V = \frac{1}{4}\pi(D^2 H - d^2 h)$$

(2)对小球直径 d 进行不确定度评定;计算出小球的体积,并进行不确定度评定;利用合成标准不确定度表示测量结果.

$$V = \frac{4}{3}\pi d^3$$

(3)计算给定物体(线条)的线长 l、线宽 d,并对线长 l、线宽 d 进行不确定度评定,利用合成标准不确定度表示测量结果.

(4)计算两条给定线条的夹角 θ,对夹角 θ 进行不确定度评定,并利用合成标准不确定度表示测量结果.

【思考讨论】

(1)在使用螺旋测微器、游标卡尺测量长度时,测量不确定度与哪些因素有关?

(2)测量显微镜的不确定度的来源有哪些?

(3)用测量显微镜测量夹角时,如何调节基准点(极点)与旋转中心重合?

【探索创新】

除了使用螺旋测微器、游标卡尺外,精密测量的方法还有很多. 请根据所学物理知识,设计一种精密测量细丝直径的方法.

【拓展迁移】

陈效兰. 2019. 长度测量的基本知识概述及保证长度测量和检测质量的方案探讨. 计量与测试技术,(7):92-94,98.

李春晓,李祝莲,汤儒峰,等. 2020. 一发两收卫星激光测距系统中目标距离测量试验. 红外与激光工程,49(S1):19-25.

杨鑫玙,喻秋山,季伟驰,等. 2018. 超声测距测速系统的设计及应用. 物理实验,(11):39-44.

邹艳,许士才,李海彦,等. 2020. 组合光学法测量物体微小长度变化. 大学物理实验,(2):8-14.

【主要仪器介绍】

JQC(15J)测量显微镜.

测量显微镜是一种光学计量仪器,其测量部分分别采用了游标卡尺测量原理和螺旋测微器测量原理. 测量显微镜结构简单,操作方便,适用范围广,主要用于:①直角坐标中测定长度,如测定孔距、基面距离、刻线距离、刻线宽度、链槽宽度、狭缝宽度、通孔外圆直径等;②转动度盘测定角度,例如,对刻度盘/样板/量规、钻孔模板及几何形状复杂的零件进行角度测量;③用作观察显微镜.

1. JQC(15J)测量显微镜的主要技术参数

(1)光学系统.

物镜			目镜		显微镜放大倍数	工作距离/mm	视场直径/mm
放大倍数	数值孔径	焦距/mm	放大倍数	焦距/mm			
2.5×	0.08	43.40	10×	25.00	25×	58.84	5.6
10×	0.25	17.13			100×	7.81	1.4

(2)测量工作台.

x 轴移动测量范围：50mm；　　　　　y 轴移动测量范围：13mm；

测微器分度值：0.01mm；　　　　　　测量台转动范围：不限；

测量台刻度盘分度范围0°～360°；　　　测量台刻度盘分度值：1°；

测量台刻度盘游标分度值：6′.

2. 仪器结构说明

JQC(15J)测量显微镜外观结构如图 2.1.6 所示. 目镜 9 安插在棱镜座 8 的目镜套筒内，棱镜座可转动；物镜直接旋装在显微镜管 10 上，组合成显微镜. 调节显微镜升降旋钮 7 使显微镜上下升降进行调焦，臂架 5 借助紧固螺钉 4 紧固在立柱 6 的适当位置上.

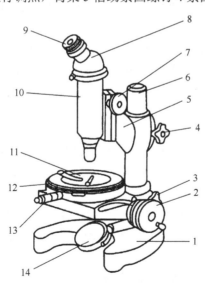

图 2.1.6　JQC(15J)测量显微镜

1. 基座；2. 纵向测微鼓轮；3、4. 紧固螺钉；5. 臂架；6. 立柱；7. 显微镜升降旋钮；8. 棱镜座；
9. 目镜；10. 显微镜管；11. 玻璃台；12. 圆工作台；13. 横向测微鼓轮；14. 反射镜

工作台装配通过紧固螺钉 3 紧固在立柱上；为适应需要，平台可拆卸. 反射镜

14 装在基座 1 上，根据光源方向可四面移动，以得到明亮视场.

旋转纵向测微鼓轮 2 时，测量工作台沿 x 轴方向（左右）移动；纵向测微鼓轮边等分为 100 格，每格相当移动量 0.01mm. 转动横向测微鼓轮 13 时，测量工作台沿 y 轴方向（前后）移动，测微器边等分为 50 格，每格相当移动量 0.01mm. 测微鼓轮的读数方法与螺旋测微器读数相同.

工作台可绕垂直轴转动，圆工作台圆周等分为 360 格，每格相当转动量 1°；圆工作台外装有圆弧形固定游标，格值 6′. 圆工作台角度读数方法与游标卡尺读数方法类似.

3. 仪器使用方法

1）直角坐标系中进行长度测量

将被测件牢靠地放置在测量工作台上，使被测件的被测部分用自然光或灯光照明，然后调节目镜及调焦手轮，使目镜中十字叉丝与被测原始基准（包括点、线、面）相重合，记下 $x(y)$ 轴示值，使为初始读数 $x_0(y_0)$；然后转动 x 轴方向测微鼓轮（y 轴方向测微器），移动视场，再使目镜中十字叉丝与被测原始基准（包括点、线、面）相重合，记下 $x(y)$ 轴示值，使为测量读数 $x(y)$；再根据几何关系，很容易得到待测长度或距离.

2）极坐标系中角度测量

测量时先将显微镜调焦对准待测件，使目镜十字叉丝与基准（包括点、线、面）重合，然后转动工作台，再使目镜十字叉丝与待测角的基准（包括点、线、面）重合，工作台转过的角度即为待测角.

在测量基准间角度方位时，极点 O 必须是角的顶点，因此在以上测量中首先必须将基准点（极点）调节到与旋转中心重合（当基准点与旋转中心重合时，转动工作台角的顶点不动）.

4. 注意事项

（1）安放目镜的位置必须将十字叉丝与工作台 x-y 轴方向重合. 调节方法为：十字叉丝对准一直线物体，当沿 $x(y)$ 轴方向移动时，十字叉丝始终保持与物体边沿或直线重合，用目镜止动螺钉固定即可.

（2）移动工作台进行测量时应朝同一方向运动，以免带来回程误差.

（3）显微镜调焦时，先将镜筒下降使物镜接近工作表面，然后逐渐上升至看到清晰图像为止.

（4）反射光使用条件：被测物体属于透明体；工作体积小，未能充满视场；在边缘处进行检测时，可随光源转动反射镜，取得适当亮度的视场. 应当避免直射光线，以避免发生耀光，影响测量精度.

（5）工作地点偏暗则应用灯光照明，但光源应先经过磨砂玻璃滤过，并尽量使光线对物体垂直照明，以免产生阴影，影响测量精度.

(6)显微镜支架在立柱上必须用旋手制紧,以免使用不慎时发生下降,使仪器受损.

(7)测量显微镜暂不使用或存放时应避免灰尘、潮湿、过冷、过热,避免与含有酸碱性的物质接触.

(8)作精密测量时,工作地点必须维持温度变化范围在(20±3)℃以内.

2.2　物体密度的测量

密度在科学研究和生产生活中有着广泛的应用. 对于鉴别未知物质,密度是一个重要的依据,惰性气体"氩"就是通过计算未知气体的密度发现的.

在农业上可根据密度来判断土壤的肥力. 含腐殖质多的土壤更肥沃,其密度一般为 $2.3\times10^3\text{kg/m}^3$. 在选种时可根据种子在水中的沉、浮情况进行选种:饱满健壮的种子因密度大而下沉;瘪壳和其他杂草种子由于密度小而浮在水面.

在工业生产上,如淀粉的生产是以土豆为原料,一般来说含淀粉多的土豆密度较大,故通过测定土豆的密度可估计淀粉的产量. 又如,工厂在铸造金属物之前,需估计熔化多少金属,可根据模子的容积和金属的密度算出需要的金属重量.

【实验目的】

(1)进一步熟悉游标卡尺、螺旋测微器的使用方法,掌握物理天平的使用方法.
(2)掌握物体密度测量方法.
(3)进一步熟悉完整的数据记录、处理及不确定度估算的方法.

【实验原理】

密度是物体的基本特征之一,物体的密度是指在一定的物理条件下,物体单位体积的质量. 设物体的质量和体积分别为 m、V,则其密度为

$$\rho=m/V \tag{2.2.1}$$

在 SI 单位制中,密度的单位为 kg/m^3.

当物体为一简单规则的几何体时,我们可以选择适当的长度测量仪器,测出物体各部位的尺寸,再计算其体积,并用物理天平称出该物体的质量. 然后由式(2.2.1)算出物体的密度.

1. 测量圆柱体的密度

设圆柱体的质量为 m,直径为 d,高为 h,则圆柱体的密度

$$\rho = \frac{m}{V} = \frac{4m}{\pi d^2 h} \tag{2.2.2}$$

2. 用流体静力称衡法测物体密度

浸没在液体中的物体所受浮力

$$F = G - G_1 = (m - m_1)g \tag{2.2.3}$$

式中，G、G_1 分别为忽略空气浮力情况下，在空气中测得的物体重量和浸没在液体中的视重；m、m_1 分别为物体在空气中及浸没在液体中时利用天平测得的量.

根据阿基米德原理，物体在液体中所受的浮力等于物体所排开的液体的重量，即

$$F = \rho_0 g V \tag{2.2.4}$$

式中，ρ_0 为液体的密度；V 为物体排开液体的体积. 当物体密度大于液体密度，物体全部浸没在液体中时，V 也是物体的体积. 由式(2.2.1)、(2.2.3)和(2.2.4)可得待测物体的密度为

$$\rho = \frac{m}{m - m_1} \rho_0 \tag{2.2.5}$$

本实验中液体一般用水，不同温度下水的密度见本书附表 4.

当物体密度小于液体密度时，物体只能漂浮在液体表面，此时一般采用如下方法：在待测物体下方悬挂一密度较大的重物后，仅将重物浸没入液体中称衡，如图 2.2.1(a)所示，测得砝码质量 m_2；再将物体和重物全部浸没入液体中称衡，如图 2.2.1(b)所示，测得砝码质量 m_3，则物体所受的浮力

$$F = (m_2 - m_3)g = \rho_0 g V \tag{2.2.6}$$

式中，V 即为物体体积. 由式(2.2.1)、(2.2.6)可得待测物体的密度为

$$\rho = \frac{m}{m_2 - m_3} \rho_0 \tag{2.2.7}$$

流体静力称衡法测物体密度只适用于浸入液体时物体性质不会发生变化的情况.

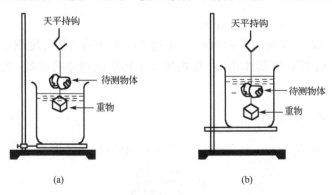

　　　　　　　(a)　　　　　　　　　　　　　　　(b)

图 2.2.1　静力称衡法测量待测物体密度(待测物体密度小于液体密度)

【仪器及工具】

游标卡尺、螺旋测微器、物理天平、待测物体等.

【实验内容】

(1)熟悉螺旋测微器、游标卡尺、物理天平的正确使用方法，记录其量程、分度值、仪器最大允许误差及零点读数.

(2)测定金属圆柱的密度.

①严格按照螺旋测微器、游标卡尺使用规则，用螺旋测微器测量金属圆柱的直径 d，用游标卡尺测量细棒的高 h，要求在不同部位进行多次测量.

注意：各物理量测量次数均不低于 6 次！

②严格按照物理天平的使用方法，称量金属圆柱的质量 m.

(3)用静力称衡法测定金属块密度.

①严格按照物理天平的使用方法，称量金属块在空气中的质量 m.

②把盛有水的杯子放在天平左边的托盘上，然后将用细线挂在天平左边小钩上的金属块全部浸没在水中，称出金属块在水中的质量 m_1.

注意：金属块不能与水杯接触，且要除去附着在金属块表面的气泡.

③测出实验时的水温，由附表 4 查出该温度下水的密度 ρ_0.

(4)用静力称衡法测定石蜡的密度.

①严格按照物理天平的使用方法，测出石蜡在空气中的质量 m.

②将石蜡拴上重物，测出石蜡在空气中，重物完全浸没在水中时的质量 m_2.

③将石蜡和重物全部浸没在水中，测出质量 m_3.

④测出实验时的水温，由附表 4 查出该温度下水的密度 ρ_0.

【实验数据及处理】

1. 数据记录

将实验数据填入表 2.2.1～表 2.2.3 中.

表 2.2.1　仪器参数记录表

仪器名称	量程	分度值	示值误差	零点误差
螺旋测微器				
游标卡尺				
物理天平				—

表 2.2.2　金属圆柱密度测量

物理量	1	2	3	4	5	6	平均值	修正值
d/mm								
h/mm								
m/g								

表 2.2.3　静力称衡法测物体密度

物理量	金属块	石蜡
待测物体在空气中时的质量 m/g		
待测物体浸没在水中时的质量 m_1/g		—
拴重物后仅将重物浸没在水中时的质量 m_2/g	—	
拴重物后将重物、石蜡均浸没在水中时的质量 m_3/g	—	
水温 t/℃		
t(℃)时水的密度 ρ_0/($\times 10^3$kg/m^3)		

2. 数据处理

1)测定金属圆柱的密度

(1)分别计算出同金属圆柱的直径 d、高 h 的平均值及直径 d、高度 h、质量 m 的不确定度,并用合成不确定度正确表示各测量结果.

(2)计算金属圆柱体的密度平均值、不确定度,并用合成不确定度正确表示金属圆柱密度的测量结果.

2)用静力称衡法测金属块密度

(1)对 m、m_1 进行不确定度评定,并用合成不确定度正确表示各测量结果.

(2)计算金属块的密度、不确定度,并用合成不确定度正确表示金属块密度的测量结果.

3)用静力称衡法测石蜡密度

(1)对 m、m_2、m_3 进行不确定度评定,并用合成不确定度正确表示各测量结果.

(2)计算石蜡的密度、不确定度,并用合成不确定度正确表示金属块密度的测量结果.

【思考讨论】

(1)除了本实验介绍的密度测量方法外,你还能想到哪些方法?

(2)若物理天平的两臂不相等,会对测量结果产生什么影响?如何解决此类问题?

【探索创新】

银铜合金，银和铜的二元合金，都具有良好的导电性、流动性和浸润性、机械性能、耐磨性和抗熔焊性，并且硬度高. 银铜合金常用来作空气断路器、电压控制器、电话继电器、接触器、起动器等器件的接点、导电环和定触片，还可制造硬币、装饰品和餐具等. 现在实验室有一块合金，试用实验的方法，测出两种金属各自的含量.

【拓展迁移】

岑霞. 2020. 基于光折射原理的海水密度测量技术的研究. 济南：山东大学.

朱瑜，柯其威. 2016. 提高压力传感器测量物体密度精确度的方法. 实验室研究与探索，(12)：34-39.

【主要仪器介绍】

1. 物理天平的结构

物理天平的结构如图 2.2.2 所示. 在横梁的中点和两端共有三个刀口，中间刀口安置在立柱 11 顶端的刀垫上，作为横梁的支点，在两端的刀口上悬挂两个秤盘. 横梁下部装有一读数指针 12，立柱 11 上装有指针标尺 14. 在底座左边装有托盘 13，止动旋钮 17 可以使横梁升降. 平衡螺母 2 和 3 是天平空载时调平衡用的.

物理天平的规格由最大称量值和感量(或灵敏度)来表示. 其中，最大称量值指天平允许称量的最大质量；感量指天平平衡时，为使指针偏转一格所需增加或减少的砝码质量. 感量越小，灵敏度越高.

每台物理天平都有一套砝码. 实验室中常用的一种物理天平，最大称量为 500g，因为 1g 以下的砝码太小，用起来很不方便，所以横梁上附有可以移动的游码 4. 若横梁上有 50 个刻度，游码向右移动一个刻度，就相当于在右盘中加 0.02g 的砝码，即感量为 0.02g/格. 天平的仪器误差一般取其分度值.

2. 物理天平的调节和使用步骤

1)调节底座水平

调节天平底座的调平螺丝 19 和 20，使支柱背后底座上水准器 18 的气泡于正中央或使立柱悬挂重垂线下的重垂尖端与底座上的准钉对齐，以保证天平支柱垂直，刀垫水平.

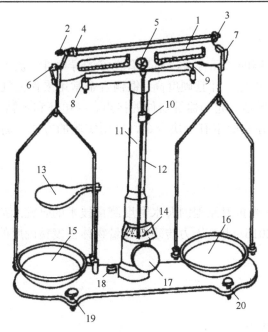

图 2.2.2　物理天平的结构

1. 横梁；2、3. 平衡螺母；4. 游码；5. 中间刀口、刀垫；6、7. 左(右)刀口、刀垫；8、9. 横梁托架；
10. 感量调节器；11. 立柱；12. 读数指针；13. 托盘；14. 指针标尺；15、16. 天平秤盘；
17. 止动旋钮；18. 水准器；19、20. 调平螺钉

2) 调整横梁平衡

天平空载时，将横梁上的游码 4 移至零刻度线，转动止动旋钮 17，启动天平，观察指针摆动情况. 当指针在标尺的中线两侧作等幅摆动时，天平就平衡了. 如不平衡，应降下横梁，调节平衡螺母 2 和 3 使天平达到平衡.

3) 天平的称衡

一般将待测物体放在左盘，砝码放在右盘. 取拿砝码时必须用专用的镊子，添加砝码应由大到小，逐个试用，直至最后调节游码使天平平衡. 降下横梁止动天平，记下砝码和游码读数. 把待测物体从盘中取出，砝码放回盒中，游码调回零位.

3. 天平使用注意事项

(1) 天平的负载不得超过其最大称量，以免损坏刀口和压弯横梁.

(2) 在调节天平时，取放物体、砝码(包括游码)以及不用天平时，都必须将天平止动，以免损坏刀口. 只有在判断天平是否平衡时才启动天平. 启动、止动天平时动作要轻，止动时最好在天平指针接近标尺中线刻度时进行.

(3) 待测物体和砝码要放在称盘正中. 砝码只准用镊子夹取. 称量完毕，砝码必须放回盒内相应位置，不得随意乱放.

2.3　验证牛顿第二运动定律

艾萨克·牛顿(Isaac Newton，1643～1727)伟大的英国物理学家、天文学家、数学家，被誉为"物理学之父". 牛顿第二运动定律是牛顿于 1687 年在《自然哲学的数学原理》一书中提出的，它和牛顿第一、第三定律共同组成了牛顿运动定律. 牛顿运动定律和万有引力定律为近代物理学、经典力学和现代工程学奠定了基础. 牛顿运动定律阐述了物体基本的运动规律，推动了科学革命. 直到今天，人造地球卫星、火箭、宇宙飞船的发射升空和运行轨道的计算，都仍以此作为理论根据.

【实验目的】

(1)熟悉气垫导轨和毫秒计的使用方法.
(2)学会在气垫导轨上测量运动物体的速度和加速度，并验证牛顿第二定律.
(3)学会分析和校准实验中的系统误差.

【实验原理】

如图 2.3.1 所示，在水平气垫导轨上，用一系有砝码盘的轻质细线跨过轻滑轮，设滑块(含其上所载物体)的质量为 m_1，砝码盘及砝码的质量为 m_2，细线的张力为 T，由牛顿第二定律有 $T = m_1 a$ 和 $m_2 g - T = m_2 a$，得

$$m_2 g = (m_1 + m_2) a \qquad (2.3.1)$$

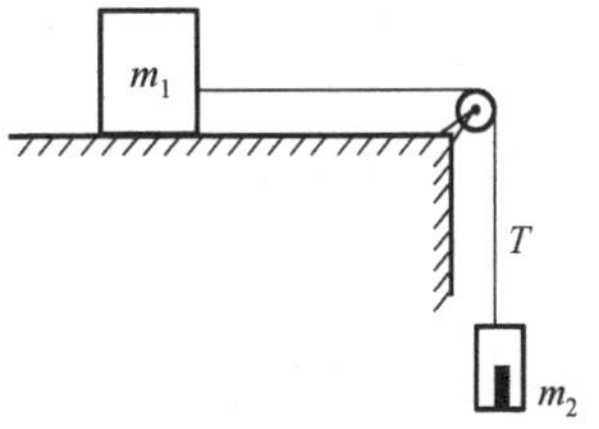

令 $F = m_2 g$，$M = m_1 + m_2$，则

$$F = Ma \qquad (2.3.2)$$

图 2.3.1　验证牛顿第二定律装置图

上式表明，由滑块、砝码盘组成的系统，其加速度与外力 F 的大小成正比；若外力 F 保持不变，则系统的加速度与系统的总质量 M 成反比.

【仪器及工具】

气垫导轨、气源、毫秒计、滑块、砝码等.

【实验内容】

1. 观测匀速直线运动

(1)将两个光电门安装调试到位，打开气源和毫秒计，让毫秒计能正常工作.

(2)把挡光片安装在滑块上,再把滑块置于气垫导轨上、在毫秒计背面,选择与挡光片宽度对应的挡位.

(3)调节气垫导轨水平. 先用静态水平调节法,把滑块放在气垫导轨上静止不动,松开手后,观察滑块是否移动. 如果滑块静止不动,说明气垫导轨水平. 如果滑块移动,调节气垫导轨两端底座的调平螺丝,让滑块静止不动;再用动态水平调节法,让滑块在气垫导轨上运动,如果挡光片经过两个光电门的时间相等,说明气垫导轨水平. 如果挡光片经过两个光电门的时间不相等,需调节气垫导轨两端底座的调平螺丝.

2. 在系统总质量不变的情况下,验证加速度与外力成正比

(1)在气垫导轨调整水平后,将两个光电门置于相距 60cm 的位置上;用长度适中的轻质细线把砝码盘和滑块相连,并在滑块上加上 30g 砝码(滑块两边各配 3 个 5g 砝码),用天平测得系统的总质量 M,将毫秒计调至加速度挡,当滑块依次经过两个光电门后(保证在此期间细线不能脱离滑轮),记下加速度 a,同时记下砝码盘和盘中砝码的总质量 m_2.

(2)从滑块上每次取下 5g 砝码,放入砝码盘中,测出滑块经过两个光电门的加速度. 改变 5 次 m_2,重复测量.

3. 在外力不变的情况下,验证系统质量与加速度成反比

保持外力 m_2g 不变(m_2 的质量在 30~50g 为宜),改变滑块的质量 m_1,测量系统的加速度 a. 改变 5 次 m_1 的质量,重复测量.

【实验数据及处理】

学生自己设计数据记录表,把相关测量数据和计算结果填入表格中.

(1)在系统总质量不变的情况下,用测出的加速度和对应外力的相关数据,作出 a-F 图线,验证加速度与外力之间的正比关系.

(2)在外力 F 不变的情况下,用测出的系统质量与加速度的相关数据,作出 a-F/M 图线,验证加速度与质量之间的反比关系.

【思考讨论】

(1)如果不用天平,而是用气垫导轨和毫秒计来测量滑块的质量,试推导计算滑块质量的公式,并扼要地说明测量的具体步骤.

(2)你能否提出验证牛顿第二定律的其他方案?

【探索创新】

利用气垫导轨装置可以做很多力学实验. 请同学们自己设计利用气垫导轨测量

本地重力加速度的方法和步骤. 也可以自己动手制作和研究，提出自己的新思想和实验方法.

【拓展迁移】

李彬彬，窦金国. 2019. 验证牛顿第二定律实验的几个核心问题. 物理教学，41（02）：33-37.

李明孝. 2010. 验证牛顿第二定律实验的改进. 物理教学，（07）：36.

【主要仪器介绍】

（1）毫秒计前面板示意图及说明如图 2.3.2 所示. 打开电源开关后，毫秒计自动进入自检状态. 按【功能】键，选择需要的实验功能.

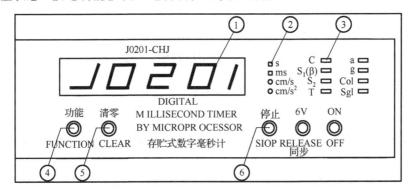

图 2.3.2　J0201-CHJ 型存贮式数字毫秒计

①数据显示窗口：显示测量数据；②单位显示；③功能：C-计数，a-加速度，S_1（β）-角加速度，

g-重力加速度，S_2-间隔计时，Col-碰撞，T-振子周期，Sgl-时标；④功能键；⑤清零键；

⑥停止键：停止测量，进入循环显示数据

（2）操作使用说明.

①"Col"适用于两物体分别通过两个光电门相向碰撞，且碰撞后分别反向通过两个光电门的完全弹性碰撞实验（其他非完全弹性碰撞实验可用"S_2"功能完成）. 实验中要用两个挡光框和两个光电门. 一次全弹性碰撞实验结束之后，毫秒计自动循环显示 4 个时间数据和 4 个速度数据，其中，t_1 为碰撞前挡光框通过 1 号光电门的时间；t_2 为碰撞后挡光框通过 1 号光电门的时间；t_3 为碰撞前挡光框通过 2 号光电门的时间；t_4 为碰撞后挡光框通过 2 号光电门的时间；$V_{1.0}$ 为碰撞前挡光框通过 1 号光电门的速度；$V_{1.1}$ 为碰撞后挡光框通过 1 号光电门的速度；$V_{2.0}$ 为碰撞前挡光框通过 2 号光电门的速度；$V_{2.1}$ 为碰撞后挡光框通过 2 号光电门的速度.

②"Sgl"用于时标输出，选择 Sgl 挡后，再依次按【功能】键可选择时标周期，再一次按【功能】键，显示时标周期为 0.1ms，1ms，10ms，100ms，1s；注意后盖

上的时标插座输出幅度为不低于 5V 的脉冲信号.

③"S_1"用于挡光计时,用挡光片对任意一个光电门依次遮光,屏幕依次显示出遮光次数.

④在使用"S_2""a""Col"及"β"挡功能时,要把毫秒计后盖上的【挡光框宽度或转盘角度选择开关】拨到与所选择挡光框对应的宽度上.

【注意事项】

(1)气垫导轨表面对平直度和光洁度要求很高,为了确保仪器精度,要防止碰到光电门损坏气垫导轨表面,在气垫导轨未通气之前不能将滑块放在气垫导轨上,更不能将滑块在气垫导轨上来回滑动.实验结束时应先将滑块从气垫导轨上取下,再关闭气源.操作时应轻拿轻放,并注意滑块与气垫导轨的配套性.

(2)气垫导轨表面和滑块内表面都有较高的光洁度,使用前要用酒精棉擦拭干净,不要用手触摸.

(3)气垫导轨是一种高精度仪器,在使用过程中,切忌碰撞、重压,以免产生变形.

2.4　碰撞实验研究

1666 年,荷兰物理学家、天文学家、数学家惠更斯(C. Huygens,1629～1695)向英国皇家学会提交报告,定义动量为质量和速度矢量的乘积,并分析了物体在弹性碰撞中动量转移和守恒的问题,即动量守恒定律.它是自然界中最重要最普遍的守恒定律之一,既适用于宏观物体,也适用于微观粒子;既适用于低速运动物体,也适用于高速运动物体,它是一个实验规律.

通过该实验,可验证动量守恒定律,定量研究动量损失和能量损失,了解动量损失和能量损失在工程技术中的重要意义.

在航空航天技术(如火箭技术、探测器着陆技术)、核能的利用(如核裂变技术)、粒子物理等领域,其原理都是动量守恒定律.因此,本实验研究有着非常重要的科学意义.

【实验目的】

(1)验证动量守恒定律及能量守恒定律.
(2)研究完全弹性碰撞与完全非弹性碰撞的特点.

【实验原理】

如果一个力学系统所受合外力为零或在某一方向上的合力为零,则该力学系统的总动量守恒或在某方向上守恒,即

$$\sum m_i v_i = 恒量 \tag{2.4.1}$$

实验中，当两滑块在水平的导轨上沿直线作对心碰撞时，若略去滑块运动过程中受到的黏滞阻力和空气阻力，则两滑块在水平方向除受到碰撞时彼此相互作用的内力外，不受其他外力作用．故根据动量守恒定律，两滑块的总动量在碰撞前后保持不变．

如图 2.4.1 所示，设滑块 1 和 2 的质量分别为 m_1 和 m_2，碰撞前两滑块的速度分别为 v_{10} 和 v_{20}，碰撞后的速度分别为 v_1 和 v_2，则根据动量守恒定律有

$$m_1 v_{10} + m_2 v_{20} = m_1 v_1 + m_2 v_2 \tag{2.4.2}$$

由于滑块做一维运动，式(2.4.2)中的速度矢量可改写为标量，v 的方向由正负号决定，若与所选取的坐标轴方向相同则取正号，反之则取负号．式(2.4.2)写成标量形式，即

$$m_1 v_{10} + m_2 v_{20} = m_1 v_1 + m_2 v_2 \tag{2.4.3}$$

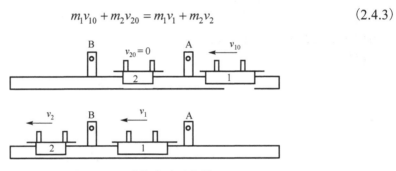

图 2.4.1　碰撞实验示意图

牛顿曾提出"弹性恢复系数"的概念．其定义为碰撞后的相对速度与碰撞前的相对速度的比值．一般称为恢复系数，用 e 表示，即

$$e = \frac{v_2 - v_1}{v_{10} - v_{20}} \tag{2.4.4}$$

当 $e=1$ 时为完全弹性碰撞，$e=0$ 为完全非弹性碰撞，一般 $0<e<1$ 为非完全弹性碰撞．滑块上的碰撞弹簧是钢制的，e 值在 0.95～0.98，它虽然接近 1，但是其差异也是明显的，因此在导轨上不能实现完全弹性碰撞．

1)非完全弹性碰撞

由于空气阻力始终存在，必须合理设计光电门的位置，使空气阻力影响达到最小，否则就要考虑对速度进行修正．选用大小两种滑块，用小滑块去碰撞大滑块；调整两个光电门之间的距离，使运动的小滑块经过光电门 1 后就立即与大滑块发生碰撞，碰后小滑块立即经过光电门 1 返回，大滑块立即经过光电门 2 离开．这样，就不用考虑对速度的修正了．

取大、小两滑块($m_1<m_2$)，将大滑块 m_2 置于 1、2 光电门之间，使 $v_{20}=0$. 推动小滑块 m_1 以速度 v_{10} 去碰撞大滑块，碰撞后速度分别为 v_1 和 v_2，则

$$m_1v_{10} = m_2v_2 - m_1v_1 \qquad (2.4.5)$$

碰撞前后动能的变化为

$$\Delta E_k = \frac{1}{2}(m_1v_1^2 + m_2v_2^2) - \frac{1}{2}m_1v_{10}^2 \qquad (2.4.6)$$

2)完全非弹性碰撞

此时，$e=0$，将光电门 A、B 的间距调到最小，去掉滑块 2 的遮光片，将滑块 2 置于光电门 A、B 间，而且 $v_{20}=0$，滑块 1 以速度 v_{10} 撞击滑块 2，碰撞后两滑块粘在一起以同一速度 v_2 运动. 实验时，应设计滑块 1 过光电门后立即与滑块 2 碰撞，碰撞后，立即通过光电门 1. 这样就不用考虑空气阻力对速度的影响了.

为了实现此类碰撞，要在两滑块的碰撞弹簧上加上尼龙胶带或橡皮泥(使用尼龙胶带时里面要衬上一块软胶皮).

碰撞前后的动量关系为

$$m_1v_{10} = (m_1 + m_2)v_2 \qquad (2.4.7)$$

动能变化为

$$\Delta E_k = \frac{1}{2}(m_1 + m_2)v_2^2 - \frac{1}{2}m_1v_{10}^2 \qquad (2.4.8)$$

【仪器及工具】

气垫导轨系统、物理天平、游标卡尺、计时计数测速仪、滑块、砝码及配重块若干等.

【实验内容】

(1)检查导轨系统的工作是否正常. 连接光电系统并检查其工作状态是否正常.

(2)调节导轨两侧面及导轨两端水平(调平方法见牛顿第二定律验证实验).

(3)非完全弹性碰撞. 设计光电门的位置(见原理).

$m_1 = m_2$ 时，测量碰撞前后的速度. $m_1 \neq m_2$ 时，测量碰撞前后的速度.

(4)完全非弹性碰撞. 设计光电门的位置(见原理).

在两滑块相对的碰撞面上加上尼龙胶带或橡皮泥(碰撞弹簧要移开)，进行碰撞，仍然使 $v_{20}=0$. 碰撞后的速度相等，$m_1 \neq m_2$，测量碰撞前后的速度.

注意：为了保证数据的有效性，每种情况的测量数据必须达到 10 组以上，学生自己设计数据记录表.

【实验数据及处理】

(1) 根据式(2.4.5)和式(2.4.7)分别计算两类碰撞的碰撞前、后动量之比和动量损失.

(2) 根据式(2.4.6)和式(2.4.8)分别计算两类碰撞的碰撞前、后动能的变化量.

(3) 计算非完全弹性碰撞的恢复系数 e.

(4) 根据(1)和(2)的计算结果对实验结果作出分析和评价.

【思考讨论】

(1) 试分析碰撞前后总动量不相等的原因.

(2) 恢复系数的大小与哪些因素有关？

(3) 你还能想出其他验证动量守恒及能量守恒的实验方法吗？

【探索创新】

验证动量守恒定律的关键是保证在某一个方向上不受外力作用. 请学生自己设计验证动量守恒定律的测量方法. 例如，两个摆球的碰撞问题，光滑轨道中小球的碰撞问题等.

【拓展迁移】

冯燕. 2007. 动量守恒定律与能量守恒定律的综合应用. 课程教材教学研究，(2)：86.

郝详. 2011. 验证动量守恒定律实验的探究. 物理通报，40(7)：75-76.

侯磊，蔡立. 2008. 碰撞问题中非牛顿边界层计算. 华东师范大学学报(自然科学版)，(5)：7-15.

张玉新，廖宸锋. 2008. 关于船桥碰撞问题的研究及处理方法的探讨. 广西大学学报(自然科学版)，(6)：8-10.

2.5　刚体转动惯量的测量

转动惯量反映了刚体在转动状态下的惯性，转动惯量大的刚体其角速度更难于被改变. 转动惯量的大小除了与刚体质量有关外，还与转轴的位置和质量分布(即形状、大小和密度)有关. 如果刚体形状规则，且质量分布均匀，可直接计算出它绕特定轴的转动惯量. 但在工程实践中，我们常常碰到大量形状复杂且质量分布不均匀的刚体，理论计算极为复杂，通常采用实验方法来测定.

在科学实验、工程技术、航天、电力、机械、仪表等领域，转动惯量是一个重要参量. 例如，在发动机叶片、飞轮、陀螺以及人造卫星的外形设计上，就必须精确地测定转动惯量. 因此，学习掌握刚体转动惯量的测量方法，有着重要的实际意义.

2.5.1 扭摆法测刚体的转动惯量

【实验目的】

(1)观察转动惯量对扭摆摆动周期的影响.

(2)用扭摆法测量刚体的转动惯量，并与理论计算值进行比较，加深对转动惯量的理解.

【实验原理】

扭摆如图 2.5.1 所示，在竖直轴上装有螺旋弹簧，用以产生恢复力矩. 在轴的上方可以装上待测刚体. 将扭摆在水平面内转过一角度 θ 后，在弹簧的恢复力矩作用下，刚体就开始绕竖直轴做往返摆动. 根据胡克定律，螺旋弹簧产生的恢复力矩 M 与转过的角位移 θ 成正比

$$M = -K\theta \tag{2.5.1}$$

式中, K 为弹簧的扭转系数，负号表示恢复力矩 M 的方向与角位移 θ 的方向相反. 由转动定律，有

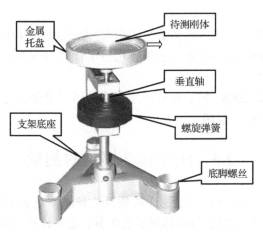

图 2.5.1 螺旋弹簧式扭摆构造简图

$$M = I\beta = I\frac{\mathrm{d}^2\theta}{\mathrm{d}t^2} \tag{2.5.2}$$

其中，I 为刚体绕转轴的转动惯量；β 为角加速度.

由式(2.5.1)和(2.5.2)可得

$$\frac{\mathrm{d}^2\theta}{\mathrm{d}t^2} + \frac{K}{I}\theta = 0$$

令 $\omega^2 = k/I$，上式变为

$$\frac{\mathrm{d}^2\theta}{\mathrm{d}t^2} + \omega^2\theta = 0 \tag{2.5.3}$$

式(2.5.3)表明，扭摆的运动具有简谐振动的特征. 扭摆的振动周期为

$$T = \frac{2\pi}{\omega} = 2\pi\sqrt{\frac{I}{K}} \quad \text{或} \quad T^2 = \frac{4\pi^2 I}{K} \tag{2.5.4}$$

上式表明，扭摆周期 T 的平方与转动惯量 I 成正比. 若测出摆动周期，而扭摆系数 K 是未知量，还不能由式(2.5.4)计算出转动惯量. 为此，实验中采用比较测量法消去扭摆系数 K. 实验中用一个几何形状规则的刚体，它的转动惯量 I' 可以根据其质量和几何尺寸，用理论公式计算得到. 测出它的摆动周期 T'，则

$$T'^2 = 4\pi^2\frac{I'}{K} \tag{2.5.5}$$

由式(2.5.5)可以确定扭转系数 K. 若要测量其他刚体的转动惯量 I，只需将待测刚体固定在扭摆上面的夹具上，测出其摆动周期 T，则

$$T^2 = 4\pi^2\frac{I' + I}{K} \tag{2.5.6}$$

由式(2.5.5)和式(2.5.6)可得该物体绕转动轴的转动惯量

$$I = \frac{T^2 - T'^2}{T'^2}I' \tag{2.5.7}$$

【仪器及工具】

转动惯量测试仪、游标卡尺、直尺、电子秤.

【实验内容】

(1)用游标卡尺测出尼龙圆柱体的直径和金属圆筒的内、外直径，用直尺测出金属细杆的长度，测量次数不少于 5 次；用电子秤测出它们的质量，质量可采用单次测量；尼龙球的直径为 12.60cm.

(2)调整扭摆底脚螺丝，使水准气泡居中，让扭摆的转轴处于铅直状态. 装上金属托盘，把光电门调节到合适的位置，测量其摆动周期 T_0.

(3)将塑料圆柱、金属圆筒分别固定在金属托盘上，分别测量它们的摆动周期 T_1、T_2.

(4)取下金属托盘，装上尼龙球，测量其摆动周期 T_3. 再取下尼龙球，装上金属细杆，让其重心与转轴重合，测量其摆动周期 T_4.

【实验数据及处理】

1. 将测量数据填入表 2.5.1

表 2.5.1　刚体转动惯量测量数据表

物体名称	质量/kg	几何尺寸/cm				周期/s				
金属载物盘						T_0				
						平均值				
尼龙圆柱		直径				T_1				
						平均值				
金属圆筒		内径				T_2				
		外径				平均值				
尼龙球		直径				T_3				
						平均值				
金属细杆		长度				T_4				
						平均值				

2. 数据处理

(1)圆柱体的转动惯量理论计算公式 $I_1=mR^2/2=mD^2/8$，把相关测量值代入，算出 I_1，计算其不确定度 $u(I_1)$ 和相对不确定度 $u_r(I_1)$，并给出正确的结果表示.

(2)利用下列两式计算出金属托盘的转动惯量 I_0 和扭摆的扭转常数 K.

$$I_0 = \frac{T_0^2}{T_1^2 - T_0^2}I_1, \quad K = 4\pi^2 \frac{I_1}{T_1^2 - T_0^2}$$

(3)比较金属圆筒转动惯量的测量值 I_2 和理论计算值 I_2'，并计算其百分误差.

$$I_2 = \frac{KT_2^2}{4\pi^2} - I_0, \quad I_2' = \frac{1}{8}m_2(D_2^2 + D_2'^2)$$

(4)比较尼龙球转动惯量的测量值 I_3 和理论计算值 I_3'，并计算其百分误差.

$$I_3 = \frac{K}{4\pi^2}T_3^2 - I_{30}, \qquad I_3' = \frac{2}{5}m_3 R_3^2 = \frac{1}{10}m_3 D_3^2$$

式中，I_{30} 为尼龙球支座的转动惯量，$I_{30} = \dfrac{K}{4\pi^2}T_{30}^2 = 0.179 \times 10^{-4}\,\mathrm{kg \cdot m^2}$.

（5）比较金属细杆转动惯量的测量值 I_4 和理论计算值 I_4'，并计算其百分误差.

$$I_4 = \frac{K}{4\pi^2}T_4^2 - I_{40}, \qquad I_4' = \frac{1}{12}m_4 L^2$$

式中，I_{40} 为细杆夹具的转动惯量，$I_{40} = \dfrac{K}{4\pi^2}T_{40}^2 = 0.232 \times 10^{-4}\,\mathrm{kg \cdot m^2}$.

【思考讨论】

（1）刚体转动惯量与哪些因素有关？

（2）为什么用单摆测重力加速度时要求摆角小于 5°，而扭摆法测刚体转动惯量对摆角没有这一要求？

【探索创新】

计算分形物体转动惯量有两种方法：①如果分形步骤明确且组合剖分容易给出，就能利用分形物体的自相似性，得到质心和转动惯量的解析表达式（精确值）；②直接迭代求和法，如果分形步骤给出物体所有顶点坐标，可以利用转动惯量的坐标直接计算. 用两种方法算出某一物体的转动惯量，在实验中进行验证. 学生也可以根据实验的制作、研究，提出自己的新思想和实验方法.

【拓展迁移】

王小三，刘云平，倪怀生，等. 2019. 转动惯量测量研究的进展及展望. 宇航计测技术，39（02）：1-5.

王向军，王凯. 2019. 微小物体转动惯量测量机理与实现方法研究. 传感技术学报，32（02）：27-33.

刘五祥. 2015. 新型转动惯量实验装置的研制与应用. 实验室研究与探索，34（05）：63-66.

【注意事项】

（1）在称金属细杆的质量时，须将细杆的夹具取下.

（2）在实验过程中，螺旋弹簧有一定的扭转限度，因此，摆动角度要求在 90° 内.

（3）圆柱体和圆筒放在金属托盘上时，必须保证转轴铅垂.

2.5.2　用三线摆测刚体的转动惯量

【实验目的】

(1)学会用三线摆测定刚体的转动惯量.
(2)学会用累积放大法测量摆动周期.
(3)验证转动惯量的平行轴定理.

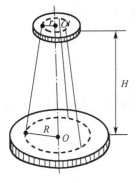

图 2.5.2　三线摆示意图

【实验原理】

1. 用三线摆测定刚体的转动惯量

　　三线摆的实验装置如图 2.5.2 所示,悬挂在横梁上的上、下两个圆盘均处于水平,三条对称分布的等长悬线将两圆盘相连. 上圆盘固定,下圆盘可绕中心轴 OO' 摆动.

　　当下盘扭转摆动,摆幅 θ_0 很小,且略去空气阻力时,其摆动为谐振动,其运动方程为 $\theta = \theta_0 \sin \dfrac{2\pi}{T_0} t$,角速度为

$$\omega = \frac{\mathrm{d}\theta}{\mathrm{d}t} = \frac{2\pi\theta_0}{T_0}\cos\frac{2\pi}{T_0}t \tag{2.5.8}$$

当 $t=0$ 时,有

$$\omega_0 = \frac{2\pi\theta_0}{T_0} \tag{2.5.9}$$

当摆盘离平衡位置最远时,其重心升高 h,根据机械能守恒定律,有 $\dfrac{1}{2}I\omega_0^2 = mgh$,得

$$I = \frac{2mgh}{\omega_0^2} \tag{2.5.10}$$

由式 (2.5.9) 和式 (2.5.10) 得

$$I = \frac{mghT^2}{2\pi^2\theta_0^2} \tag{2.5.11}$$

由图 2.5.3 中的几何关系,得

$$(H-h)^2 + R^2 - 2Rr\cos\theta_0 = l^2 = H^2 + (R-r)^2$$

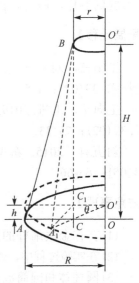

图 2.5.3　三线摆几何关系图

简化得

$$Hh - \frac{h^2}{2} = Rr(1 - \cos\theta_0)$$

略去 $\frac{h^2}{2}$，取 $1 - \cos\theta_0 \approx \theta_0^2 / 2$，则有

$$h = \frac{Rr\theta_0^2}{2H} \tag{2.5.12}$$

由式 (2.5.11) 和式 (2.5.12) 得

$$I = \frac{mgRr}{4\pi^2 H} T^2 \tag{2.5.13}$$

也可写为

$$I_0 = \frac{m_0 gRr}{4\pi^2 H_0} T_0^2 \tag{2.5.14}$$

上式中 m_0 为下盘的质量，r、R 分别为上、下悬点与各自圆盘中心的距离，H_0 为平衡时上下盘间的垂直距离，T_0 为下盘做谐振动的周期，g 为重力加速度.

将质量为 m 的待测刚体放在下盘上，让待测刚体的转轴与 OO' 转轴重合. 测出摆动周期 T_1 和上、下圆盘间的垂直距离 H，待测刚体和下圆盘对中心转轴 OO' 轴的总转动惯量为

$$I_1 = \frac{(m_0 + m)gRr}{4\pi^2 H} T_1^2 \tag{2.5.15}$$

若不计因重量变化而引起的悬线伸长，则 H 近似等于 H_0，待测物体绕中心轴 OO' 的转动惯量为

$$I = I_1 - I_0 = \frac{gRr}{4\pi^2 H_0} [(m + m_0)T_1^2 - m_0 T_0^2] \tag{2.5.16}$$

因此，通过长度、质量和摆动周期的测量，便可求出刚体绕转动轴的转动惯量.

2. 验证转动惯量的平行轴定理

设质量为 m 的物体绕过其质心轴的转动惯量为 I_c，如图 2.5.4 所示，当转轴平行移动距离 x 时，此物体对另一转轴 OO' 的转动惯量为 $I_{OO'} = I_c + mx^2$，这一结论称为转动惯量的平行轴定理.

实验中将质量均为 m'，形状和质量分布完全相同的两个小圆柱对称地放置在

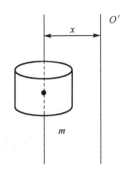

下圆盘上，测出绕转轴 OO' 的摆动周期 T_x，就可得到每个小圆柱对转轴 OO' 的转动惯量

$$I_x = \frac{1}{2}\left[\frac{(m_0 + 2m')gRr}{4\pi^2 H}T_x^2 - I_0\right] \qquad (2.5.17)$$

如果测出小圆柱的中心与下圆盘中心之间的距离 x，以及小圆柱的半径 R_x，由平行轴定理可求得

$$I'_x = \frac{1}{2}m'R_x^2 + m'x^2 \qquad (2.5.18)$$

图 2.5.4　平行轴定理图　　比较 I_x 与 I'_x 的大小，即可验证平行轴定理.

【仪器及工具】

三线摆、米尺、游标卡尺、物理天平、光电计时系统、待测物体.

【实验内容】

(1)测定圆环对通过其质心且垂直于环面转轴的转动惯量.

①旋转底座上的三个螺钉，让底板上水准仪中的气泡位于正中间，使底座水平.

②转动上圆盘上的三个旋钮，改变三条悬线的长度，让下盘水准仪中的气泡位于正中间，让下盘水平.

③轻轻转动上盘，带动下盘转动，这样可以避免三线摆在摆动时发生晃动(注意转动角控制在 5° 以内). 以下盘通过平衡位置作为计时的起点，让下盘上的挡光杆处于光电门的中央，测量下盘绕轴 OO' 的摆动周期 T_0.

④将待测圆环置于下盘上，让两者的中心重合，测出其摆动周期 T_1.

(2)用三线摆验证平行轴定理. 将两小圆柱对称放置在下盘上，测出其摆动周期 T_x，以及两小圆柱之间的距离 $2x$.

(3)用米尺测出上、下圆盘三悬点之间的距离 a 和 b，然后利用几何关系算出悬点到中心的距离 r 和 R；用米尺测出两圆盘之间的垂直距离 H_0；用游标卡尺测出待测圆环的内、外直径 $2R_1$、$2R_2$ 和小圆柱体的直径 $2R_x$；测出待测圆环的质量 m 和小圆柱的质量 m'.

注意：摆动周期、a 和 b、圆环的内外径、小圆柱体的直径、小孔之间的距离测量次数不少于 5 次；其他量采用单次测量.

【实验数据及处理】

1. 数据记录

将测量数据记入表 2.5.2～表 2.5.4 中.

表 2.5.2　摆动 20 次的周期记录表　　　　　　　　　　（单位：s）

测量次数	1	2	3	4	5	6	平均值
下盘							
下盘加圆环							

表 2.5.3　测量数据记录表

次数	上盘悬孔间距 a/cm	下盘悬孔间距 b/cm	待测圆环		小圆柱体直径 $2R_x$/cm
			外直径 $2R_1$/cm	内直径 $2R_2$/cm	
1					
2					
3					
4					
5					
平均					

注：下盘质量 $m_0 =$ _____；待测圆环质量 $m =$ _____；圆柱体质量 $m' =$ _____；$H_0 =$ _____.

表 2.5.4　验证平行轴定理数据记录表

次数	小孔间距 $2x$/cm	周期 T_x/s	实验值 $\left(I_x = \dfrac{1}{2}\left[\dfrac{(m_0+2m')gRr}{4\pi^2 H}T_x^2 - I_0\right]\right)$ /(kg·m^2)	理论值 $\left(I_x' = m'x^2 + \dfrac{1}{2}m'R_x^2\right)$ /(kg·m^2)	相对误差
1					
2					
3					
4					
5					

2. 数据处理

(1) 根据测量数据，由式 (2.5.16) 算出待测圆环转动惯量的测量值.

(2) 圆环绕中心轴转动惯量的理论计算公式为 $I_{理论} = \dfrac{m}{2}(R_1^2 + R_2^2) = \dfrac{m}{8}(D_1^2 + D_2^2)$，
式中 D_1 和 D_2 为圆环的内、外直径. 将待测圆环转动惯量的测量值与理论值进行比较，求出百分误差.

(3) 由式 (2.5.17) 得出每个小圆柱对转轴 OO' 转动惯量的测量值，将其与由式 (2.5.18) 得到的理论值进行比较，求出百分误差，并给出平行轴定理验证的结果.

【思考讨论】

(1)用三线摆测刚体转动惯量时，为什么必须保持下盘水平？

(2)三线摆放上待测物后,其摆动周期是否一定比空盘的摆动周期大？为什么？

(3)测量圆环的转动惯量时，若圆环的转轴与下盘转轴不重合，对实验结果有何影响？

【探索创新】

三线摆常用于测定不规则刚体的转动惯量，讨论其动力学方程的适用性和避免共振的条件. 通过对扭振方程的推导与分析，得出扭振方程线性化的条件，并给出三线摆结构参数、被测刚体惯性和几何参数对方程线性化的影响. 学生也可以根据实验的制作、研究，提出自己的新思想和实验方法.

【拓展迁移】

葛宇宏. 2010. 长摆线三线摆大摆角摆动测定刚体转动惯量. 机械科学与技术，29(06)：792-796.

强蕊. 2011. 三线摆法测刚体转动惯量的不确定度分析. 西安科技大学学报，31(05)：631-635.

盛忠志，易德文，杨恶恶. 2004. 三线摆法测刚体的转动惯量所用近似方法对测量结果的影响. 大学物理，23(02)：44-46.

2.6　杨氏模量的测量

托马斯·杨(Thomas Young，1773～1829)英国物理学家，波动光学的奠基人之一，论证了声和光都是波动. 在材料力学方面，他研究了剪切形变，认为剪切形变是一种弹性形变. 1807 年，他提出弹性模量的定义，为此，人们称弹性模量为杨氏模量. 杨氏模量是表征材料抵抗形变能力的物理量，其数值大小反映了该材料弹性变形的难易程度. 杨氏模量越大，越不容易发生形变.

在工程实践中，杨氏模量是选定机械零部件材料的依据之一，是工程技术设计中常用的参数. 测定材料的杨氏模量对研究金属材料、光纤材料、半导体、纳米材料、聚合物、陶瓷、橡胶等各种材料的力学性质有着重要意义.

【实验目的】

(1)掌握用拉伸法测量金属丝的杨氏模量的原理.

(2)熟悉用光杠杆放大法测量微小伸长量的原理.

(3)学会用逐差法处理数据.

【实验原理】

设一根长为 L，横截面面积为 S 的金属丝(或金属细杆)，沿其长度方向施加外力 F，金属丝的伸长(或缩短)量为 ΔL，把 F/S 称为应力，其物理意义为金属丝单位横截面面积所受到的力. 把 $\Delta L/L$ 称为应变，它表示金属丝单位长度的伸长量. 由胡克定律可知，在金属丝的弹性限度内，应力与应变成正比，即

$$\frac{F}{S} = Y\frac{\Delta L}{L} \tag{2.6.1}$$

其中，比例系数 Y 称为金属丝的杨氏模量. 式(2.6.1)可写成

$$Y = \frac{FL}{\Delta LS} \tag{2.6.2}$$

实验表明：金属丝的杨氏模量 Y 与外力 F、金属丝的长度 L 以及横截面面积 S 都无关，它只取决于材料的性质. 对于长度 L、横截面面积 S，外力 F 相同的情况下，杨氏模量 Y 越大，金属丝的伸长量 ΔL 就越小；相反，杨氏模量 Y 越小，金属丝的伸长量 ΔL 就越大. 所以，杨氏模量反映了材料抵抗外力产生拉伸(或压缩)形变的能力，它是表征固体弹性性质的一个物理量.

在实验过程中，式(2.6.2)中的 F、S、L 都较容易直接测得，而微小伸长量 ΔL 用一般的测量仪器不易直接测出. 本实验中采用光杠杆放大法，将微小伸长量 ΔL 放大后间接测出.

光杠杆如图 2.6.1 所示，光杠杆放大原理如图 2.6.2 所示. 光杠杆的平面镜 M 下面的两个平行尖脚放在测量仪的平台沟内,杠杆尖脚则放在夹有金属丝的圆柱体上，它能随金属丝的伸长或缩短而移动，从而改变平面镜 M 的倾角. 若开始时平面镜 M 的法线在水平方向，则标尺上 n_0 刻度线发出的光线经平面镜 M 反射后进入望远镜，在望远镜中将看见标尺上的刻度 n_0. 当在砝码钩上增加砝码时，金属丝伸长 ΔL，光杠杆的主尖脚也随之下落 ΔL，带动平面镜 M 转过一角 α，法线 On_0 也随之一起转过相同的角 α. 根据光的反射定律，从 n_0 发出的光线将反射到标尺上的 n 刻度. 根据光线可逆性，从标尺上的 n 刻度发出的光经平面镜 M 反射后进入望远镜的视场而被观察到，从图中可以看出

$$\tan\alpha = \frac{\Delta L}{b}, \quad \tan 2\alpha = \frac{\Delta n}{D}$$

由于 α 很小，所以 $\tan\alpha \approx \alpha$，$\tan 2\alpha \approx 2\alpha$，则 $\alpha = \frac{\Delta L}{b}$，$2\alpha = \frac{\Delta n}{D}$，得

$$\Delta L = \frac{b}{2D}\Delta n \qquad (2.6.3)$$

可见，ΔL 原本是较难准确测量的微小伸长量，经光杠杆转换后，Δn 被放大. Δn 可以直接从标尺上读出. $2D/b$ 为光杠杆的放大倍数，其放大倍数可达 $25\sim100$ 倍.

测出金属丝的直径 d，其截面积 $S=\pi d^2/4$，由式(2.6.2)和式(2.6.3)，得

$$Y = \frac{8FLD}{\pi d^2 b \Delta n} \qquad (2.6.4)$$

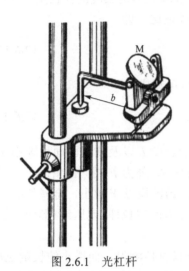

图 2.6.1　光杠杆　　　　　　　　　图 2.6.2　光杠杆原理图

【仪器及工具】

杨氏模量测量仪、光杠杆、望远镜、标尺、砝码、米尺、螺旋测微器等.

【实验内容】

如图 2.6.3 所示，金属丝 L 的上端固定于支架 A 处，实验时将一个小圆柱与金属丝的下端固定在一起，使其能随金属丝的伸缩而移动. G 是一个固定平台，中间开有一孔，圆柱体 C 可以在孔中自由移动. 实验步骤如下：

(1)调节杨氏模量测量仪支架底部的三个螺钉，使支架铅直.

(2)将光杠杆置于平台上，让前面两个平行尖脚放在平台的沟槽中，主尖脚放在小圆柱体上. 调整平面镜的法线使其处于水平状态.

(3)调节望远镜的镜筒，使其处于水平状态，并让镜筒与光杠杆的镜面等高. 调节望远镜的仰角微调螺钉，让视线沿着镜筒上的"V"字形缺口和准星看过去，能从光杠杆的镜面 M 里看到标尺的像；然后调节望远镜的目镜，使望远镜分划板上的十字叉丝清晰，且眼睛上下移动时，十字叉丝没有相对移动，即无视差.

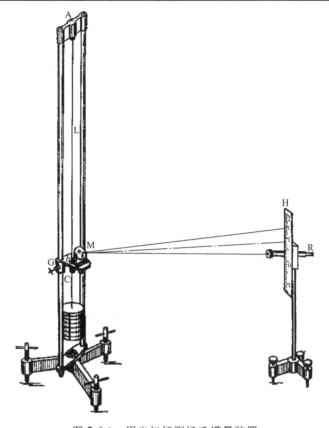

图 2.6.3　用光杠杆测杨氏模量装置

(4) 调节望远镜的物镜,直到清晰地看到标尺刻度的像,且当眼睛上下移动时无视差.记下此时十字叉丝横线对准的标尺读数 n_0.

(5) 记录下砝码的质量 m. 在挂钩上每加一个砝码,通过望远镜读取标尺读数一次,砝码减少时再读一次.

(6) 测量金属丝的长度 L,以及光杠杆平面镜到标尺的距离 D. D 等于望远镜中分划板上、下两条黑色刻度线之间的距离乘以 50;也可以用直尺测量.

(7) 测量光杠杆主尖脚至镜面的垂直距离 b. 测量时将光杠杆在纸上压下三个足痕,作出一个三角形,用三角板测出该三角形的高,就是 b 的值.

(8) 测量金属丝直径 d,要求在其上、中、下三个部位各测 3 次.

【实验数据及处理】

1. 数据记录

将测量数据记入表 2.6.1 和表 2.6.2 中.

表 2.6.1　增、减砝码时的标尺读数

砝码个数	F/N	标尺读数/cm				
		增加砝码		减少砝码		平均值
1		n_0'		n_0''		n_0
2		n_1'		n_1''		n_1
3		n_2'		n_2''		n_2
4		n_3'		n_3''		n_3
5		n_4'		n_4''		n_4
6		n_5'		n_5''		n_5
7		n_6'		n_6''		n_6
8		n_7'		n_7''		n_7

表 2.6.2　金属丝直径 d 的测量数据

位置	上			中			下		
次数	1	2	3	1	2	3	1	2	3
d/mm									

2.　数据处理

(1)对挂钩上砝码数相同的两次标尺读数取平均值,用逐差法计算出 Δn 的平均值,并计算 Δn 的不确定度,给出正确的结果表示.

(2)计算金属丝直径 d 的平均值和不确定度,并给出正确的结果表示.

(3)计算杨氏模量的平均值 $\bar{Y}$ 和不确定度,写出正确的测量结果表示.

【思考讨论】

(1)望远镜的调节步骤以及调好的标准是什么?

(2)金属丝的杨氏模量与哪些因素有关?两根粗细相同而材料不同的金属丝,其杨氏模量是否相同?

(3)光杠杆具有将被测量放大的作用,在测量时,若 D=1.500m,光杠杆的参数 b=5.00cm,被测伸长量的放大倍数为多少?

【探索创新】

根据材料不同的受力情况,将弹性模量分为拉伸弹性模量、剪切弹性模量(刚性模量)、体积弹性模量等.在做完本实验的基础上,进一步了解剪切弹性模量和体积弹性模量的测量方法，了解它们在工程实践中的应用．学生也可以根据实验的制作、研究，提出自己的新思想和实验方法．

【拓展迁移】

李远瞳，汪国睿，戴兆贺，等．2019．原位通孔鼓泡法测试二维材料杨氏模量．实验力学，34(05)：739-747.

宋庆和，刘志强，杨文明，等．2018．彩色数字全息测量杨氏模量．光子学报，47(01)：209-215.

张晓峻，孙晶华，侯金弟，等．2019．测量固体材料泊松比和杨氏模量的新方法．实验技术与管理，36(04)：75-78.

【注意事项】

(1)光杠杆、望远镜和标尺等组成的光学系统一经调节好，在实验过程中便不可再移动．

(2)在加、减砝码过程中，应轻拿轻放，砝码的缺口要前后错开．

(3)在用逐差法处理数据时，Δn 是改变 4 个砝码的拉力时标尺刻度的变化量，因此，在计算杨氏模量 Y 时，拉力 F 的值应该是四个砝码的重力，即 $F=4mg$．

2.7　弦振动的研究

驻波是一种特殊的干涉现象,当两列同振幅的相干波沿同一直线反方向传播时,它们相遇叠加就形成了驻波．驻波在声学、光学、无线电工程等方面有广泛的应用，比如常见的弦乐器和管乐器就是利用了弦上的驻波和管中的驻波进行发声的．本实验研究弦线上驻波形成的条件，以及在改变弦长、弦线的张力和频率等情况下对驻波的影响，并利用驻波测量波长和波速．

【实验目的】

(1)了解波在弦线上的传播以及驻波形成的条件．
(2)研究弦线上横波波长、波速与弦线张力的关系．
(3)测量弦线上波的传播速度和弦线的线密度．

【实验原理】

1. 驻波的形成

如图 2.7.1 所示，将弦线的一端固定在电动音叉的末端 A，另一端跨过滑轮，系上砝码. 音叉作为波源, 它所发出来的波沿着弦线向另一端传播, 遇到劈形块 B 后反射回来, 入射波和反射波相遇叠加就形成了驻波.

图 2.7.1　驻波示意图

设入射波沿 x 轴正方向传播的方程为

$$y_1 = A\cos\left[2\pi\left(ft - \frac{x}{\lambda}\right)\right]$$

式中, f 为波的频率; λ 为波长. 入射波传播到另一端被反射回来, 反射波的方程为

$$y_2 = A\cos\left[2\pi\left(ft + \frac{x}{\lambda}\right)\right]$$

两列同振幅沿相反方向传播的相干波相遇叠加就形成了驻波. 在相遇区域里任一质点的振动位移为

$$
\begin{aligned}
y &= y_1 + y_2 \\
&= A\cos\left[2\pi\left(ft - \frac{x}{\lambda}\right)\right] + A\cos\left[2\pi\left(ft + \frac{x}{\lambda}\right)\right] \\
&= \left[2A\cos\left(2\pi\frac{x}{\lambda}\right)\right]\cos(2\pi ft)
\end{aligned}
\tag{2.7.1}
$$

式 (2.7.1) 即为驻波的方程. 其中, $2A\cos\left(2\pi\dfrac{x}{\lambda}\right)$ 为弦线上各点的振幅, 它只与 x 有关, 即各个点的振幅随着其与原点的距离 x 的不同而不同, 驻波中所有质点都在做频率为 f 的谐振动.

1) 波节和波腹

驻波中各点的振幅由 $\left|2A\cos\left(2\pi\dfrac{x}{\lambda}\right)\right|$ 决定, x 轴上任一点的振幅随 x 的变化而呈周期性. 振幅为零的点称为波节, 即 $\left|2A\cos\left(2\pi\dfrac{x}{\lambda}\right)\right| = 0$, 波节的位置为

$$x = \pm(2k+1)\frac{\lambda}{4}, \quad k = 0, 1, 2, 3, \cdots \tag{2.7.2}$$

振幅最大的点称为波腹, 即 $\left|2A\cos\left(2\pi\dfrac{x}{\lambda}\right)\right| = 2A$, 波腹的位置为

$$x = \pm \frac{k}{2}\lambda, \quad k=0,1,2,3,\cdots \tag{2.7.3}$$

显然，相邻两个波节或波腹之间的距离为

$$\Delta x = x_{k+1} - x_k = \frac{\lambda}{2} \tag{2.7.4}$$

因此，在驻波实验中，只要测得相邻两个波节或波腹之间的距离，就可以确定弦线上波的波长.

2) 波长和弦长之间的关系

从驻波的规律和特征不难得出，并不是任意波长的波都能在一定长度的弦线上形成驻波. 只有当弦线的长度等于半波长的整数倍时，才能在两端固定的弦线上形成驻波. 所以，弦线长度和波长 λ 之间应满足下列关系：

$$L = n\frac{\lambda}{2}, \quad n = 1,2,3,\cdots \tag{2.7.5}$$

2. 弦线上横波的传播速度

设波的频率为 f，波长为 λ，则波速为

$$u = \lambda f \tag{2.7.6}$$

由式 (2.7.5) 和 (2.7.6) 得

$$u = f\frac{2L}{n} \tag{2.7.7}$$

根据弦线上横波的动力学方程，在线密度为 μ、张力为 T 的弦线上，横波的传播速度为

$$u = \sqrt{\frac{T}{\mu}} \tag{2.7.8}$$

由式 (2.7.7) 和式 (2.7.8) 得

$$\mu = \frac{n^2 T}{4L^2 f^2} \tag{2.7.9}$$

【仪器及工具】

WZB-4 型驻波实验仪、砝码.

【实验内容】

(1) 在下列两种情况下调整观察弦线上的驻波.

① 弦线的长度给定，改变弦线的张力 T 和波的频率，在弦线上产生若干段稳定的驻波.

　　②弦线的张力 T 和波的频率给定，调整弦线的长度，在弦线上产生若干段稳定的驻波.

　　(2)在弦线张力 T 和频率 f 给定的情况下，利用式(2.7.9)，多次测量弦线的线密度 μ.

　　(3)在频率 f 给定、弦线张力改变的情况下，利用式(2.7.7)和式(2.7.8)分别测量弦线上的波速，并作比较.

　　(4)在弦线张力 T 给定，频率 f 变化的情况下，利用式(2.7.7)和式(2.7.8)分别测量弦线上的波速，并作比较.

【实验数据及处理】

　　1. 数据记录

　　将测量数据记入表 2.7.1～表 2.7.3 中.

表 2.7.1　测量弦线的线密度

n(波腹个数)	L_A/cm	L_B/cm	$L=(L_B-L_A)$/cm	μ/(kg/m)
1				
2				
3				

表 2.7.2　弦线张力变化对波速的影响

频率 $f=$_____Hz

m/g	T/N	$n=1$			$n=2$			$\overline{\lambda}$ /cm	u_f /(m/s)	u_T /(m/s)	Δu /(m/s)	$E=\dfrac{\Delta u}{u_T}\times100\%$
		L_A/cm	L_B/cm	λ_1/cm	L_A/cm	L_B/cm	λ_2/cm					
40												
50												
60												
70												

表 2.7.3　频率变化对波速的影响

$T=mg$,　$m=$____g

f/Hz	$n=1$			$n=2$			$\overline{\lambda}$ /cm	u_f /(m/s)	u_T /(m/s)	Δu /(m/s)	$E=\dfrac{\Delta u}{u_T}\times100\%$
	L_A/cm	L_B/cm	λ_1/cm	L_A/cm	L_B/cm	λ_2/cm					
60											
80											
100											
120											
140											

2. 数据处理

(1)计算弦线密度,并求出弦线密度的平均值.

(2)在不同条件下,利用式(2.7.7)和式(2.7.8)分别算出弦线上的波速,并作比较,算出百分误差.

【思考讨论】

(1)弦线上驻波形成的条件是什么?

(2)在驻波形成后,改变磁铁位置,当磁铁处在什么位置时,驻波就消失了?

【探索创新】

利用弦线上的驻波,结合共振原理,试分析弦乐器(如二胡)的发声原理和演奏前的调试原理. 学生也可以根据实验的制作、研究,提出自己的新思想和实验方法.

【拓展迁移】

邓小伟,余征跃,姚卫平,等.2015. 古筝弦振动及琴码的动力学分析. 振动与冲击,(18):166-170.

闵琦,和万全,王全彪.2019. 等截面驻波管内大振幅驻波场的实验研究. 声学学报,44(5):39-48.

【注意事项】

(1)调节信号发生器的频率时,速度要缓慢,并仔细观察波形的变化;不要将波幅电流调节到最大,调至最大 2/3 处即可.

(2)实验做完后,砝码钩上保留一个砝码,以免金属细丝弯曲打折,其余砝码放进砝码盒中.

2.8　超 声 探 伤

超声学是声学的一个分支,它主要研究超声产生方法和探测技术、超声在介质中的传播规律、超声与物质的相互作用. 它包括微观尺度的相互作用以及超声的众多应用. 超声的用途可分为两大类,一类是利用它的能量来改变材料的某些状态,为此要产生能量比较大的超声,这类用途的超声通常称为功率超声,如超声加湿、超声清洗、超声焊接、超声手术刀、超声马达等;另一类是利用它来采集信息,超声波测试分析包括对材料和工件进行检验和测量,由于测试的对象和目的不同，具体的技术和措施也是不同的，因而产生了名称各异的超声检测项目，如超声测厚，超声发射，超声测硬度、应力、金属材料的晶粒度，以及超声探伤等.

【实验目的】

(1) 了解超声波的产生和发射机理.
(2) 用 A 类超声实验仪测量水中的声速或者水层的厚度.
(3) 用 A 类超声实验仪测量固体厚度及超声无损探伤.

【实验原理】

超声波是指频率高于 20000Hz 的声波，它是弹性机械波，几乎可以在所有弹性材料中传播，并且它的传播与材料的弹性有关. 如果弹性材料发生变化，超声波的传播就会受到干扰，根据扰动，可以了解材料的弹性或弹性变化特征，检测到材料的内部信息. 对某些其他辐射能量不能穿透的材料，超声更显示出这方面的实用性. 与 X 射线、γ 射线相比，超声的穿透本领并不优越，但由于它对人体伤害较小，它的应用仍然很广泛.

产生超声波的方法有很多种，如热学法、力学法、静电法、磁致伸缩法、激光法以及压电法等，但应用最普遍的是压电法.

某些介电体在机械压力作用下会发生形变，使得介电体内正负电荷中心相对位移，介电体两端表面出现符号相反的束缚电荷，其电荷密度与压力成正比，这种由"压力"产生"电"的现象称为正压电效应；反之，如果将具有压电效应的介电体置于外电场中，电场会使介质内部正负电荷中心位移，从而导致介电体发生形变，这种由"电"产生"机械形变"的现象称为逆压电效应. 逆压电效应只产生于介电体，形变与外电场呈线性关系，且随外电场反向而改变符号. 压电体的正压电效应与逆压电效应统称为压电效应. 如果对具有压电效应的材料施加交变电压，那么它在交变电场作用下将发生交替压缩和拉伸形变，由此而产生振动，并且振动频率与所施加交变电压的频率相同. 若所施加的交变电压频率在超声波频率范围内，则产生的振动就是超声频的振动，我们把这种振动耦合到弹性介质中去，那么弹性介质中传播的波即为超声波，这利用的是逆压电效应. 若利用正压电效应，可将超声能转变成电能，这样就可以实现超声波的接收.

把其他形式的能量转变成声能的器件，亦称为超声波换能器. 在超声波分析测试中，常用的换能器既能发射声波，又能接收声波，称之为可逆探头. 在实际应用中要根据需要使用不同类型的探头，主要有直探头、斜探头、水浸式聚焦探头、轮式探头、微型表面波探头、双晶片探头以及其他形式的组合探头等. 本实验用的是直探头.

按照振动质点振动方向与波传播方向的关系可分为纵波和横波. 当介质中质点振动方向与超声波传播方向平行时，称为纵波；当介质中质点振动方向与超声波传播方向垂直时，称为横波. 按波阵面形状可以分为平面波和球面波. 按发射超声的类型可分为连续波和脉冲波. 本实验所用的仪器直探头发出的是纵波、平面波、脉冲波，脉冲频率为 2.5MHz.

超声波在介质中传播时，其声强将随传播距离的增加而衰减. 衰减的主要原因有两类：一类是声束本身的扩散，使单位面积的能量下降；另一类是由于介质的吸收，声能转化为热能，声能减少.

如果介质的声阻抗相差很大，比如说声波从固体传至固/气或液体传至液/气界面时将发生反射. 因此可以认为声波难以从固体或液体进入气体.

超声回波信号显示方式主要有幅度调制显示(A 型)和亮度调制显示以及两者综合显示，其中亮度调制显示按调制方式又可以分为 B 型、C 型、M 型、P 型等. A 型显示是以回波波幅的大小表示界面反射的强弱，即在荧光屏上以横坐标代表被测物体的深度，纵坐标代表回波脉冲的幅度，横坐标有时间或者距离的标度，可借以确定产生回波的界面所处的深度. 本实验采用的显示方式是 A 型.

超声的机械效应、温热效应、空化效应、化学效应等对人体有一定的伤害作用，必须重视安全剂量. 一般认为超声对人体的安全阈值为 100mW/cm^2. 本实验中实验仪器安全阈值小于 10mW/cm^2，可安全使用.

1. 测定超声波传播速度原理

根据声波传播距离 $X=vt$ 可知，传播距离与传播时间呈线性关系，因此可以通过测量超声波传播不同距离所需的时间，进一步作出 X-t 曲线，并通过线性拟合求出超声波在该介质中传播的速度.

2. 超声探伤原理

对于有缺陷的器件，假设器件本身高度为 D，如果能够测出始波至缺陷处引起的回波的时间 t_1，始波至器件底部引起回波的时间 t_2，如图 2.8.1 所示，则器件缺陷至器件顶部的距离为

$$X = \frac{t_1}{t_2} D \tag{2.8.1}$$

【实验仪器】

FD-UDE-A 型 A 类超声实验仪主机、数字示波器、有机玻璃水箱、金属反射板、Q9 线、样品(铝、铁、铜、有机玻璃、冕玻璃、带缺陷铝柱等).

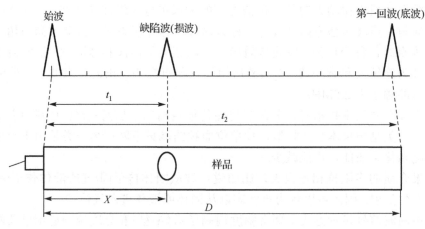

图 2.8.1　超声探伤原理图

【实验内容】

(1)准备工作：在有机玻璃水箱侧面装上超声探头后注入清水，清水到超过探头 1cm 左右即可. 探头另一端与仪器 A 路(或者 B 路,以下同)"超声探头"相接. "示波器探头"左边搭口与 Q9 线的输出端相连，右边搭口与 Q9 线的地端相连. 这根 Q9 线的另一端与示波器 CH1 或者 CH2 相连. 如果示波器同步性能不稳，可以再拿一根 Q9 线将仪器的"接示波器"头与示波器的"EXT"相连，以此同步信号作为示波器的外接扫描信号.

(2)打开电源，按"选择"键选择合适的工作状态，A 为 A 路工作，B 为 B 路工作，C 为双路一起同步工作(很少用). "脉冲信号设定"中的"增加"和"减少"按钮是设定同步信号(也即外部扫描信号)的低电平持续时间，出厂设置已满足一般实验要求，可以不动.

(3)将金属挡板放在水箱中的不同位置，测出每个位置下超声波的传播时间，可每隔 5cm 测一个点，将结果作 X-$t/2$ 线性拟合，根据拟合系数求出水中的声速，与理论值比较. 注意：实验时可能会看到水箱壁反射引起的回波，应该分辨出来并舍弃之.

(4)测定样品架上不同样品材料,不同高度的样品中超声波的传播速度. 在样品表面涂刷耦合剂(如甘油)，测出第一回波到第二回波的时间差，量出样品高度. 注意：①由于样品中材料不纯，所测值可能与理论值有较大偏差；②有些材料由于吸收超声波的能力较强或者材料/空气界面反射太弱，没有第二回波，此时只好取始波到第一回波的时间差作为估测.

(5)超声探伤，在样品表面涂刷耦合剂(如甘油)，测出始波到第一回波的时间差,再测出始波到缺陷处引起的回波的时间差. 根据公式 $X = \dfrac{t_1}{t_2}D$ 计算出缺陷的位置.

【实验数据及处理】

1. 测定超声波在水中的传播速度

测出水箱中金属挡板在不同位置时超声波的传播时间,填入表 2.8.1.

表 2.8.1　水箱中金属挡板在不同位置时超声波的传播时间

X/cm	X/m	t/μs	$(t/2)$/μs	$(t/2)$/s

由表 2.8.1 中的数据作 X-$t/2$ 曲线,根据 X 与 $t/2$ 的线性关系,可知曲线斜率即为超声波在水中的传播速度. 与超声波在水中声速的理论值比较计算出实验的百分误差(水在 25℃时超声波声速为 1500m/s).

2. 超声探伤

测出始波到缺陷引起回波的时间差 t_1 以及始波到第一回波的时间差 t_2,测出样品的总长度 D,根据公式 $X = \dfrac{t_1}{t_2}D$ 计算出缺陷的位置.

【思考讨论】

(1)超声波有哪些特点?这些特点可以应用于哪些方面?
(2)你还能想到哪些方法可以测定声速?

【探索创新】

测定超声波的声速实验是根据超声波传播距离与时间呈线性关系来设计的. 我们还可以根据波速与波长频率之间的关系 $u=\lambda f$ 来测定声速. 请学生自己设计实验来测定超声波的声速. 在设计实验中可以考虑如何测定波长、频率.

【拓展迁移】

陈启东，王力晓，刘鑫，等. 2020. 超声动载荷下三维随机骨料混凝土的损伤. 高压物理学报，155(03)：117-125.

丰颖，张德胜. 2020. 超声波时差法与 TDC-GP21 的风速风向传感器设计. 单片机与嵌入式系统应用，20(06)：56-58.

李成伟. 2019. 分析铁道车辆车轴的超声波探伤. 大众标准化，(21)：66, 68.

【主要仪器介绍】

FD-UDE-A 型 A 类超声实验仪主机内部工作原理框图如图 2.8.2. 本仪器做成了双路输出(A 路和 B 路)，两路信号一样，实验时可以任选一路完成. 以 A 路信号为例解释仪器工作原理：主机由单片机控制同步脉冲信号与 A(或 B)路信号同步. 在同步的脉冲信号上升沿，电路发出一个高速高压脉冲 A 至换能器，这是一个幅度呈指数形式减小的脉冲. 此脉冲信号有两个用途：一是作为被取样的对象，在幅度尚未变化时被取样处理后输入示波器形成始波脉冲；二是作为超声振动的振动源，即当次脉冲幅度变化到一定程度时，压电晶体将产生谐振，激发出频率等于谐振频率的超声波(本仪器采用的压电晶体的谐振频率点是 2.5MHz). 第一次反射回来的超声波又被同一探头接收，此信号经处理后送入示波器形成第一回波，根据不同材料中超声波的衰减程度、不同界面超声波的反射率，还可以形成第二回波等多次回波，如图 2.8.3 所示.

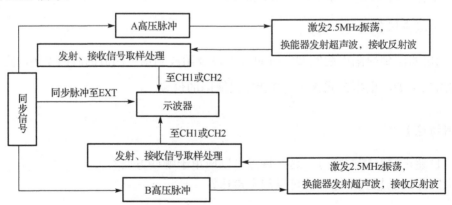

图 2.8.2　主机内部工作原理框图

由仪器工作原理可知，始波脉冲产生的时刻并非超声波发出的时刻，超声波发出的时刻要延迟约 0.5μs，所以实验时应该尽可能取第一回波到第二回波这个时间差作为测量结果，以减小实验误差.

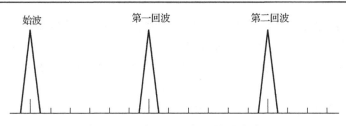

图 2.8.3　示波器上观察到的回波波形

实验主机面板如图 2.8.4. 各功能键用途为：减小——减小同步信号(扫描信号)的低电平持续时间；增加——增加同步信号(扫描信号)的低电平持续时间；选择——工作模式选择(A 为 A 路，B 为 B 路，C 为双路)；示波器探头(A 路)——接示波器 CH1 或者 CH2 通道；接示波器(A 路)——接示波器的 EXT 通道(同步性能好的数字示波器可以不接此线)；超声探头(A 路)——接超声探头；示波器探头(B 路)——接示波器 CH1 或者 CH2 通道；接示波器(B 路)——接示波器的 EXT 通道(同步性能好的数字示波器可以不接此线)；超声探头(B 路)——接超声探头.

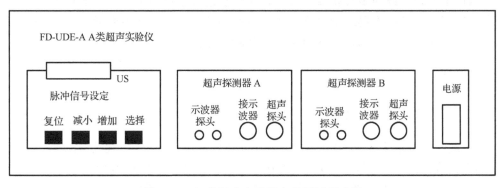

图 2.8.4　A 类超声实验仪主机面板示意图

【注意事项】

(1)数字存储示波器应使用其配套探头，否则会使波形失真，影响读数精度.

(2)探头与探测物之间要涂上声耦合剂,常用耦合剂为对人体无刺激性且不易流失的油类，如甘油、蓖麻油、液状石蜡等.

(3)超声探头及示波器探头注意不要插错，否则会损坏示波器的外触发电路.

(4)超声探头有 380V 高压，插拔时注意安全.

2.9　多普勒效应及声速测定

多普勒效应是为纪念奥地利物理学家及数学家多普勒(Doppler)而命名的. 一

天，他正路过铁路交叉处，恰逢一列火车从他身旁驰过，他发现火车靠近时汽笛声变大，但音调变纤细，而火车远离时汽笛声变小，但音调变雄浑. 多普勒效应是他于 1842 年首先提出来的,其表明波在传播过程中波源移向观察者时接收到的频率变高，而在波源远离观察者时接收到的频率变低.

光波也具有多普勒效应，天体物理学家正是根据光波的多普勒效应，通过对遥远星系发出来的光进行光谱分析，发行了"红移"现象，从而有力地证明了宇宙膨胀论，即宇宙中的遥远天体正在以一定的速度离我们远去；交通检测系统可以根据电磁波的多普勒效应，测出汽车的位置和速度；在军事上，根据多普勒效应可以判定导弹、潜艇的运动方向和速度大小；在医学上，可以利用超声波的多普勒效应对心脏跳动情况进行诊断. 总之，多普勒效应在科学技术上有着广泛的应用.

【实验目的】

(1)了解超声波的多普勒效应现象，掌握智能多普勒效应实验仪的应用.
(2)测量超声接收器运动速度与接收频率的关系，验证多普勒效应.
(3)掌握用时差法测量空气中声波的传播速度.

【实验原理】

1. 超声波的多普勒效应

设波源的频率为 f，波的频率为 f_b，在介质中的波长为 λ，波速为 u，则 $f_b = u/\lambda$. 观测者接收到的频率 f'，即为观测者在单位时间里接收到的整波形数.

1)波源不动，观测者相对介质以速度 v_0 靠近或远离波源运动时观测到的频率

波源在 S 点静止不动，如图 2.9.1 所示. 先假设观测者在 P 点不动，波以速度 u 向 P 点传播，单位时间里波在介质中传播的距离为 u，在单位时间里观测者接收到的完整波形数为分布在距离 u 中的波形数. 现在观测者以速度 v_0 靠近波源运动，在单位时间里观测者从 P 点运动到 P' 点，分布在距离 v_0 中的波形数也被观测者接收，即分布在距离 $(u+v_0)$ 中的波形数都被观测者接收，所以观测者接收到的频率为

$$f' = \frac{u+v_0}{\lambda_0} f$$

由于波源相对于介质不动，所以波的频率 f_b 等于波源的频率 f，得

$$f' = \frac{u+v_0}{u} f \tag{2.9.1}$$

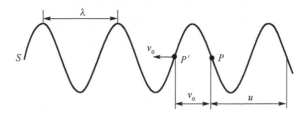

图 2.9.1　观测者运动时的多普勒效应

这表明，当观测者靠近静止的波源时，观测者接收到的频率大于波源的频率．

当观测者以速度 v_o 背离波源运动时，通过类似分析，观测者接收到的频率为

$$f' = \frac{u - v_o}{u} f \tag{2.9.2}$$

2）观测者不动，波源相对介质以速度 v_s 靠近观测者运动时观测到的频率

如图 2.9.2 所示，设波源以速度 v_s 靠近观测者运动，当波源从 S 点发出的振动状态经过一个周期 T 后传到了 A 点时，波源已经运动到了 $S'(SS'=v_s t)$ 点，此时再发出与该运动状态相位相差 2π 的下一个振动状态，可见 S' 与 A 之间的距离即为此波形下介质中的波长 λ_b．显然，波源

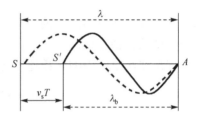

图 2.9.2　波源运动时的多普勒效应

靠近静止的观测者运动时，介质中的波长将变短．介质中的波长为 $\lambda_b = \lambda - v_s T = (u-v_s)T$，波的频率为 $f_b = \dfrac{u}{\lambda_b} = \dfrac{u}{(u-v_s)T} = \dfrac{u}{(u-v_s)} f$．由于观测者静止，所以他接收到的频率就是波的频率，即

$$f' = \frac{u}{u - v_s} f \tag{2.9.3}$$

这表明，当波源靠近静止的观测者运动时，观测者接收到的频率高于波源的频率．

如果观测者不动，波源背离观测者运动，通过类似的分析，观测者接收到的频率为

$$f' = \frac{u}{u + v_s} f \tag{2.9.4}$$

3）波源与观测者相互靠近运动

综合上述两种情况，当波源与观测者相互靠近运动时，观测者接收到的频率为

$$f' = \frac{u + v_o}{u - v_s} f \tag{2.9.5}$$

当波源与观测者相互背离运动时，观测者接收到的频率为

$$f' = \frac{u - v_o}{u + v_s} f \tag{2.9.6}$$

本实验采用 FB718A 型多普勒效应实验仪，只能实验验证第 1) 种情况，即波源不动，观测者以速度 v_o 靠近或远离波源运动时的多普勒效应. 第 2) 和第 3) 两种情况无法在本实验仪器上验证.

2. 用时差法测量超声波在空气中的传播速度

超声波从波源传出，在空气中经过 t 秒后到达距离 s 处的接收器，在空气中的传播速度为

$$u = \frac{s}{t} \tag{2.9.7}$$

测出超声源和接收器之间的距离 s，以及超声波的传播时间 t，就可以计算出超声波在空气中的传播速度.

超声波在空气中的传播速度与温度有关，超声声速的理论值为

$$u_0 = 331.45 \sqrt{1 + \frac{t}{273.16}} \ (\text{m/s}) \tag{2.9.8}$$

其中 t 为室温，单位为 ℃.

【仪器及工具】

FB718A 型多普勒效应实验仪、测试架.

【实验内容】

(1) 认真阅读"主要仪器介绍"，掌握多普勒效应实验仪的使用方法和实验步骤，了解多普勒效应实验仪的性能.

(2) 超声换能器频率特性测量，确定超声换能器的谐振频率.

(3) 测量超声接收器在不同运动速度下接收到的频率，验证多普勒效应.

(4) 在超声波直射情况下，用时差法测量空气中的声速.

【实验数据及处理】

学生自己设计数据记录表，把相关测量数据和计算结果填入表格中.

(1) 根据式 (2.9.1) 和式 (2.9.2) 计算接收频率的理论值 f'，将其与测量值 $\overline{f'}_{测}$ 进行比较，计算出百分误差，验证多普勒效应.

(2) 多普勒效应频移理论值为 $\Delta f = f' - f$，将其与频移的测量值 $\Delta \overline{f}_{测}$ 进行比较，计算出百分误差.

(3) 根据式 (2.9.7)，测出实验环境条件下的声速 u.

(4) 根据式 (2.9.8) 计算实验环境条件下声速的理论值 u_0，将其与测量值进行比较，计算出百分误差. 如果误差太大，请对误差产生的原因进行分析.

【思考讨论】

请举例说明多普勒效应在生活中的应用.

【探索创新】

交通警察常常用测速雷达测量汽车的运动速度，判断汽车是否超速，其原理就是利用了红外线的多普勒效应. 试分析其测量公式，并加以讨论. 学生也可以根据实验的制作、研究，提出自己的新思想和实验方法.

【拓展迁移】

布音嘎日迪，仲维丹，甄佳奇，等. 2018. 多普勒效应与激光外差技术复合检测金属线膨胀系数. 红外与激光工程，47 (07)：80-85.

傅子玲，王智，崔粲，等. 2019. 利用涡旋光束的旋转多普勒效应测量角速度. 激光与光电子学进展，56 (18)：87-92.

韩震，王养柱，丁典. 2018. 多普勒效应在 GPS 诱骗识别领域的应用研究. 电光与控，11：98-101.

骆兴东，崔健，曹萌萌，等. 2017. 一种简洁统一的多普勒效应探究. 大学物理，36 (10)：68-71.

【主要仪器介绍】

1. 参数设定

(1) 把多普勒效应实验仪和测试架用专用导线连接起来. 打开工作电源，仪器预热 15 分钟，等仪器稳定后再行测量.

(2) 触按液晶屏主菜单 "1. 多普勒效应实验" 选项，显示子菜单，其中显示的环境温度、采集点数、采集间隔值是仪器出厂时的预置值，只需重新设置修改环境温度即可.

(3) 测出实验室环境温度，修改环境温度设置. 步骤如下，触按菜单下面的 "参数设定" 及子菜单的 "环境温度"，输入修改结果. 然后按 "Enter" 键，存入修改结果并退出设置状态.

2. 超声换能器频率特性实验

(1)将装有接收探头的小车移动至测试架中间位置,触按主菜单"4.频率与超声换能器特性实验(自动)",进入超声换能器频率特性实验.先把"发射强度"旋钮顺时针调到较大,"接收强度"旋钮顺时针调到中间位.触按菜单下面的"执行",声源频率(即发射频率)逐渐由小增大,接收强度随之增大.当声源频率达到接收探头的谐振频率附近时,在液晶屏上可观察到接收强度的极大值.此后声源频率继续增大,接收强度将减小,仪器会记录不同频率下的接收强度,同时绘出曲线.最后确定接收强度极大值对应频率为中心频率,也就是接收探头的谐振频率.此后各项实验都自动默认为声源源频率,以确保接收探头灵敏度最高.再触按菜单下面的"退出",回到上层菜单.

(2)触按主菜单的"3.频率与超声换能器特性实验(手动)",也可进行超声换能器频率特性实验.声源频率(即发射频率)由手触按屏显"Exit"两边的"▶"或"◀",以50Hz步进方式增、减,并给出不同声源频率对应的接收强度值,同时绘出曲线,以便观察分析超声换能器频率特性,找寻接收强度极大值对应的频率为中心频率.相关数据需人工记录,仪器不保存此数据.

3. 观测多普勒效应

(1)接通电源,触按主菜单"1.多普勒效应实验",再触按子菜单"1.通过光电门平均速度",然后按下面的"执行"键,小车按照预置的速度匀速地从导轨的一端运动到另一端.屏幕上显示出一次实验的结果"V=0.XXm/s　f=XXX Hz　Δf=XXX Hz",各显示值分别是小车通过中间光电门的平均速度"V",接收到的声波频率"f",多普勒频移"Δf"."Δf"和"V"数据前面的"−"号表示接收器远离声源运动.同一速度下,接收器靠近声源运动和远离声源运动各测量一次.

(2)做完一次"通过光电门的平均速度"实验,触按一次"数据保存",记录存储一组数据,内容包括:"平均速度V"和"多普勒频移Δf".最多可以保存48组实验数据.要查看这些数据,按"数据查看"键,可显示各组实验数据.

(3)触按主菜单下面的"速度/距离",可改变预置速度.触按屏显"Exit"两边的"▶"或"◀",以"0.01"m/s步进方式增、减.再按"Exit"键,存入修改结果并退出设置(参数允许设置范围:0.04~0.43m/s).在不同速度下重复进行多次测量,测量次数不少于16."频率设定"一般不需重置,因换能器频率特性实验已确定接收强度极大值对应频率为中心频率.

4. 用时差法测声速

(1)在主菜单中触按"2.声速测量",再触按子菜单中的"2.时差法测量声速",然后触按下面的"速度/距离"键,可设定不同的移动距离.

(2)触按"执行/<=="或"停止/==>"键，选择小车移动方向. 当小车匀速通过所选距离后，小车停止，液晶屏会显示出时间值，记录时间值，可计算出时差. 同一距离下按"执行/<=="和"停止/==>"键，各测一次. 实验中选择不少于 10 个不同距离进行实验.

(3)接收器和发射器之间的距离设在 20～70cm 为宜，测量结果较为准确. 太近会相互干扰，太远则接收信号渐渐变弱，其第一个反射脉冲慢慢消失，计时器可能记录到第二个反射脉冲，这时候就会产生 27μs 的误差（一个脉冲间隔时间）. 因此，若从 t_1 到 t_2 跨过一个不稳定区，则 t_2-t_1 会多出 27μs，这时实际时差应该为 $\Delta t = t_2 - t_1 - 27\mu s$. 假设实验过程中收发换能器距离变化为 30～350mm，那么会出现三个不稳定区，需扣除三倍 27μs 才是实际时差.

(4)如果小车向右移动一个设置行程，时间显示值跳动不稳定，不能正确读数，那么可以放弃这组读数，往右继续移动小车，直到再出现稳定读数时，再记录，但必须记住对应的位置读数. 越过不稳定区的时差值，应该包含 27μs 的整数倍的误差，然后在数据处理时予以剔除.

【注意事项】

在实验中，如果"速度/距离"位移量不是等间距的，就不能用逐差法处理数据，只能把相邻实验数据相减，用对应的时差值计算声速，然后求算术平均值.

2.10　不良导体导热率的测量

1882 年，法国著名科学家傅里叶(J. Fourier)提出热传导定律，也称为傅里叶定律，表明单位时间内通过给定截面的热量，正比于垂直该截面方向上的温度变化率和截面面积. 目前各种测量导热率的方法都是建立在傅里叶热传导定律的基础之上的. 导热率是反映材料导热性能的重要参数之一，在工程技术方面是不可缺少的，例如，在塑料工业中，导热塑料最重要的应用是替代金属和金属合金制造的热交换器，它可以应用于需要良好导热性和优良耐腐蚀性能的环境. 测量新材料的导热系数对于研究新材料的导热性能具有重要意义.

【实验目的】

(1)了解物体散热速率和传热速率的关系.
(2)掌握用稳态法测量不良导体的导热率的方法.

【实验原理】

本实验采用稳态平板法测量不良导体的导热率.

当物体内部有温度梯度存在时，热量就会从高温处传递到低温处，这种现象称为热传导. 傅里叶指出，在时间 dt 内通过截面 dS 的热量 dQ 正比于物体内的温度梯度，其比例系数称为导热率，即

$$\frac{dQ}{dt} = -\lambda \frac{dT}{dx} dS \qquad (2.10.1)$$

式中，$\frac{dQ}{dt}$ 为热量传导速率，$\frac{dT}{dx}$ 是与面积 dS 相垂直的温度梯度，"$-$"号表示热量由高温区域向低温区域传递. λ 为导热率，它表示物体导热能力的大小. 对于各向异性材料，各个方向的导热率是不同的，须用张量来表示. 本实验材料为各向同性不良导体.

如图 2.10.1 所示，实验样品为一很薄的圆盘，侧面近似绝热，维持圆盘上、下表面的温度 T_1、T_2 恒定，由式(2.10.1)，稳态时通过样品的传热速率为

$$\frac{dQ}{dt} = \lambda \frac{T_1 - T_2}{h_B} S_B \qquad (2.10.2)$$

式中，h_B 为样品厚度；S_B 为样品的横截面积；$T_1 - T_2$ 为样品上、下表面的温度差.

如图 2.10.2 所示，在实验中，为了减小样品侧面散热的影响，须减小样品的厚度 h_B. 待测样品上、下表面的温度 T_1 和 T_2 是用加热圆盘 C 和散热铝盘 A 的温度来表示的，所以必须保证待测样品盘 B 与加热圆盘 C 的底面和铝盘 A 的上表面密切接触.

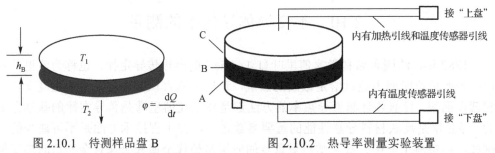

图 2.10.1　待测样品盘 B　　　　　图 2.10.2　热导率测量实验装置

A. 散热铝盘；B. 待测样品盘；C. 加热圆盘

实验时，在稳定导热条件下(即 T_1 和 T_2 恒定不变)，可以认为通过待测样品盘 B 传递给散热铝盘 A 的导热速率和 A 盘向周围环境散热的速率相等. 因此，可以通过测量 A 盘在温度 T_2 附近的散热速率 $\frac{dQ'}{dt}$，得到样品的传热速率 $\frac{dQ}{dt}$.

在确定稳态时的温度 T_1 和 T_2 之后，拿走待测样品盘 B，让加热圆盘 C 重在 A 盘上面，加热 A 盘，让 A 盘的温度升至比 T_2 高 6℃ 左右，再移去加热圆盘 C. 让 A 盘通过其外表面向周围环境自然冷却散热，当 A 盘的温度降至比 T_2 高 5℃ 时开始计时，读取 A 盘的温度 T_A，之后每隔 30 秒测一次 A 盘的温度 T_A，直至 A 盘的温度低

于 T_2 约 5℃ 时为止. 然后以时间 t 为横坐标, 以 T_A 为纵坐标, 作 A 盘的冷却曲线, 如图 2.10.3 所示. 过曲线上的点 (t_2, T_2) 作切线, 其切线的斜率为

$$\frac{\mathrm{d}T}{\mathrm{d}t} = \frac{T_a - T_b}{t_a - t_b}$$

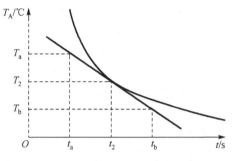

图 2.10.3　A 盘的冷却曲线图

如图 2.10.2 所示, 当 A、B、C 三个盘重在一起, A 盘的散热面积为 $\pi R_A (R_A + 2h_A)$. 当 A 盘单独放在一边时, 其散热面积为 $2\pi R_A (R_A + h_A)$. 由于物体的散热速率与它的散热面积成正比, 所以有

$$\frac{\mathrm{d}Q}{\mathrm{d}t} = \frac{\pi R_A (R_A + 2h_A)}{2\pi R_A (R_A + h_A)} \frac{\mathrm{d}Q'}{\mathrm{d}t} = \frac{R_A + 2h_A}{2(R_A + h_A)} \frac{\mathrm{d}Q'}{\mathrm{d}t} \tag{2.10.3}$$

式中, R_A 和 h_A 分别为 A 盘的半径和厚度.

根据热容的定义, 对温度均匀的铝盘 A, 有

$$\frac{\mathrm{d}Q'}{\mathrm{d}t} = -m_A c_A \frac{\mathrm{d}T}{\mathrm{d}t} \tag{2.10.4}$$

式中, m_A、c_A 分别为 A 盘的质量和比热容, "–" 表示放热. 将式 (2.10.4) 代入式 (2.10.3) 中, 得

$$\frac{\mathrm{d}Q}{\mathrm{d}t} = -m_A c_A \frac{R_A + 2h_A}{2(R_A + h_A)} \frac{\mathrm{d}T}{\mathrm{d}t} \tag{2.10.5}$$

由式 (2.10.5) 和式 (2.10.2) 得

$$\lambda = -\frac{m_A c_A h_B (R_A + 2h_A)}{2\pi R_B^2 (T_1 - T_2)(R_A + h_A)} \frac{\mathrm{d}T}{\mathrm{d}t} \tag{2.10.6}$$

c_A 为常数, $c_A = 0.904 \text{J}/(\text{g}\cdot℃)$. m_A、h_B、R_B、h_A、T_1 和 T_2 都可以由实验测出. 因此, 只要求出 $\dfrac{\mathrm{d}T}{\mathrm{d}t}$, 就可以求出导热率 λ.

【仪器及工具】

YJ-RZ-4 数字智能化热学综合实验仪、游标卡尺.

【实验内容】

(1)建立温度稳恒状态,测量稳恒态时待测样品盘 B 上、下表面的温度.

①如图 2.10.2 所示,安装好实验装置,连接好电缆线,打开电源开关,转动"温度粗选"和"温度细选"旋钮,设定加热圆盘 C 的温度值(如 70.0℃ 或 80.0℃). 打开加热开关,观察 C 盘的温度变化,让 C 盘温度恒定在设定的温度.

②将"测量选择"开关拨向"下盘温度"挡,观察 A 盘的温度变化,若每分钟 A 盘的温度变化不大于 0.1℃,即可认为达到温度稳恒状态. 并记录稳恒态时上、下盘(即 C 盘和 A 盘)的温度 T_1 和 T_2,也就是待测样品盘 B 上、下表面的温度.

(2)测量 A 盘在自然冷却时,从 T_2+5℃ 左右降到 T_2-5℃ 左右的过程中,温度随时间变化的一组数据,步骤如下.

①在读取稳态时的温度 T_1 和 T_2 之后,拿走待测样品盘 B,把加热圆盘 C 重放在 A 盘上面,让 A 盘的温度上升到比 T_2 高 6℃ 左右.

②关闭加热圆盘 C,并把加热圆盘 C 从 A 盘上面拿走. 让 A 盘通过其外表面向周围环境散热,也就是自然冷却. 当 A 盘温度降至比 T_2 高 5℃ 左右时,开始计时,并记录 A 盘的温度,之后每隔 30s 记下相应的温度值,直至 A 盘温度降至比 T_2 低 5℃ 左右为止.

(3)用游标卡尺测出 B 盘的厚度 h_B 和直径 D_B,以及 A 盘的厚度 h_A 和直径 D_B,测量次数不少于 6 次,不要在同一部位反复测量,并记下 A 盘的质量 m_A.

【实验数据及处理】

学生自己设计数据记录表,把相关测量数据记入表格中.

(1)根据测量数据,在坐标纸上以时间 t 为横坐标轴,以温度 T_A 为纵坐标轴,作出 A 盘的 T_A-t 冷却图线,并找到点 (t_2, T_2) 的位置,然后作出曲线在该点的切线,并计算其斜率 K.

(2)算出直接测量量 h_A、D_A、h_B、D_B 的平均值以及其不确定度,并给出正确的结果表示.

(3)将相关数据代入式(2.10.6),计算出待测样品盘的导热率.

【思考讨论】

(1)目前各种测量导热率的方法都是建立在什么理论之上的?本实验采用的是什么方法,测量哪类材料的导热率?

(2)用稳态法是否可以测量金属良导体的导热率?为什么?

【探索创新】

查阅相关资料,选用合适的方法,设计怎样测量金属良导体的导热率. 要求原理、步骤合理完整. 学生也可以根据实验的制作、研究，提出自己的新思想和实验方法.

【拓展迁移】

陈宝，黄依艺，张康，等. 2018. 一种基于热线法的横观各向同性材料导热系数的测量方法. 哈尔滨工业大学学报，50（05）：129-136.

李官保，刘保华，丁忠军. 2010. 基于 DPHP 技术测量热导率的简化算法. 海洋科学进展，（02）：237-243.

李泽朋，郭松青，王维波. 2015. 稳态法测量不良导体导热系数的改进设计. 实验室研究与探索，（06）：93-95.

聂东冰，张鹏，马志伟，等. 2010. 四丁基溴化铵水合物浆体导热系数测量研究. 低温与超导，38（06）：39-43.

【注意事项】

(1) 加热盘温度设定好之后，"温度粗选"和"温度细选"旋钮不可以再动.

(2) 在建立温度稳恒状态和 A 盘自然冷却的过程中，要求室内环境温度相对稳定，所以不要打开风扇或空调.

2.11　热机效率研究

1834 年佩尔捷发现当电流通过两种金属组成的接触点时，除因电流流经电路而产生的焦耳热外，还会在接触点产生吸热或放热效应，是塞贝克效应的逆反应，被称为佩尔捷效应，又称为第二热电效应. 由于焦耳热与电流方向无关，故佩尔捷热可以用反向两次通电的方法测得. 热效应实验仪基本元件就是被称为佩尔捷器件的热电转换器. 为了模拟热学教材中具有无限大热池和无限大冷池的理论热机，佩尔捷器件的一端通过向冷池加冰保持低端温度不变，而佩尔捷器件的另一端利用加热器电阻保持热端温度稳定，可直接测量温度、热池加热功率和负载电阻消耗的功率，能够进行卡诺效率、热效率、热机效率、热泵性能、热传导以及负载最佳选择等多种实验，实验内容丰富且前沿.

通过该实验，可了解半导体热电效应的原理及应用，定量研究热机的实际效率、卡诺效率以及调整效率，理解三种效率之间的区别.

在精密仪器的恒温槽、小型仪器降温、血浆储存和运输、红酒柜、啤酒机、小冰箱以及热电偶等领域，其原理都涉及半导体材料的热电效应. 因此，本实验研究有着非常重要的科学意义.

【实验目的】

(1) 了解半导体热电效应的原理及应用.

(2) 测量热机的实际效率、卡诺效率及调整效率，比较三者的区别.

【实验原理】

1. 半导体热电效应的原理及应用

热电效应是指当受热物体中的电子(空穴)随着温度梯度由高温区向低温区移动时产生电流或电荷堆积的现象. 这种效应的大小一般用热电势率(thermopower, Q)来表示，其定义为 $Q=E/(-dT)$，其中 E 是电荷堆积产生的电场，dT 为温度梯度.

目前，主要有三个基本热电效应，即塞贝克效应、佩尔捷效应以及汤姆孙效应. 其中佩尔捷效应是指当电流通过 A 与 B 两种金属组成的接触点时，除因电流流经电路而产生的焦耳热外，还会在接触点产生吸热或放热效应，是塞贝克效应的逆反应，又被称为第二热电效应. 由于焦耳热与电流方向无关，故佩尔捷热可以用反向两次通电的方法测得.

根据佩尔捷效应，在温差电材料组成的电路中接入一电源，则一节点会放热，另一节点会吸热. 若放热节点保持一定温度，另一节点会开始冷却，从而产生制冷效果. 半导体温差电制冷器也是由一系列半导体温差电偶串、并联而成的. 由于体积十分小，没有可动部分(无噪声及磨损)，可靠性高，可调节性好，可应用于潜艇、精密仪器的恒温槽，小型仪器的降温，血浆的储存和运输等场合. 半导体材料具有较高的热电势，可成功用来制作小型热电制冷器，常见产品有红酒柜、啤酒机、小冰箱等. 由于其制冷效果没有压缩机制冷效果好，且最好的制冷温度也在 0℃ 左右，目前还不能取代传统制冷设备. 当两种不同的导体或半导体 A 和 B 组成一个回路，其两端相互连接时，只要两节点处的温度不同，一端温度为 T，称为工作端或热端，另一端温度为 T_0，称为自由端(也称参考端)或冷端，回路中就将产生一个电动势，其方向与大小和导体的材料及两节点的温度有关. 两种导体组成的回路称为热电偶，这两种导体称为热电极，产生的电动势称为热电动势. 只要选用适当的金属作热电偶材料，就可轻易地测量从 -180℃ 到 +2000℃ 的温度，如此宽泛的测量范围令酒精或水银温度计望尘莫及. 热电偶温度计甚至可以测量高达 +2800℃ 的温度. 虽然理论上任何两种金属都可以产生热释电效应，但在实际应用中，一般采用铂铑、镍铬-镍硅等材料进行配对使用.

2. 热机的实际效率与卡诺效率

热机是利用热池和冷池之间的温差来做功的. 假设热池和冷池的尺寸足够大，

则可通过从池中吸收热量或给池提供热量的方式来维持池的温度恒定；热效应实验仪就是利用加热电阻为热端提供热量和向冷端加冰吸取热量来保持热端温度与冷端温度恒定的，如图 2.11.1 所示.

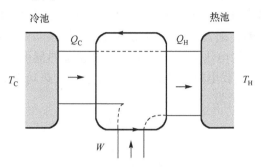

图 2.11.1　热机工作原理示意图

对于热效应实验仪而言，热机通过电流流过负载电阻来做功，最终所做的功转换为消耗在负载电阻上的焦耳热，由热力学第一定律可知

$$Q_{\mathrm{H}} = W + Q_{\mathrm{C}} \tag{2.11.1}$$

其中 Q_{H} 和 Q_{C} 分别为进入热机的热量和排入冷池的热量，W 为热机所做的功. 因此，热机效率可表示为

$$\eta = \frac{W}{Q_{\mathrm{H}}} \tag{2.11.2}$$

在实验中，通常用功率而不是能量来计算热机效率，对式 (2.11.1) 求导可得

$$P_{\mathrm{H}} = P_{\mathrm{W}} + P_{\mathrm{C}} \tag{2.11.3}$$

式中，$P_{\mathrm{H}} = \mathrm{d}Q_{\mathrm{H}}/\mathrm{d}t$ 和 $P_{\mathrm{C}} = \mathrm{d}Q_{\mathrm{C}}/\mathrm{d}t$ 分别表示单位时间内进入热机的热量和排入冷池的热量，$P_{\mathrm{W}} = \mathrm{d}W/\mathrm{d}t$ 则表示单位时间内热机所做的功. 因此，热机的实际效率可表示为

$$\eta = \frac{P_{\mathrm{W}}}{P_{\mathrm{H}}} \tag{2.11.4}$$

研究表明热机的最大效率仅与热机工作的热池温度、冷池温度有关，而与热机的类型无关. 因此，最大效率 (卡诺效率) 可表示为

$$\eta_{\mathrm{C}} = \frac{T_{\mathrm{H}} - T_{\mathrm{C}}}{T_{\mathrm{H}}} \tag{2.11.5}$$

式 (2.11.5) 表明只有当冷池温度为绝对零度时热机的最大效率为 100%. 对于给定的温度而言，若忽略由摩擦、热传导、热辐射以及器件内阻的焦耳热等导致的能量损失，则热机做功效率最大，即为卡诺效率.

3. 佩尔捷器件的内阻与调整效率

1) 加热功率和负载功率

本实验所用仪器为 HE-1 热效应实验仪. 其中冷池和热池的温度是采用温度传感器测量并数字显示的, 通过改变加热功率或微调加热功率来维持热池在某个温度上恒定. 利用仪器内置的电压表与电流表分别测量加热器两端电压 V_H 与流入电流 I_H, 通过外接电表测量负载电阻 R 上的电压降 $V_{W有}$. 加热功率 P_H 和负载电阻所消耗的功率 $P_{W有}$ 又可分别表示为

$$P_H = V_H \cdot I_H \qquad (2.11.6)$$

$$P_{W有} = \frac{V_{W有}^2}{R} \qquad (2.11.7)$$

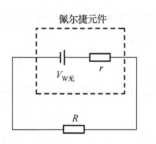

佩尔捷元件

图 2.11.2　热机等效电路示意图

2) 佩尔捷元件的内阻

热机等效电路如图 2.11.2 所示, 根据全电路欧姆定律可得

$$V_{W无} - Ir - IR = 0 \qquad (2.11.8)$$

其中 r 为佩尔捷元件的内阻, I 为流经负载电阻 R 的电流. 在有负载(热机模式)实验中测量的量是负载上的电压降 $V_{W有}$, 则电流 $I = V_{W有}/R$. 在无负载(开路模式)实验中, 没有电流流过佩尔捷元件的内阻, 即在内阻上的电压降为 0, 测量电压刚好为 $V_{W无}$, 于是可得

$$V_{W无} - \frac{V_{W有}}{R}r - IR = 0 \qquad (2.11.9)$$

由式 (2.11.9) 即可推导出佩尔捷元件的内阻表达式为

$$r = \frac{V_{W无} - V_{W有}}{V_{W有}} \cdot R \qquad (2.11.10)$$

3) 调整效率

实际上, 除了负载电阻 R 上需要消耗功率 $P_{W有}$外, 佩尔捷元件上也要消耗掉一部分功率 I^2r. 因此, 总功率 P_W 可表示为

$$P_W = P_{W有} + I^2r = P_{W有} + \left(\frac{V_{W有}}{R}\right)^2 r \qquad (2.11.11)$$

此外, 在热端上的热量分为两部分. 一部分是实际用于热机做功的热量; 另一部分则是由于热辐射与热传导而损失掉的热量. 由于损失的热量对做功没有贡献,

所以在调整效率中不应包括这部分热量. 因此, 贡献于做功的有效热量对应的功率
可表示为

$$P_{H有效热} = P_{H有} - P_{H无} \tag{2.11.12}$$

其中 $P_{H有}$ 为热效应装置有负载时的输入功率, $P_{H无}$ 为元件无负载时的输入功率. $P_{H有}$
与 $P_{H无}$ 所得的条件是热、冷端温度分别相同且恒定. 当没有负载时, $P_{H无}$ 等于热辐射
与热传导所致的热量损失. 假设接负载与不接负载, 热辐射与热传导所导致的热量
损失是相等的, 则调整效率 η_T 可表示为

$$\eta_T = \frac{P_W}{P_{H有效热}} = \frac{P_{W有} + I^2 r}{P_{H有} - P_{H无}} \tag{2.11.13}$$

【仪器及工具】

热效应实验装置、循环水泵、水浴桶、电压表、连接线、温度表.

【实验内容】

1. 热机模式(即有负载情况)

(1)如图 2.11.3 所示, 连接好水循环的管子, 并接好循环水泵的电源, 这时可听
到水泵的工作声音和水流动的声音.

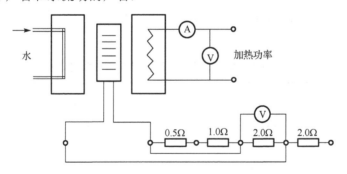

图 2.11.3　热机效率测量示意图

(2)连接 2.0Ω 的负载电阻, 并在负载电阻上并联一个电压表(注意负载电阻可以
任意选择), 然后将"切换"开关切换到"热机".

(3)先把"温度选择"旋钮设置在"1"挡上, 接通电源开关, 5~10 分钟后系
统达到平衡, 热端和冷端的温度保持平衡, 这时加热电压和加热电流亦基本保持稳
定. 从温度计上直接读出冷端温度 T_C, 从装置中直接读出热端温度 T_H, 在数据表格
中分别记录加热电压 V_H、加热电流 I_H 以及负载电阻两端的电压 V_W.

(4)然后，把"温度选择"旋钮依次设置在"2""3""4""5"等挡位上，待系统稳定后记录相应的冷端温度 T_C、热端温度 T_H、加热电压 $V_{H有}$、加热电流 $I_{H有}$ 以及外接电表的示数(即负载电阻两端的电压) $V_{W有}$.

注意："温度选择"旋钮在"1""2""3""4""5"等挡位时，所设定温度分别为30℃、40℃、50℃、60℃、70℃. 如果出现差异，可通过调节"温度微调"使显示的温度偏离值≤±0.1℃.

2. 开路模式(即无负载情况)

(1)切断连接负载电阻的导线，并把电压表直接连接在佩尔捷元件的输出端，此时热端的加热电压和加热电流所做的功用于热传导与热辐射.

(2)当热端温度与热机模式过程中所设定的温度相同时，热机所做的功也会因温差相同而一样，同时在有负载和无负载两种情况下热传导的热量也相同. 即在开路模式过程(无负载)保持与热机模式(有负载)相同的温度设置(若有差异，请调节"温度微调"旋钮)，记录相应的加热电压 $V_{H无}$、加热电流 $I_{H无}$ 以及外接电表上的示数 $V_{W无}$.

【实验数据及处理】

1. 数据记录

将有无负载两种情况下测得的冷端温度 T_C、热端温度 T_H、加热电压 $V_{H有}$ 与 $V_{H无}$、加热电流 $I_{H有}$ 与 $I_{H无}$、外接电表的示数 $V_{W有}$ 与 $V_{W无}$，记录在表 2.11.1 中.

表 2.11.1　有无负载情况下实验测量数据记录表

加热挡位	冷端温度	热端温度	有负载			无负载		
			热端		外接电表	热端		外接电表
	T_C/K	T_H/K	$V_{H有}$/V	$I_{H有}$/A	$V_{W有}$/V	$V_{H无}$/V	$I_{H无}$/A	$V_{W无}$/V
1								
2								
3								
4								
5								

2. 数据处理

(1)佩尔捷元件内阻及各种功率的计算(表 2.11.2).

表 2.11.2　元件内阻及各种功率计算数据记录表

加热挡位	r/Ω	$P_{H有}/W$	$P_{H无}/W$	$P_{H有效热}/W$	$P_{W有}/W$	P_W/W
1						
2						
3						
4						
5						

根据下列各式计算佩尔捷元件内阻 r、热效应装置有负载时的输入功率 $P_{H有}$ 与无负载时的输入功率 $P_{H无}$、有效热量的功率 $P_{H有效热}$、消耗在负载电阻上的功率 $P_{W有}$ 以及总功率 P_W 的大小，并填入表 2.11.2 中(注意：本实验中负载电阻 $R=2.0\Omega$).

$$r = \frac{V_{W无}-V_{W有}}{V_{W有}}\cdot R, \quad P_{H有}=V_{H有}\cdot I_{H有}, \quad P_{H无}=V_{H无}\cdot I_{H无} \tag{2.11.14}$$

$$P_{H有效热}=P_{H有}-P_{H无}, \quad P_W=\frac{V_{W有}^2}{R}, \quad P_W=P_{W有}+\frac{V_{W有}^2}{R}\cdot r \tag{2.11.15}$$

(2)热机效率的计算(表 2.11.3).

表 2.11.3　热机效率计算数据记录表

加热挡位	$\Delta T=T_H-T_C/K$	$\eta/\%$	$\eta_C/\%$	$\eta_T/\%$	$E/\%$
1					
2					
3					
4					
5					

根据下列各式计算热机的实际效率 η、卡诺效率(最大效率)η_C、调整效率 η_T 以及百分误差 E，并填入表 2.11.3 中.

$$\eta=\frac{P_{W有}}{P_{H有}}, \quad \eta_C=\frac{T_H-T_C}{T_H}=\frac{\Delta T}{T_H}, \quad \eta_T=\frac{P_W}{P_{H有效}}, \quad E=\frac{\eta_C-\eta_T}{\eta_C}\times100\% \tag{2.11.16}$$

(3)热机效率与温度关系曲线的绘制.

根据表 2.11.3 中数据，在坐标图纸上绘制实际效率 η、卡诺效率 η_C 以及调整效率 η_T 随温差 ΔT 的变化关系曲线，并比较它们之间的区别.

【思考讨论】

(1)实际效率、卡诺效率以及调整效率三者之间有什么区别？

(2)随着热端和冷端的温差减小,实际效率、卡诺效率以及调整效率是增大还是减小?

(3)通过计算发现热机的实际效率是非常低的,如何提高热机效率并用于实际生活中?

【探索创新】

热效应实验仪包括热机与热泵,除定量研究热机效率外,还能测量热泵的性能系数.请学生自己设计利用热效应实验仪测量热泵性能系数,并根据实验的制作与研究提出自己的新思想、新实验方法等.

【拓展迁移】

方锡岩.2013.过程的选取对热机效率计算的影响.大学物理,32(7): 10-12.

耿冬寒.2015.基于余热利用的反渗透淡化热机及其效率.天津工业大学学报,34(4): 76-79.

孙久勋.2013.以范德瓦耳斯气体为工质的 3 种热机循环效率.物理与工程,23(6): 22-25.

王璐,苑中显,杜春旭.2019.一种新型太阳能热机的设计与实验研究.工程热物理学报,40(10): 43-49.

朱轩然,兰小刚.2019.二维黑洞热机及其效率研究.西华师范大学学报(自然科学版),40(1): 69-71.

【主要仪器介绍】

HE-1 热效应实验仪.

热效应实验仪包括热机和热泵,利用本实验仪直接测量的物理量有温度、热池加热功率和负载电阻消耗的功率,可作卡诺效率、热效率、热机效率、热泵性能、热传导和负载最佳选择等多种实验,实验内容丰富且前沿.

主要技术参数如下.

(1)数字温度表量程:0～150℃;

(2)加热挡位:1～5 挡(30～70℃);

(3)负载电阻:容许误差<1%.

【注意事项】

(1)实验时应该最先打开水泵,也要最后关闭水泵.

(2)为保持冷池温度恒定,水浴桶中的水应该多一些.

(3)每次测量时应该尽量使系统平衡时间长一些.

2.12　牛顿环实验

　　牛顿环是一种典型的光的干涉图样,它是牛顿在 1675 年首先观察到的. 将一块曲率半径较大的平凸透镜放在一块玻璃平板上,用单色光照射透镜与玻璃板,就可以观察到一些明暗相间的同心圆环. 在日常生活中,我们见到的诸如肥皂泡呈现的五颜六色,雨后路面上油膜的多彩图样等,都是光的干涉现象,都可以用光的波动性来解释.

　　通过该实验,可以了解实验室获取相干光的方法(分波阵面法和分振幅法),观察和研究等厚干涉现象及其特点,加深对光的波动性的认识.

　　牛顿环实验在科学研究和工业技术中有着广泛的应用. 例如,可判断透镜表面凸凹、光学元件表面光洁度,精确测量微小角度、厚度和角度,研究机械零件内应力的分布,测量透镜表面曲率半径和液体折射率、指纹识别等.

【实验目的】

　　(1)观察和研究等厚干涉现象及其特点,加深对光的波动性的认识.
　　(2)掌握用牛顿环测定透镜曲率半径的方法.
　　(3)掌握读数显微镜的调节和使用.

【实验原理】

　　将一曲率半径很大的平凸透镜的凸面与一磨光玻璃板相接触时,在凸透镜的凸面与平玻璃板之间将形成空气薄膜,离接触点等距离的地方厚度相同,等厚度的空气膜将形成以接触点为中心的圆轨迹,如图 2.12.1 所示. 当一束波长为 λ 的单色平行光自上而下垂直入射到这种装置上时,入射光将在空气薄膜上下表面反射,产生具有一定光程差的两束相干光,相干叠加后干涉图样为以接触点为中心的一系列明暗交替的同心圆环——牛顿环. 由于同一干涉圆环对应的空气薄膜厚度相同,所以牛顿环干涉条纹也称为等厚干涉条纹.

　　设第 k 级暗环半径为 r_k,该处空气膜厚度为 e,当光线垂直入射时,空气膜上表面和下表面反射的光所产生的光程差为

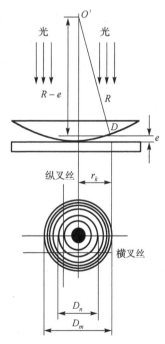

图 2.12.1　牛顿环及其形成示意图

$$\Delta = 2e + \frac{\lambda}{2} \qquad\qquad (2.12.1)$$

式 (2.12.1) 中 $\lambda/2$ 的附加光程差是因为在平玻璃板上反射时有半波损失. 再由图 2.12.1 的几何关系，得

$$R^2 = (R - e)^2 + r_k^2 = R^2 - 2Re + e^2 + r_k^2$$

因 $R \gg e$，故可略去二阶小量 e^2 而得

$$e = \frac{r_k^2}{2R} \qquad\qquad (2.12.2)$$

将 e 值代入式 (2.12.1) 中，得

$$\Delta = \frac{r_k^2}{R} + \frac{\lambda}{2}$$

由干涉条件可知，当 $\Delta = \dfrac{r_k^2}{R} + \dfrac{\lambda}{2} = (2k+1)\dfrac{\lambda}{2}$ 时，干涉条纹为暗条纹. 于是得

$$r_k^2 = kR\lambda \quad (k = 0, 1, 2, 3, \cdots) \qquad\qquad (2.12.3)$$

由上式可知，如果已知入射波的波长 λ，测得第 k 级暗条纹的半径 r_k，就可算出透镜的曲率半径 R. 但在实际测量中，由于两接触镜面之间难免附着尘埃，并且在接触时难免发生弹性形变，因而接触处不可能是一个几何点，而是一个圆面，所以近圆心处环纹比较模糊，以至难以确切判定环纹的干涉级数 k 和精确测定其半径 r_k，所以用上式作为测量结果的计算公式存在很大的系统误差.

这些系统误差可以通过取两个暗环半径的平方差来消除. 假设附加尘埃厚度为 a，则 k 级暗环处相干光的光程差为

$$\Delta = 2(e \pm a) + \frac{\lambda}{2} = (2k+1)\frac{\lambda}{2}$$

即

$$e = k\frac{\lambda}{2} \pm a \qquad\qquad (2.12.4)$$

将式 (2.12.2) 代入式 (2.12.4)，得

$$r_k^2 = kR\lambda \pm 2Ra$$

取第 m、n 级暗条纹，则对应的暗环半径为

$$r_m^2 = mR\lambda \pm 2Ra$$

$$r_n^2 = nR\lambda \pm 2Ra$$

将两式相减，得

$$r_m^2 - r_n^2 = (m-n)R\lambda$$

可见，暗环半径的平方差与附加厚度无关.

又因暗环圆心不易确定，故用暗环的直径替换，得

$$D_m^2 - D_n^2 = 4(m-n)R\lambda$$

因而，透镜的曲率半径

$$R = \frac{D_m^2 - D_n^2}{4(m-n)\lambda} \tag{2.12.5}$$

式中，D_m、D_n 分别为第 m、n 级干涉环的直径，其值由读数显微镜测出，将已知的光源波长代入式(2.12.5)即可求出透镜的曲率半径 R.

【仪器及工具】

牛顿环仪、单色光源(钠光灯)、读数显微镜等.

【实验内容】

(1)熟悉读数显微镜的构造、调节方法和读数方法，并参照主要仪器介绍部分.

(2)调节牛顿环仪上的三个螺旋，用眼睛直接观察，使干涉条纹呈圆环形，并位于透镜中心. 调节时要保持条纹稳定，勿使螺旋过紧以免使透镜变形过甚.

(3)将牛顿环仪放在读数显微镜的工作台上，调整工作台的高低，让钠光灯光线水平照射到物镜下的 45° 玻璃片上. 调节读数显微镜的目镜，看清叉丝，上下移动镜筒对干涉条纹调焦，使看到的条纹尽可能清晰.

(4)移动牛顿环仪使干涉图样的环心处于读数显微镜的视场中心，并调节十字叉丝与读数显微镜刻度垂直.

(5)旋转读数显微镜测微鼓轮，观察十字叉丝相对于干涉条纹的移动，从中心暗圆斑(零级)向外数暗环数，将纵丝移到一侧 28 级暗环处，再将纵丝向圆心移动让它与 25 级条纹相切(注意利用纵丝与条纹相切时，一端用外切，另一端用内切)，记录此位置的读数，继续使纵丝缓慢地向圆心移动(切记不能往回转)，分别记录第 24、23、22、21、20、15、14、13、12、11 和 10 级暗环的位置，继续缓慢地沿原方向旋转，使纵丝通过圆心移向另一侧，分别记录第 10、11、12、13、14、15、20、21、22、23、24 和 25 级暗环位置.

【实验数据及处理】

1. 将所测数据填入表 2.12.1 中

表 2.12.1　牛顿环条纹级数测量数据记录表

钠光灯的波长 $\lambda=$_____nm

级数 m	读数		D_m /mm	级数 n	读数		D_n /mm	$D_m^2-D_n^2$ /mm	R
	左方	右方			左方	右方			
25				15					
24				14					
23				13					
22				12					
21				11					
20				10					

注：表中每一行的 $m-n$ 应为固定常数.

2. 数据处理

(1)用逐差法进行数据处理.

(2)根据测量数据计算透镜曲率半径.

(3)计算出平凸透镜曲率半径的平均值及标准不确定度，并正确表示测量结果.

【思考讨论】

(1)牛顿环的中心在什么情况下会是暗的，什么情况下会是亮的？

(2)反射光干涉条纹产生在空气薄膜哪个表面？若是中间空气膜被密度较大的透明物质替换，那么实验中观测反射光干涉条纹时会不会有变化？若有变化，请详细叙述.

(3)实验中遇到下列情况时会对实验结果产生影响吗？为什么？

①牛顿环中心观测到的是亮斑而不是暗斑；

②测量环的左右切点时，望远镜分划板上的叉丝交点不能通过圆环的中间；

③测量环的左右切点时，望远镜分划板上的十字叉丝有点倾斜.

(4)在实验数据处理时，通常采用公式 $D_m^2-D_n^2=4(m-n)R\lambda$ 来计算曲率半径，而不直接采用公式 $r_k^2=kR\lambda$ 是什么原因？

【探索创新】

牛顿环实验是一典型的分振幅法等厚干涉现象，请学生自己设计一个等厚干涉实验的测量方法. 例如，用两块平板玻璃，在一端夹一根头发丝，可以测量头发丝的直径、玻璃间的夹角等问题.

【拓展迁移】

黄振永. 2012. 反射式牛顿环系统在微振动测量中的应用. 光学技术，38(5)：638-640.

张建兵. 2009. 红外报警系统在牛顿环实验中的应用. 实验科学与技术，7(3)：153-155.

赵旺，周薇薇，平兆艳，等. 2019. 牛顿环等厚干涉的实验仿真与智能分析. 山西能源学院学报，32(2)：100-102.

【主要仪器介绍】

读数显微镜是测微螺旋和显微镜的组合体. 它主要用来精确测定微小的或不能用夹持量具测量的物体的尺寸，如毛细管内径、微小钢球的直径等. 测量的准确度一般为 0.01mm.

1. 读数显微镜的结构

读数显微镜的结构如图 2.12.2 所示，主要部分为放大待测物体的显微镜和读数用的主尺及附尺. 附尺有两种形式：一种是游标尺的形式，另一种是螺旋测微器的形式. 其读数原理分别与游标卡尺和螺旋测微器的读数原理相同.

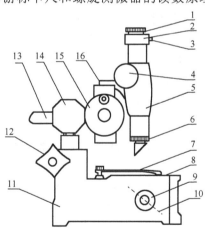

图 2.12.2　读数显微镜结构图

1. 目镜；2. 锁紧圈；3. 锁紧螺丝；4. 调焦手轮；5. 镜筒支架；6. 物镜；7. 弹簧压片；8. 台面玻璃；9. 旋转手轮；10. 反光镜；11. 底座；12. 旋手；13. 方轴；14. 接头轴；15. 测微鼓轮；16. 标尺

显微镜由目镜、物镜和十字叉丝组成. 目镜安插在显微镜的目镜套筒内，目镜止动螺钉可以固定目镜的位置. 物镜直接悬在镜筒上. 转动调焦手轮使显微镜上下升降进行调焦. 方轴紧固在立柱的适当位置上.

旋转测微鼓轮时，显微镜筒沿水平轴方向移动. 鼓轮每旋转一周，显微镜沿水平轴方向移动 1mm. 测微鼓轮边缘上刻有 100 个分度，因此，每移动一分度就相当于读数显微镜的镜筒移动了 0.01mm.

测量工作台装配在底座上，立柱可用旋手制紧，反光镜装在镜筒下面，根据光源方向，可转动反光镜来求得明亮的视场.

2. 读数显微镜的使用方法

(1) 调整目镜，看清叉丝.

(2) 将待测物安放在工作台上，旋转物镜，以得到适当亮度的视场.

(3) 旋转调焦手轮，使镜筒下降到接近物体表面，然后逐渐上升，看清待测物.

(4) 眼睛左右作微小移动，若像相对叉丝运动，说明有视差，需要重新调节镜筒和目镜，直到看到一个清晰的像且无视差.

(5) 转动目镜的镜筒，使十字叉丝的横丝和主尺的位置平行，纵丝用来测定物体的位置.

(6) 转动测微鼓轮，使叉丝交点和被测物上一点(或一条线)对准，记下读数. 继续旋转鼓轮，使叉丝对准另一点，再记下读数，两次读数之差即为所测两点间的距离.

3. 读数显微镜的使用注意事项

(1) 调节镜筒时，只能从下向上调节. 禁止从上向下调节，以免物镜和待测物相碰.

(2) 在整个测量过程中，十字叉丝的一条丝必须和主尺平行.

(3) 在每次测量中，测微鼓轮只能向一个方向转动，不能时而正转，时而反转. 如果正向前行的拖板突然停下来朝反向进行，则测微鼓轮一定要空转几圈之后才能重新拖动拖板后退. 这是因为丝杆和螺母套筒之间有间隙，产生了回程差.

2.13　分光计的调节和使用

分光计是一种精确测量入射光和出射光之间偏转角度的光学仪器，几何光学实验中用来测量棱镜角、光束偏向角等，物理光学实验中可用来测量折射率、光波波长、色散率等物理量.

光学测量仪器一般比较精密，使用时必须严格按规则调整，通过该实验，可以了解分光计构造的基本原理，学会分光计的调节方法.

在光学技术中，分光计的应用十分广泛. 学会对它进行调节和使用，有助于操作更为复杂的光学仪器，因为其与单色仪、摄谱仪等基本部件和调节方法有许多相似之处，所以学习和使用分光计，能为今后使用更为精密的光学仪器打下良好的基础.

【实验目的】

(1) 了解分光计构造的基本原理，学会分光计的调节方法.

(2) 学习用反射法测量三棱镜的顶角.

【实验原理】

1. 分光计的结构及调节原理

要精确测量入射光与出射光之间的偏转角，必须使入射光与出射光均为平行光，且入射光和出射光的方向及反射面 (折射面) 的法线都与分光计的读数盘平行. 为此，分光计上装有产生平行光的平行光管，接收平行光的望远镜，放置光学器件 (如三棱镜、平面镜、光栅等) 的载物台，这三者的方位都可利用各自调节螺钉作适当调整. 为了测量角度，分光计还配有与望远镜固定在一起的读数装置. 下面以 JJY 型分光计为例 (图 2.13.1)，介绍分光计的调节原理.

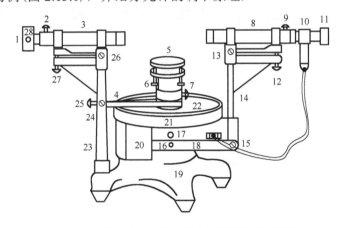

图 2.13.1　JJY 型分光计的结构外形图

1. 狭缝；2. 狭缝紧固螺钉；3. 平行光管；4. 游标盘锁紧螺钉；5. 载物台；6. 载物台水平调节螺钉；7. 载物台升降调节螺钉；8. 望远镜筒；9. 目镜镜筒锁紧螺钉；10. 望远镜照明灯泡；11. 目镜调节鼓轮；12. 望远镜俯仰调节螺钉；13. 望远镜水平调节螺钉；14. 望远镜支架；15. 望远镜转动微调螺钉；16. 望远镜转动紧锁螺钉；17. 主刻度盘紧锁螺钉；18. 望远镜转动臂；19. 底座；20. 转座；21. 刻度盘；22. 游标；23. 立柱；24. 游标盘微调螺丝；25. 游标盘紧锁螺丝；26. 平行光管水平调节螺钉；27. 平行光管俯仰调节螺钉；28. 狭缝宽度调节螺钉

1) 平行光管

平行光管用来产生平行光束. 参考图 2.13.1，管的一端装有消色差透镜，另一端内插入一个套筒，套筒末端有一条可调狭缝，通过狭缝宽度调节螺钉 28，可调节狭缝宽度，伸缩套筒可改变狭缝至透镜之间的距离，当其距离等于透镜的焦距时 (即狭缝位于物镜焦平面时),可使照在狭缝上的光经过透镜后成为平行光射出. 平行光管俯仰调节螺钉 27 可调节平行光管的俯仰倾斜程度.

2) 望远镜

分光计采用自准望远镜. 它由物镜、叉丝分化板和目镜组成. 分别装在三个套管上,彼此可以相对滑动,如图 2.13.2 所示. 中间套筒里装有一块分化板,其上刻有"╋"形叉丝,分化板下方与小棱镜的一个直角面紧贴着. 在这个直角面上有一个"╋"形叉丝. 如果叉丝平面正好处于物镜的焦面上,从叉丝发出的光经物镜后成为一束平行光. 此时,若在物镜前放置一平面镜,经物镜后变成平行光射于平面镜,经平面镜反射后重新返回并成像于物镜的焦平面上. 这样,在目镜中就可清晰地看到"╋"形叉丝与"╋"形叉丝的反射像,且不应有视差,这就是自准法调节望远镜的原理. 若平面镜垂直于望远镜光轴,在目镜中看到的"╋"形叉丝像应与"╋"形叉丝的上交点重合.

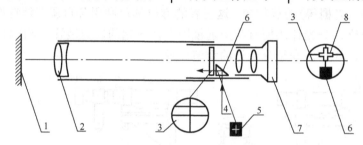

图 2.13.2　自准望远镜的结构

1. 平面镜;2. 物镜;3. ╋形叉丝;4. 入射光;5. ╋ 形叉丝;6. 小棱镜;7. 目镜;8. ╋ 形反射镜

3) 载物台

载物台是用来放置待测器件(如平面镜、棱镜、光栅等)位置的平台. 参考图 2.13.1,平台下方有呈正三角形分布着的三个水平调节螺钉,它们可用来调节平台使之与中心轴垂直. 旋松滚花螺母,可以调节平台的高度.

4) 读数装置

分光计的刻度盘垂直于分光计的主轴且可绕主轴转动. 为消除偏心误差,采用两个相差 180° 的窗口读数. 刻度圆盘为 360°(720 个刻度),最小刻度为 30′,小于 30′ 则利用游标读数. 游标上有 30 个小格,游标上每一小格对应角度为 1′. 角度游标的读数方法与游标卡尺类似. 读数时,应先读游标零刻度在刻度盘上指示的位置 A,再找游标上与刻度盘重合的刻度线,并由游标上读出 B 的值,A、B 之和即为该位置所处的角度值. 如图 2.13.3 所示,读数为 $\theta=A+B=116°15'$.

在使用分光计时应注意以下几点:

(1)为了消除分光计可能存在的偏心差,分光计设置了左、右两个游标,测得的角度 θ、θ' 有差异,一个偏大,一个偏小,取其平均值 $\bar{\theta}=(\theta+\theta')/2$,便消除了偏心差.

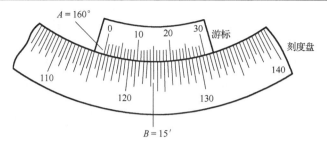

图 2.13.3 分光计刻度盘读数示范

在计算望远镜转过角度时，要注意望远镜是否经过了刻度盘零点. 当读数增加或减小而转过零点时，读取的那个刻度值应加上 360°. 例如，当望远镜由位置 Ⅰ 转到位置 Ⅱ 时，测得的数据如表 2.13.1 所示.

表 2.13.1 分光计望远镜位置与游标读数

望远镜的位置	Ⅰ	Ⅱ
左游标	$175°45'(\theta_{左})$	$295°43'(\theta'_{左})$
右游标	$355°45'(\theta_{右})$	$115°43'(\theta'_{右})$

由表中的数据可见，左游标未经过零点，望远镜转过的角度为

$$\varphi = \theta'_{左} - \theta_{左} = 295°43' - 175°45' = 119°58'$$

而右游标经过了零点，这时应按如下计算，望远镜转过的角度为

$$\varphi = (\theta'_{右} + 360°) - \theta_{右} = (115°43' + 360°) - 355°45' = 119°58'$$

(2)不能用手触摸仪器的光学面(如平面镜、三棱镜、光栅等光学面)，以免污损；若有污物或灰尘，请老师用专用擦镜纸或其他专用工具清洁.

(3)由于分光仪的调节螺钉甚多，所以进行调整前，应先弄清各螺钉的作用和位置. 使用时要轻旋缓动.

2. 三棱镜顶角的测量原理

1)自准法测三棱镜顶角

如图 2.13.4 所示，只需测出三棱镜的两个光学面的法线之间的夹角 φ，即可求得顶角

$$\alpha = 180° - \varphi \tag{2.13.1}$$

2)平行光法测三棱镜顶角

如图 2.13.5 所示，由平行光管射出的平行光照在三棱镜顶角上，经两反射面反射后，只要测出两反射光束之间的夹角 φ，即可求得三棱镜顶角

$$\alpha = \frac{1}{2}\varphi \tag{2.13.2}$$

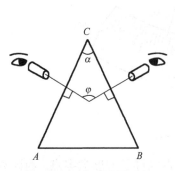

图 2.13.4   自准法测顶角

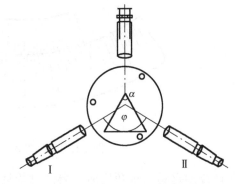

图 2.13.5   平行光法测顶角

【仪器及工具】

分光计及其附件、钠灯、三棱镜、平面反射镜等.

【实验内容】

1. 分光计的调节

精密的光学测量一般使用平行光进行测量,分光计也是按此设计的,所以在使用时必须调整好分光计,以达到以下要求:

(1) 望远镜能接收平行光;

(2) 平行光管能发出平行光;

(3) 望远镜光轴和平行光管光轴组成的平面垂直于分光仪的中心旋转轴;

(4) 望远镜光轴和平行光管光轴组成的平面与读数度盘平面平行.

1) 目测粗调

从侧面用眼睛观察,调节望远镜光轴和平行光管光轴等高共轴,并调节载物台平面(调三个调平螺钉等高),使望远镜、平行光管、载物台三者大致均垂直于分光仪中心旋转轴.

2) 调节望远镜

(1) 调节望远镜适合观察平行光.

① 打开分光仪电源开关;

② 调节目镜与分划板的距离,使目镜中观察到的"╋"形叉丝清晰;

③ 将平面反射镜按如图 2.13.6(a) 或 (b) 所示置于载物台上,旋转载物台,从望远镜中寻找平面镜反射回来的"╋"形叉丝,若找不到反射像,应重新粗调;

④ 调节物镜与分划板间的距离,使目镜中能清晰地看到"╋"形叉丝.注意:如果在一个方向调节目镜系统不能使十字反射像变得清晰,则向另一个方向调节观察;

⑤微调目镜系统——消除视差.

现象：眼睛上下左右移动时，"十"形叉丝反射像与"丰"形叉丝之间无相对位移.

调节方法：参考图 2.13.1，将望远镜上的目镜调节鼓轮做微小调节. 至此，望远镜已调焦于无穷远，即望远镜已适用于接收平行光.

(2)调节望远镜光轴与分光仪中心轴垂直.

当平面镜法线与望远镜光轴平行时，"十"形叉丝与"丰"形叉丝上交点完全重合，将载物台旋转 180°时，它们仍然完全重合，则说明望远镜光轴已垂直于分光计主轴. 调节步骤如下.

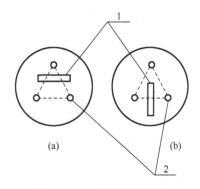

图 2.13.6　平面镜的放置
1. 平面镜；2. 调水平螺钉

①旋转载物台，使平面镜前后两面反射的"十"形叉丝反射像皆在望远镜视场内. 如看不到，可调节望远镜的俯仰角及旋转载物台，使望远镜光轴基本与平面镜垂直.

②各半调节法：参考图 2.13.1，若上述两次反射的"十"形叉丝不重合，先调节载物台下的调节螺钉 6，使"十"形叉丝与"丰"形叉丝上交点之间的距离减小一半；再调节望远镜俯仰调节螺钉12，使"十"形叉丝与"丰"形叉丝上交点重合. 将载物台旋转 180°进行同样的调节. 重复上述调节，直至在望远镜中观察到平面镜前后两面反射"十"形叉丝均与"丰"形叉丝上交点重合，即满足了望远镜光轴与分光仪中心旋转轴垂直的要求. 注意：望远镜调节完毕后，在后述的实验中，望远镜上的任何螺钉均不可再调，但望远镜可绕中心轴旋转.

3)调整平行光管

(1)调节的目的：使平行光管出射平行光，即使狭缝处在平行光管物镜的焦平面上，并使平行光管光轴与分光仪旋转轴垂直.

(2)调节的结果：在望远镜中能看到清晰狭缝像，并与叉丝间无视差.

(3)调节的步骤：

①打开光源开关，从载物台上拿下平面镜，使光源均匀照亮狭缝，旋转望远镜，使望远镜正对平行光管；

②通过望远镜观察，调节狭缝 1 使缝宽约为 0.3mm；

③参考图 2.13.1，松开狭缝紧固螺钉 2，旋转狭缝体，使在望远镜中看到的狭缝像呈现"水平"状态，并前后缓缓移动狭缝体，改变狭缝至平行光管物镜间的距离，使狭缝在望远镜视场中成像清晰；

④参考图 2.13.1，微调平行光管俯仰调节螺钉27，使"水平狭缝像"与望远镜"丰"形叉丝下交点重合. 注意:此时只能调节平行光管上改变平行光管俯仰角的螺钉 27，而不能调节望远镜；

⑤将狭缝转 90° 使之竖直.

2. 用平行光法测量三棱镜的顶角

(1)先将三棱镜按图 2.13.7 所示放在载物台上,然后旋转载物台,使三棱镜的一个面正对望远镜,用"各半调节法"将"✛"形叉丝直接调至望远镜视场中与"✛"形叉丝上交点重合(注意:此时望远镜已调好,不能再调!).旋转载物台,使三棱镜的另一个面正对望远镜,重复上述步骤,直至两个反射面都能达到自准.

(2)在上述调节好的基础上,将三棱镜向后平移,使待测顶角靠近载物台中心,这时必须校核三棱镜的两个折射面,即这两个折射面都能达到自准.

(3)转动载物台,将调节好的三棱镜待测顶角正对平行光管,如图 2.13.5 所示,则平行光管射出的光束照在三棱镜的两个反射面上(注意:三棱镜顶点应靠近载物台中心,否则,反射光不能进入望远镜).用载物台上水平伸出的细长螺丝固定载物台,使载物台不能再转动.

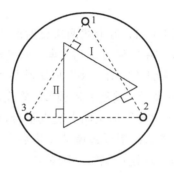

图 2.13.7   三棱镜的放置

(4) 旋转望远镜至三棱镜的其中一个反射面,使望远镜中竖直叉丝与狭缝像重合,从两个读数窗口中读出角度 $\varphi_左$ 和 $\varphi_右$;再将望远镜旋转至另一反射面,使望远镜中竖直叉丝与狭缝像重合,再从两个读数窗口中读出角度 $\varphi'_左$ 和 $\varphi'_右$.

【实验数据及处理】

1. 数据记录

将实验数据记入表 2.13.2.

表 2.13.2   平行光法测量三棱镜的顶角

次数	$\varphi_左$	$\varphi_右$	$\varphi'_左$	$\varphi'_右$	α
1					

续表

次数	$\varphi_左$	$\varphi_右$	$\varphi'_左$	$\varphi'_右$	α
2					
3					

注：$\alpha = \dfrac{\varphi}{2} = \dfrac{1}{4}\left(\left|\varphi'_左 - \varphi_左\right| + \left|\varphi'_右 - \varphi_右\right|\right)$.

2. 数据处理

(1)计算各次测量所得顶角值及顶角的算术平均值.

(2)计算顶角的标准不确定度，并正确表示结果.

【思考讨论】

(1)在实验仪器调节过程中，若分化板不清楚(模糊)，应如何调节？"十"反射像不清楚(模糊)，又应如何调节？

(2)分光仪调好的标准是什么？

(3)用反射法测三棱镜顶角时，为什么不能使待测顶角离平行光管太近和太远？试简单画出光路，分析其原因.

【探索创新】

分光计通常是利用棱镜或光栅把多色光分解为单色光的仪器. 光线在传播过程中，遇到不同介质的分界面时，会发生反射和折射，光线将改变传播的方向，结果在入射光与反射光或折射光之间就存在一定的夹角. 通过对这些角度的测量，可以测定折射率、光栅常数、光波波长、色散率等许多物理量. 例如，已知入射光的波长，将光垂直(斜)入射光栅，通过测量衍射角，计算光栅常数等问题.

【拓展迁移】

陈剑波，王姝，万振茂，等. 2008. 角度传感器在分光计实验中的应用. 物理实验，28(5)：5-8.

刘俊杰，周秀芝，闫鹏，等. 2012. 利用分光计测反射光的偏振特性. 物理与工程，22(1)：25-31.

许飞，朱江转. 2016. 分光计快速调节方法探讨. 物理与工程，(01)：55-57.

【主要仪器介绍】

JJY 型分光计的结构外形示意图见图 2.13.1.

2.14　光栅衍射测波长

最早的光栅是 1821 年由德国科学家夫琅禾费用金属丝密排地绕在两平行细螺丝上制成的，因形如栅栏，故名为"光栅"．现代的光栅是用精密的刻划机在玻璃或者金属片上刻划而成的．光的衍射是光波动性的一种表现，研究光的衍射不仅有助于加深对光的波动性的理解，也有助于进一步学习近代光学实验技术．

通过该实验，可以进一步熟悉分光计的调节和使用方法，观察光栅光谱，测量汞灯谱线的波长，了解光谱学在工程技术中的重要意义．

光栅衍射实验在光谱分析、晶体结构分析、全息照相、光信息处理等科研及工程技术方面有广泛的应用．光栅这种重要的光学元件，不仅适用于可见光，而且还适用于红外线和紫外线，常用在光谱仪上．光栅具有将复色光分成按波长排列的单色光的功能，它是一种分光元件．用它可做成光栅光谱仪和摄谱仪．它是不可缺少的现代光谱分析仪器．

【实验目的】

(1)进一步熟悉分光计的调节和使用方法．
(2)观察光线通过光栅后的衍射光谱，测量汞灯谱线的波长．

【实验原理】

设光栅刻痕宽为 a，透明狭缝宽为 b，相邻两缝的间距为 $d=a+b$，d 称为光栅常数，它是光栅的重要参数之一．当平行光束与光栅法线以角度 i 入射到光栅平面时，光栅后面的衍射光束通过透镜会聚在焦平面上，就会形成一组明暗相间的衍射条纹．如图 2.14.1 所示，设衍射光线的角度为 θ，过 A 点作 AC 垂直于入射线 CB，作 AD 垂直于衍射线 BD，则相邻衍射光线的光程差为

$$\Delta = CB + BD = d(\sin\theta + \sin i)$$

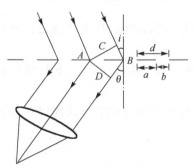

图 2.14.1　光栅衍射示意图

当光程差 Δ 等于入射光波长 λ 的整数倍时，多光束干涉使光振动加强，在会聚处产生一亮条纹，即光栅衍射产生明条纹的条件是

$$d(\sin\theta + \sin i) = k\lambda, \qquad k=0, \pm1, \pm2, \pm3, \cdots \qquad (2.14.1)$$

式中，λ 为入射光的波长，k 是亮条纹的级数. 衍射光线在光栅平面法线左侧时，θ 为正值，在法线右侧时，θ 为负值(正负值是人为规定的，也可以规定相反的方向为正)，式(2.14.1)称为光栅方程，它是研究光栅衍射的重要方程.

为了实验方便，让平行光垂直入射到光栅平面上，此时 $i=0$，光栅方程就变为

$$d\sin\theta = k\lambda, \qquad k=0, \pm1, \pm2, \cdots \qquad (2.14.2)$$

若入射光为复色光，$k=0$ 时，$\theta=0$，各种波长的零级亮纹均重叠在一起. 因此，零级亮纹仍是复色光. k 为其他值时，不同波长的同一级亮纹将有不同的衍射角 θ. 在透镜焦平面上将出现按波长次序排列的彩色谱线，称为衍射光谱. 与 $k=\pm1$ 相对应的谱线分别为正一级谱线和负一级谱线. 类似的还有二级、三级等谱线.

本实验所用光源为汞灯，它所发出的光波是不连续的. 通过光栅衍射后，将出现与各波长相对应的线状谱. 如图 2.14.2 所示，若光栅常数已知，取 $k=\pm1$，用分光计测出各谱线的衍射角 θ，利用光栅方程即可求出各谱线的波长 λ.

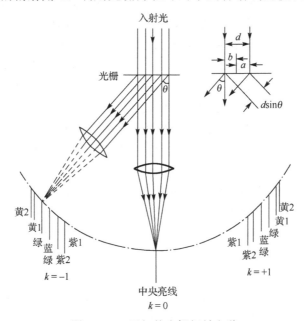

图 2.14.2　汞灯的光栅衍射光谱

【仪器及工具】

分光计、光栅、汞灯、平面镜等.

【实验内容】

1. 调节分光计，使其处于正常的工作状态

(1)通过目测粗调，使望远镜和平行光管的光轴与分光计的旋转主轴大致垂直；
(2)用自准法调节望远镜，使其聚焦于无穷远；
(3)用半分法调节望远镜，使望远镜的光轴与分光计的旋转主轴严格垂直；
(4)调整平行光管，使其光轴与分光计的旋转主轴严格垂直，并使平行光管能出射平行光. 调节狭缝，使其宽窄合适.
注意：分光计更详细的调节方法和步骤请参阅实验 2.13　分光计的调节和使用.

2. 光栅调节

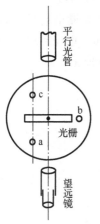

图 2.14.3　光栅的位置

在测量之前，让平行光管产生的平行光垂直照射到光栅表面，光栅刻痕与分光计的旋转主轴平行. 调节方法是：用汞灯照射平行光管狭缝，转动望远镜，使其对准平行光管. 再转动平行光管的狭缝，使狭缝的像与望远镜中的黑十字叉丝的竖线重合. 按图 2.14.3 把光栅放在载物台上，光栅平面应垂直于底面螺钉 a、c 的连线. 用望远镜观察光栅平面反射回来的亮“十”字，再轻轻转动载物台，并调节载物台下螺钉 a 或 c，使亮“十”字像与分划板下方黑十字叉丝重合，如图 2.14.3 所示. 这样，与望远镜同轴的平行光管的光轴自然也垂直于光栅平面了.

转动望远镜，观察汞灯的衍射谱线. 中央为亮线 ($k=0$)，左右两边均可看到几条彩色谱线，它们是汞的特征谱线. 若发现两侧的谱线不等高，一侧偏高，一侧偏低，则说明光栅刻痕与分光计的旋转主轴不平行. 可调节螺钉 b 使两侧谱线等高. 但调节 b 可能会影响光栅平面与平行光管垂直，应再用前述方法(自准法)进行重调，直到两个要求都满足为止.

3. 测量谱线的衍射角

将望远镜转到中央明条纹左侧，如图 2.14.2 所示，测量 $k=-1$ 级两条黄光和绿光的角位置 θ_{-1}、θ'_{-1}. 然后将望远镜转到中央明条纹右侧，测出 $k=+1$ 级两条黄光及绿光的角位置 θ_{+1}、θ'_{+1}，将相应的数据填入表 2.14.1 中. 在测量时，应从最左端的黄 2 光开始，依次测黄 1 光、绿光……直到最右端的黄 2 光，则衍射角

$$\bar{\theta} = (|\theta_{+1} - \theta_{-1}| + |\theta'_{+1} - \theta'_{-1}|)/4$$

【实验数据及处理】

1. 数据记录

表 2.14.1　光栅衍射测波长

光栅常数 $d=$_____；仪器误差限 $\Delta\theta=$_____（$1^{'}=2.92\times10^{-4}$rad）

光波	游标	$k=-1$ 角位置	$k=+1$ 角位置	θ	λ
黄 2	1				
	2				
黄 1	1				
	2				
绿光	1				
	2				

2. 数据处理

(1) 计算各色光对应的衍射角，并计算波长.

(2) 计算波长的标准不确定度，并正确表示结果.

【思考讨论】

(1) 本实验中，如果平行光以 α 角入射到光栅表面，请给出光栅方程.

(2) 如果用氦灯作光源，已知氦灯光谱中黄光的波长 $\lambda=587.6$nm，所用光栅每厘米有 5000 条刻痕，则黄光的第一级和第二级衍射条纹的衍射角为_____和_____.

(3) 如果用复色光入射光栅，则中央明条纹为_____颜色.

【探索创新】

光栅是根据多缝衍射原理制成的一种分光元件，能产生谱线间距较宽的匀排光谱，如果利用超声在液体中传播，可以形成超声光栅，它的形成机理是，超声波在液体中是以弹性纵波的形式传播的，它使液体的密度在超声波传播方向上发生周期性的大小变化，即密度呈现"密集–稀疏–密集–…"的周期性变化，从而使液体的折射率也发生周期性变化. 当有光线垂直于声波传播方向通过液体时，不同位置的光波经历的光程不同，原来是平面波的光波经过液体后变为弯曲的非平面波，与相位光栅对光的作用相类似，光线通过超声光栅时也会发生光栅衍射现象，此种衍射被称为声光衍射. 超声光栅的光栅常数就是液体折射率在空间变化的周期，即超声波的波长，利用该方法可以测量液体中的声速.

【拓展迁移】

牛海莎，于明鑫，祝博飞，等. 2020. 基于 10.6 微米全光深度神经网络衍射光栅的设计与实现. 红外与毫米波学报，39(1):15-20.

王龙，王永仲，沈学举，等. 2013. 基于光栅衍射的广角凝视型激光告警技术研究. 光学学报，33(3):172-177.

翁存程，林冬松. 2015. 行波与驻波超声光栅衍射的对比研究. 大学物理实验，28(6):65-68.

2.15　迈克耳孙干涉仪的调节和使用

迈克耳孙干涉仪，由 1881 年美国物理学家迈克耳孙和莫雷合作，是为研究"以太"漂移而设计制造出来的精密光学仪器. 它可以用来观察许多干涉现象，能够较精密地测量微小长度或长度的变化，同时它又是许多近代干涉仪的原型. 迈克耳孙曾用它做了三个著名实验：迈克耳孙-莫雷实验，分析光谱的精细结构实验和用光的波长标定米标准原器实验. 这三个实验为物理学的发展作出了重大贡献，尤其是迈克耳孙-莫雷实验否定了"以太"的存在，为相对论的提出奠定了重要的实验基础.

通过该实验，了解迈克耳孙干涉仪的结构，掌握原理，学会调整方法，并测量激光波长.

迈克耳孙干涉仪设计精巧、光路直观、结构精密，被广泛用于科学研究和检测技术等领域. 利用迈克耳孙干涉仪，能以极高的精度测量长度的微小变化及与此相关的物理量，如测量薄透明体厚度和折射率，偏振光的干涉实验研究，光学元件质量的检测，纳米量级位移的测量等.

【实验目的】

(1)了解迈克耳孙干涉仪的结构、掌握原理，学会调整方法.
(2)用迈克耳孙干涉仪测量激光波长.

【实验原理】

1. 迈克耳孙干涉仪的原理

迈克耳孙干涉仪的原理如图 2.15.1 所示. M_1 和 M_2 是两块相互垂直放置的平面反射镜，M_2 固定，M_1 可沿导轨作精密平移. G_1、G_2 是两块材料相同，厚度相同的平面玻璃片. G_1 称为分光板，G_1 的后表面镀有半透明的薄银层，形成半反射半透射层，可使入射光分成强度基本相同的两束光. G_2 与 G_1 平行，放置 G_2 的目的是保证两束光在玻璃中走的光程完全相等，所以 G_2 称为补偿板. G_1、G_2 与平面镜 M_1、M_2 均成 45° 角，从光源 S_1 发出的光入射到 G_1 上，被 G_1 分为反射光和透射光，这两束光分别经过 M_1 和 M_2 反射后又沿原光路返回，再经分光板 G_1 透射和反射，在 E 处相遇后产生干涉现象.

M_2' 是平面镜 M_2 由 G_1 反射形成的虚像. 从 E 处看到的两束光好像是从 M_1 和 M_2' 射过来的. 因此，由此干涉仪产生的干涉现象和由 M_1、M_2' 之间的空气薄膜所产生的干涉现象是完全一样的，在讨论干涉条纹的形成时，只需考查 M_1 和 M_2' 之间的空气薄膜. 当 M_1 和 M_2' 平行时，可观察到等倾干涉；当 M_1 和 M_2' 有小的夹角时，可观察到等厚干涉.

2. 等倾干涉条纹

当 M_1 和 M_2 相互垂直，即 M_1 和 M_2' 平行时，光屏 E 上的干涉条纹为一组同心圆环. 由图 2.15.1 中的几何关系可得(1)、(2)两束相干光到达光屏 E 的光程差等于 $2d$, d 为 M_1 到 M_2' 的距离. 当 M_1 向 M_2' 靠近时, d 减小. 若我们跟踪观察某一级圆环，将观察到该干涉圆环变小，并向中心收缩. 每当 d 减小 $\lambda/2$，干涉圆环就向中心消失一个. 当 M_1 向 M_2' 接近时，圆环变疏，环纹变粗. 当 M_1 和 M_2' 完全重合(即 $d=0$)时，视场亮度均匀；当 M_1 继续向原方向前进时，即 d 由零逐渐增大，将看到干涉圆环一个一个地从中心冒出来，每当 d 增加 $\lambda/2$，就会从中心冒出一个圆环. 当冒出圆环的数目为 N 时，相应的平面镜 M_1 移动的距离 Δd 为

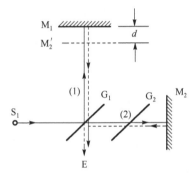

图 2.15.1　迈克耳孙干涉仪光路图

$$\Delta d = N \frac{\lambda}{2} \tag{2.15.1}$$

从仪器上读出 Δd，数出冒出的圆环数目 N，就可以测出入射光的波长.

3. 等厚干涉条纹

当 M_1 和 M_2' 有一很小的夹角时，M_1 与 M_2' 之间就形成楔形空气层，如图 2.15.2 所示. 入射光在 M_1 和 M_2' 上的反射光线相交于空气层附近而形成干涉条纹. 这两束光的光程差近似为

$$\delta = 2d \cos i \tag{2.15.2}$$

式中，d 为观察点空气层的厚度；i 为入射角. 当平行光接近于垂直时(i 接近于零)光程差只与 d 有关. 同一级干涉条纹对应于空气层的厚度相同，这种干涉称为等厚

干涉. 在 M_1 和 M_2' 相交处($d=0$)，光程差为零，将观察到直条纹，称之为中央条纹.

离中央条纹较远处，同一级条纹由直条纹变为稍向厚度增加方向弯曲的条纹，如图 2.15.3 所示. 这是由于边缘处光源的入射角 i 增大，$cosi$ 减小，要使 $2d\ cosi$ 不变，条纹只能向厚度增加的方向移动. θ 角过大、入射角 i 过大或 d 过大都会导致干涉条纹消失.

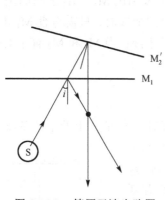 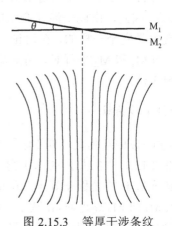

图 2.15.2　等厚干涉光路图　　　　图 2.15.3　等厚干涉条纹

【仪器及工具】

迈克耳孙干涉仪、He-Ne 激光器、扩束镜、光阑.

【实验内容】

1. 迈克耳孙干涉仪的调节(参考主要仪器介绍)

(1)让激光束穿过光阑小孔后再射到干涉仪的 G_1 上，调节 M_1 背后的螺钉，使反射回来的一排光斑中最亮的光斑移到光阑小孔附近，然后调节 M_2 背后的螺钉，使反射回来的另一排光斑中最亮的光斑与前一排最亮的重合，调节目的是让 M_2' 与 M_1 平行.

(2)取下光阑，放上扩束镜，让扩束镜后面的激光射到干涉仪的 G_1 上，这时在观察屏 E 上呈现干涉圆环. 参考图 2.15.4，通过调节平面镜 M_2(13)上的水平微调螺钉和垂直微调螺钉可使干涉圆环作水平或垂直移动，使干涉圆环位于屏中间.

(3)迈克耳孙干涉仪读数系统的调节及读数方法

为了测定 M_1 与 M_2' 之间的距离，仪器上有测量 M_1 位置的读数装置. 读数装置包括主尺、粗动鼓轮和微动鼓轮三部分. 主尺装在导轨上，最小刻度为 1mm；粗动鼓轮每转一小格，M_1 移动 0.01mm；微动鼓轮每转动一小格，M_1 移动 0.0001mm，微动鼓轮每转一圈，M_1 移动 0.01mm. 这三个读数关系是：微动鼓轮转一圈（100 个小格），粗动鼓轮转过一小格；粗动轮转一圈（100 个小格），M_1 在主尺上平移 1mm. 因此，这套读数系统可精确到万分之一毫米. 读数时还需估读一位，即估读到十万分之一毫米. 所以，M_1 的位置将由主尺读数、粗动轮刻度盘读数和微动轮读数之和来表示.

2. 测量 He-Ne 激光波长 λ

调节出等倾干涉圆环后，测量时选取可视度较好的状态作为基准，记下平面镜 M_1 的初始位置，继续沿同一方向转动微动鼓轮（切记只能沿一个方向旋转），每"缩进"或"冒出"50 个圆环记一次 M_1 的位置，连续对 450 个圆环进行测量，可得 10 组数据.

3. 观察等厚干涉条纹

转动粗动手轮，改变 M_1 的位置使等倾干涉圆环向中心收缩，同时观察视场中条纹数目和粗细的变化. 当视场中条纹变粗数目减少且由密变疏时，再转动微调鼓轮，直到中心圆斑扩展到整个视场. 这说明 M_1 和 M_2' 已接近重合，然后略微调整水平拉簧，使 M_1 与 M_2' 之间有一微小夹角，视场中将呈现出线状的等厚干涉条纹，要调整到真正的等厚干涉条纹并不十分容易，一般需要缓慢地转动微调鼓轮，反复仔细调节 M_1 的位置，使 M_1 在 M_2' 附近来回移动，直到在交线附近出现平行的干涉条纹，两边靠近外侧的干涉条纹曲率反向.

【实验数据及处理】

1. 数据记录表（表 2.15.1）

表 2.15.1　M_1 的位置

N_1	d_1/mm	N_2	d_2/mm	$\Delta N=N_2-N_1$	$(\Delta d=d_2-d_1)$/mm	$\overline{\Delta d}$/mm	$\overline{\lambda}$/nm
0		250		250			
50		300		250			
100		350		250			
150		400		250			
200		450		250			

2. 数据处理

(1) 用逐差法处理数据，求出 $\Delta N=250$ 时，Δd 的值及其平均值.

(2) 根据 $\overline{\lambda}=\dfrac{2\overline{\Delta d}}{\Delta N}$，算出 $\overline{\lambda}$ 及其标准不确定度，并正确表示测量结果.

【思考讨论】

(1)本实验中观察到的圆环与牛顿环有何不同?

(2)干涉环纹"缩进"时,d 值在增大还是在减小?

(3)讨论在主尺和粗动窗口中读数时读不读估计位?在微动鼓轮处读数时读不读估计位?从干涉仪上记录下 M_1 的位置在 38.45768 处,请说明这个数据中 38 是从什么位置读得的? 45 和 768 分别是从哪两个位置读得的?

【探索创新】

利用迈克耳孙干涉仪测压电陶瓷的系数,将压电陶瓷片固定在迈克耳孙干涉仪的移动镜上,通过改变加在压电陶瓷片上的驱动直流电压,引起压电陶瓷的微小伸长或缩短,进而使移动镜移动,在光屏上引起干涉条纹环数目变化,从而测定压电陶瓷的系数.

【拓展迁移】

李儒颂,马红梅,叶文江. 2016. 基于迈克尔逊干涉液晶双折射率的测量方法设计. 激光技术,40(4):487-490.

孙宝光,谭仁兵,张启义. 2015. 迈克尔逊干涉仪对压电陶瓷动态特性的研究. 压电与声光,37(5):888-891.

周红仙,王毅,胡瀛心,等. 2019. 基于光纤迈克尔逊干涉仪的非接触光声成像实验系统. 实验室研究与探索,38(11):9-12.

【主要仪器介绍】

迈克耳孙干涉仪结构图(图 2.15.4).

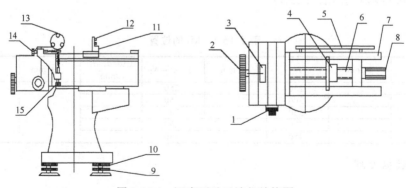

图 2.15.4　迈克耳孙干涉仪结构图

1. 微动手轮; 2. 粗动手轮; 3. 刻度盘; 4. 开合螺母; 5. 刻度尺; 6. 丝杆; 7. 导轨; 8. 滚花螺母; 9. 调平螺丝;
10. 锁圈; 11. 移动镜; 12. 滚花螺丝; 13. 平面镜; 14. 水平微调螺丝; 15. 垂直微调螺丝

2.16　电表的改装与校正

　　通常用于改装的电表习惯上称为"表头". 有的表头只能测量微安级电流, 故所测量的电压极为有限, 为了使它能测量较大的电流值和电压值, 就必须进行改装. 经过改装的电表具有测量较大电流、电压和电阻等多种用途和功能.

　　通过该实验, 可掌握电表扩程的原理与方法, 能够对电表进行改装与校正, 并会理解电表准确度等级的含义.

　　目前, 我们所接触到的各种电表几乎都是经过改装的. 因此, 学会改装和校准电表是非常重要的.

【实验目的】

　　(1) 掌握电表的扩程原理与方法.
　　(2) 学会校准电流表与电压表的方法, 理解其意义.

【实验原理】

1. 用替代法测量表头的内阻

　　替代法是一种运用很广的测量方法, 具有较高的测量准确度. 如图 2.16.1 所示, 被测表头接在电路中, 当电源电压与滑阻 R_w 均不变时, 用电阻箱 R_2 替代表头, 改变其阻值, 若电路中的电流 (标准表读数) 为原读数, 则电阻箱 R_2 的阻值即为被测表头的内阻.

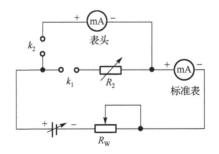

图 2.16.1　替代法测量表头内阻的电路图

2. 电表的扩程原理

1) 将表头改装成电流表

要将表头改装成能够测量较大电流的电流表, 即扩大它的量程, 应在表头两端

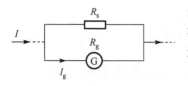

图 2.16.2　改装电流表的电路图

并联一个分流电阻 R_s,如图 2.16.2 所示. 这样被测电流大部分从分流电阻 R_s 流过,而表头仍保持原来容许通过的最大电流,但测量量程扩大了.

设表头改装后的量程为 I,根据欧姆定律,有

$$(I-I_g)R_s = I_g R_g \qquad (2.16.1)$$

若改装后量程 $I=nI_g$,n 为改装后量程的扩大倍数,则

$$R_s = \frac{R_g}{n-1} \qquad (2.16.2)$$

可见,要使表头电流量程扩大为原来的 n 倍,就需给该表头并联一个阻值为 $\dfrac{R_g}{n-1}$ 的分流电阻.

2)将表头改装成电压表

当通过表头的电流为 I_g 时,表头两端压降 $U_g=I_g R_g$. 由于 I_g 较小,R_g 也不大,所以表头能够测量的电压范围很小,常不能满足实际测量的需要. 为了能测量较高的电压,就需要对表头进行改装. 方法是给表头串联一个分压电阻 R_H,如图 2.16.3 所示. 设表头改装后的电压量程为 U,当表头电流满偏时,有

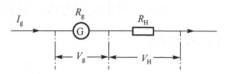

图 2.16.3　改装电压表的电路图

$$U = I_g R_g + I_g R_H, \quad R_H = \frac{U-I_g R_g}{I_g} \qquad (2.16.3)$$

即

$$R_H = \frac{U}{I_g} - R_g \qquad (2.16.4)$$

可见,将满偏电流为 I_g 的表头改装成量程为 U 的电压表,只要在表头上串联一个阻值为 R_H 的电阻即可.

3. 电表的校准原理

改装后的电表必须经过校准确定其准确度等级方可使用. 电表的校准通常使用比较法,即用标准表和改装表同时测量同一个物理量,将标准表的读数和改装表的读数进行比较. 一般地,标准表的精度至少要比改装表高.

校表时,必须先调好零点,再校准量程(满偏),在改装表零至量程范围内均匀地取一些点,取得一组标准表和改装表的读数,并画出校准曲线. 曲线是标准表和

改装表的读数差 $\Delta A = A_标 - A_改$ 与改装表读数 $A_改$ 的关系曲线. 如图 2.16.4 所示，曲线是将相邻两校准点之间用直线相连，成为一个折线图，不能画成光滑曲线. 以后在使用这个电表时，可以根据校准曲线对测量值作修正以获得较高的准确度.

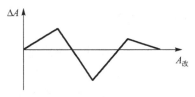

图 2.16.4 电表的校正曲线电路图

4. 将表头改装成欧姆表

用来测量电阻大小的电表称为欧姆表，如图 2.16.5 所示. 电源电压为 E，R_3 为限流电阻，R_w 为调零电位器，R_x 为被测电阻，R_g 为等效表头内阻. 由欧姆定律，有

$$I = \frac{E}{R_g + R_w + R_3 + R_x} \tag{2.16.5}$$

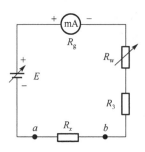

图 2.16.5 欧姆表的电路图

若 a、b 两点短路（相当于 $R_x=0$），调 R_w 的阻值，使表头指针正好偏到满度. 可见，欧姆表的零点就是在表头的满刻度处，与电流表和电压表的零点正好相反.

对于给定的表头和线路来说，R_g、R_w、R_3 都是常量. 当电源端电压 E 保持不变时，被测电阻和电流值就有一一对应的关系. 接入不同的电阻，表头就会有不同的偏转读数，R_x 越大，电流 I 越小. 短路 a、b 两端，即 $R_x=0$ 时，有

$$I = \frac{E}{R_g + R_w + R_3} = I_g \tag{2.16.6}$$

这时指针在满偏处. 当 $R_x = R_g + R_w + R_3$ 时，有

$$I = \frac{E}{R_g + R_w + R_3 + R_x} = \frac{1}{2} I_g \tag{2.16.7}$$

这时指针在表头的中间位置，对应的阻值为中值电阻，显然 $R_中 = R_g + R_w + R_3$.

当 $R_x = \infty$（相当于 a、b 开路）时，$I=0$，即指针在表头的零位.

可以看出，欧姆表的表盘刻度为反向刻度，且刻度是不均匀的. 电阻 R_x 越大，刻度间隔越密. 如果表头的刻度预先按已知电阻值刻度好，就可以用电流表来直接测量电阻了.

欧姆表在使用过程中电池的端电压会有所改变，而表头的内阻 R_g 及限流电阻 R_3 却为常量，故要求 R_w 跟着 E 的变化而改变，以满足调零的要求. 实验设计时可调节电源电压来模拟电池电压的变化，范围取 1.3～1.6V 即可.

【仪器及工具】

DH4508 型电表改装与校准实验仪、导线.

【实验内容】

(1)用半偏法或者替代法测出表头的内阻.

(2)将量程为 1mA 的表头改装成 5mA 量程的电流表.

① 根据实验测得的表头内阻 R_g，计算出并联给表头的电阻阻值.

② 按图 2.16.6 所示接好电路. 经指导教师检查，接线无误后再进行如下操作：先将并联电阻 R_2 调到位. 校正好改装表的零点后，接通电源，再调节 E 和 R_w，使标准表显示值为 5mA. 此时改装表读数也应该正好是满量程. 若改装表读数偏离满量程，可适当调节 R_2 使改装表指示值也为 5mA. 若调节 R_2 时标准表指示偏离 5mA，可重新调节 E 和 R_w，使标准表指示值保持在 5mA. 记下此时 R_2 的实验值.

③ 保持 R_2 不变，调节电源 E，使改装表电流指示值依次变为 0.00mA、1.00mA、2.00mA、3.00mA、4.00mA、5.00mA，记录标准表的相应读数值；再使改装表电流指示值依次变为 5.00mA、4.00mA、3.00mA、2.00mA、1.00mA、0.00mA，再次记录标准表的相应读数值.

(3)将量程为 1mA 的表头改装成为 3V 的电压表.

① 根据表头的内阻 R_g，计算出串联给表头电阻的阻值.

② 用量程为 20V 的数显电压表作为标准表来校正改装的电压表. 按图 2.16.7 所示接好电路，经指导教师检查，接线无误后再进行如下操作：先将串联给表头的电阻 R_1、R_2 调到位. 再调节电源电压 E，使标准表读数为 3V，此时改装表读数也应该正好是满量程. 若改装表读数偏离满量程，可适当调节 R_1、R_2，使改装表指示值也为 3V. 若调节 R_1、R_2 时标准表指示偏离 3V，可重新调节 E 使标准表示值保持在 3V. 记下此时串联给表头的实验电阻值.

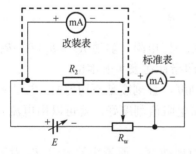
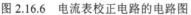
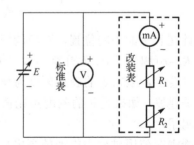

图 2.16.6　电流表校正电路的电路图　　　图 2.16.7　电压表校正电路的电路图

③ 保持 R_1、R_2 的值不变，调节 E，使改装电压表示值依次为 0.00V、0.60V、1.20V、1.80V、2.40V、3.00V，记录标准表相应的读数值. 然后将改装表的电压示值依次调节到 3.00V、2.40V、1.80V、1.20V、0.60V、0.00V，再次记录标准表相应的读数.

(4)将表头改装成欧姆表，并标定表面刻度(选做).

① 按图 2.16.5 进行连线. 将 R_1、R_2 电阻箱(这时作为被测电阻 R_x)接于欧姆表的 a、b 端，调节 R_1、R_2，使 $R_x=R_{中}=R_1+R_2=1500\Omega$.

② 电源 $E=1.5V$，调节 R_w 使表头指针处于半偏位置.

③ 调节 $R_x=0$，观察表头指针是否处于满偏位置. 如果是则进行步骤④，否则适当调节电源电压 E 和 R_w，使得 $R_x=0$ 时表头指针满偏而且 $R_x=R_{中}=1500\Omega$ 时指针在半偏位置.

④ 取电阻箱的阻值为一组特定的数值 R_{xi}，读出相应的偏转格数 d_i. 利用所得读数 R_{xi}、d_i 绘制出改装欧姆表的标度盘.

【实验数据及处理】

1. 数据记录

将实验数据填入表 2.16.1～2.16.3 中.

表 2.16.1　改装电表数据表格

内阻 R_g/Ω	满度电流 I_g/mA	扩程后的量程		扩 程 电 阻/Ω			
		I/mA	U/V	计 算 值		实 际 值	
				电流表	电压表	电流表	电压表

表 2.16.2　校准电流表数据表格(标准电流表等级 K_0=__，量程 I=__)

改装表读数 I'/mA	标 准 表 读 数 I_g/mA			$\Delta I=(I-I')/mA$
	小-大	大-小	平均值	

表 2.16.3　校准电压表数据表格(标准表等级 K_0=__，量程 U=__)

改装表读数 U'/V	标 准 表 读 数 U/V			$\Delta U=(U-U')/V$
	小-大	大-小	平均值	

2. 数据处理

(1)根据实验数据作改装表的校准曲线图.

(2)确定改装表的准确度等级.

由校正曲线找出ΔI和ΔU绝对值的最大值$|\Delta I_{\max}|$和$|\Delta U_{\max}|$,根据电表准确度等级的定义计算改装电表等级的计算值为

$$K'_I\% = \frac{|\Delta I_{\max}|}{I_{\mathrm{m}}}, \quad K'_U\% = \frac{|\Delta U_{\max}|}{U_{\mathrm{m}}} \tag{2.16.8}$$

式中,I_{m}和U_{m}分别为改装电流表和改装电压表的量程.

$$K_I = K'_I + K_0, \quad K_U = K'_U + K_0 \tag{2.16.9}$$

式中,K_0为标准表等级. 最后,根据我国磁电式仪表等级规定,确定改装表等级.

【思考讨论】

(1)校准电流表时,如果发现改装表的读数相对于标准表读数都偏高,要使改装表达到校准表的数值,此时改装表的分流电阻应如何调整? 为什么?

(2)校准电压表时,如果发现改装表的读数相对于标准表读数都偏低,要使改装表达到校准表的数值,此时改装表的分压电阻应如何调整? 为什么?

【探索创新】

若将表头设计改装成多量程的直流电流、电压两用表,其电流挡的量程为5/50mA,电压表的量程为5/50V. 请同学们自行设计并画出改装电表的电路原理图,并计算出各附加电阻值(包括两个分流电阻和两个分压电阻).

【拓展迁移】

刘大明,江秀梅. 2015. 电表读数总偏大(小)的原因分析与改进. 物理实验,35(10): 26-28.

钱钧,惠王伟,陈靖,等. 2018. 电表改装实验中校准曲线的应用. 物理与工程,28(z1): 70-75.

孙炳全,巫志玉. 2007. 电表改装实验技术性与创新性拓展. 大学物理实验,20(2): 26-29.

王春香,陈丽梅,陈佰树,等. 2011. 自主设计电表改装实验的研究. 高师理科学刊,31(2): 99-101.

【主要仪器介绍】

DH4508 型电表改装与校准实验仪.

该仪器内附指针式电流计，标准电压表、电流表，可调直流稳压电源，十进式电阻箱及其他部件，无须其他配件便可完成多种电表改装实验.

主要技术参数如下.

(1) 被改装表：量程 1mA、内阻 155 Ω、精度 0.5 级；

(2) 电阻箱：调节范围 0～10000 Ω、精度 0.1 级；

(3) 标准电流表：量程 0～2/20mA、三位半数显、精度±0.5%；

(4) 标准电压表：量程 0～2/20V、三位半数显、精度±0.5%；

(5) 可调稳压源：输出范围 0~2/10V、稳定度±0.1%/min、负载调整率 0.1%.

【注意事项】

(1) 实验时应在接好电路并检查后再打开稳压稳流电源开关，以免损坏表头；

(2) 实验中注意电表的正负连接规则，勿将反向电流通入电表中，以防表头指针反打；

(3) 实验室提供的表头内阻和实际内阻有一定的误差，故对不同表头的内阻 R_g 要用替代法重新测量.

2.17　示波器的使用

电子示波器又称阴极射线示波器，简称示波器. 它主要由示波管和复杂的电子线路组成，用它可以直接观察电压的波形，并能测定电压的大小. 所以，一切可以转化为电压的电学量(如电流、电功率、阻抗等)和非电学量(如温度、压力、磁场、频率等)都可以用示波器来观测，同时还可以用示波器观察和分析各物理量之间的函数关系. 由于电子射线的惯性小，因此示波器特别适用于观测瞬时变化过程，是一种用途广泛的现代测量工具.

20 世纪 40 年代是电子示波器兴起的时代，雷达和电视的开发需要性能良好的波形观察工具,泰克成功开发带宽 10MHz 的同步示波器,这是近代示波器的基础. 50 年代半导体和电子计算机的问世，促进了电子示波器的带宽达到 100MHz. 60 年代美国、日本、英国、法国在电子示波器开发方面各有不同的贡献，出现带宽 6GHz 的取样示波器、带宽 4GHz 的行波示波管、1GHz 的存储示波管. 便携式、插件式示波器成为系列产品.

数字式示波器是数字化潮流在示波器领域的体现. 数字式示波器实现了对波形的数字化测量、采集和存储. 它解决了模拟式示波器长久以来难以解决的对高速过程、瞬间过程记录和重现的难题. 数字式示波器具有很多智能化测量功能；使很多在模拟式示波器中很难实现的测量变得十分容易，同时又使测量精度大幅度提高，测量功能和内容极大扩展，测量难度大大减小. 它可以对测量结果进行各种修正和补偿，测量结果可以直接输入计算机.

【实验目的】

(1) 了解示波器的组成及其工作原理，熟悉示波器的基本使用方法.

(2) 学会用示波器观察波形以及测量电压和频率.

(3) 通过观测李萨如图形，学会一种测量正弦波频率的方法；加深对于互相垂直振动合成理论的理解.

【实验原理】

示波器的主要工作部分有：示波管，信号放大器，扫描和同步电路等. 它的工作原理可用方框图表示，如图 2.17.1 所示.

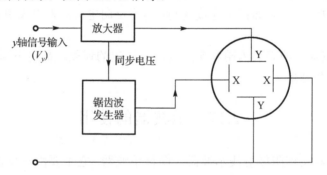

图 2.17.1　示波器工作原理方框图

由方框图可见，被观察的信号电压 V_y 输入后，经过放大器将信号放大(如 V_y 太大，则需衰减)，然后加载到示波器的垂直偏转板 Y 上. 同时从放大器输出同步(也叫整步)电压加载到锯齿波发生器中,使得锯齿波频率能随输入信号频率的变化而同步地进行变化. 从锯齿波发生器输出的电压(也叫扫描电压)，加载到示波器的水平偏转板 X 上，就能使荧光屏上重复出现被观测电压 V_y 的波形.

1. 示波管的组成及其工作原理

示波管是示波器中的显示部件，在一个抽成高真空的玻璃泡中，装有各种电极，其内部结构如图 2.17.2 所示，它由三个主要部分组成.

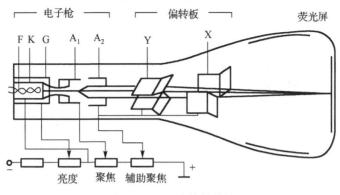

图 2.17.2　示波管的结构

1) 电子枪

电子枪由灯丝 (F)、阴极 (K)、控制栅极 (G)，第一加速阳极 (A₁) 和第二加速阳极 (A₂) 五部分组成，用以产生定向运动的高速电子.

当灯丝中通以电流而使阴极受热时，阴极就会发射电子，并形成电子流；控制栅极一个端头开有小孔的金属圆筒，套于阴极外面，电子可以从小孔通过. 工作时栅极的电势比阴极低，通过控制通过小孔的电子数目，调节栅极的电势高低，可以控制到达荧光屏的电子流强度，使荧光屏上光点的亮度(也称辉度)发生变化，这称为辉度调节；阳极(即第一加速阳极和第二加速阳极)电压相对阴极而言高 1000V 左右，可使电子流得到很大的速度，而且阳极区域的电场还能将由栅极过来的散开的电子流聚焦成一窄细的电子束. 通过改变阳极电压的大小来调节电子束聚焦程度，即荧光屏上光点的大小，这称为聚焦调节.

2) 偏转板

示波管内装有两对相互垂直的极板. 一对是水平偏转板 X，当给它加上一电压时，电子束受到水平方向电场力的作用，其运动在水平方向发生偏转，而且偏转的位移与所加电压成正比；另一对是垂直偏转板 Y，加在它们上的电压能使电子束在垂直方向偏转，光点偏移的距离与偏转板上加的电压成正比，因此可将电压的测量转化为屏上光点偏移距离的测量，这就是示波器测量电压的原理.

3) 荧光屏

示波管前端的玻璃壁，其内部表面涂有发光物质，它吸收电子打在其上的动能之后即辐射可见光. 在电子轰击停止后，发光仍能维持一段时间，称为余辉. 余辉的久暂取决于发光物质的成分. 在荧光屏上，电子束的动能不仅能转换成光能，同时还能转换成热能. 因此，若电子束长时间地轰击荧光屏的某一点或电子流密度太大，就可能使被轰击点的发光物质烧毁，而形成暗斑，故在操作时应予以注意.

2. 扫描系统

扫描系统也称时基电路(即锯齿波发生器)，用来产生一个随时间作线性变化的扫描电压，这种扫描电压随时间变化的关系曲线如同锯齿，故称锯齿波电压，这个电压加到示波器的水平偏转板上，使电子束产生水平扫描，如图 2.17.3(a)所示. 这样，屏上的水平坐标变成时间坐标，y 轴输入的被测信号波形就可以在时间轴上展开.

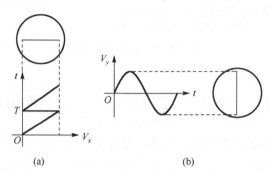

(a)　　　　　　　　　　　　　(b)

图 2.17.3　　(a)只在 X 偏转板上加一锯齿波电压的情形；(b)只在 Y 偏转板上加一正弦电压的情形

3. 示波器显示波形的原理

如果在 Y 偏转板上加一个正弦电压 V_y，在 X 偏转板上不加电压(即 $V_x=0$)，则荧光屏上的光点只在 y 轴方向做谐振动. 一般地，光点移动得很快，只能见到沿 y 轴方向的一条直线，如图 2.17.3(b)所示. 要想在屏上显示出波形，必须把被测信号 V_y 加在 y 轴的同时在水平偏转板 X 上加以扫描电压 V_x，使电子束的亮点沿水平方向拉开.

下面以输入信号是正弦电压(即 $V_y = \sqrt{2}V_m \sin \omega t$)为例，用作图法将电子束受到 V_y 和 V_x 的共同作用后，在荧光屏上的光点轨迹表示出来，如图 2.17.4 所示.

设 V_x 和 V_y 的周期相同，我们将一个周期分为四个相等的时间间隔，而 V_x 和 V_y 的值分别对应光点在 y 轴方向和 x 轴方向偏离的位置. 由图 2.17.4 可见，荧光屏显示的仍是正弦波.

扫描电压的特点是：在一个周期内，电压从零值开始，随时间成正比地增加到某一定值，而后突然返回零值，以后就周而复始地进行这样的变化. 由于扫描电压的这一作用，光点在荧光屏上能描绘出一个完整波形时 V_x 就迅速降为零，于是光点就迅速向左偏移，回到开始描绘的原处(这条线称作回扫线)，紧接着 V_x 又开始下一个周期的变化，光点随之在荧光屏上重复地描绘出波形. 这一显现波形的原理，称为扫描原理.

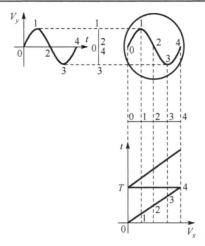

图 2.17.4　扫描原理

4. 整步(或称同步)的概念

扫描电压的周期(或频率)可以调节，当它与被观察的信号电压的周期(或频率)相同时，荧光屏上将出现一个稳定的波形. 当被观察电压的频率 f_y 是扫描电压频率 f_x 的整数倍时，即 $f_y = nf_x (n=1,2,\cdots)$ 时，荧光屏上将出现 1 个，2 个，$\cdots$，n 个稳定波形. 但是，在观测的过程中，如果被测信号和扫描电压的周期稍微不同，屏上显示的波形每次都会不重叠，致使波形不稳定，为此，通常采用整步的方法将波形稳住. 具体做法是将输入信号电压的一部分(这部分电压称为整步电压)，加到锯齿波发生器中，用以强迫 f_x 随着输入信号电压的频率 f_y 的变化而变化,这样就可以保证 $f_y = nf_x$，使荧光屏上显现的波形稳定.

5. 李萨如图形

示波管内的电子束受 X 偏转板上正弦电压 V_x 的作用时，屏上亮点做水平方向的谐振动；受 Y 偏转板上正弦电压 V_y 作用时，亮点做垂直方向的谐振动. 当 X 与 Y 偏转板同时加上正弦电压时，亮点的运动是两个相互垂直谐振动的合成，如图 2.17.5 所示. 一般地，如果频率比值 $f_y : f_x$ 为简单整数比，合成运动的轨迹是一个稳定的封闭的图形，称为李萨如图形. 李萨如图形与振动频率之间的关系为

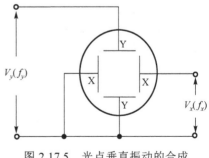

图 2.17.5　光点垂直振动的合成

$$f_y : f_x = N_x : N_y$$

其中 N_x 为图形与水平方向外切线的切点数；N_y 为图形与垂直方向外切线的切点数.

【实验仪器】

示波器、信号发生器等.

【实验内容】

1. 观察信号的波形(以 YB4320A 型示波器为例介绍操作方法)

(1)熟悉示波器各旋钮的功能和作用,掌握示波器的操作方法.

(2)打开电源开关,让示波器预热 2~3min.

(3)将被测信号通过示波器的信号输入线(也叫示波器的探头)接到示波器的 CH1 通道或 CH2 通道,假如是 CH1 通道,则将示波器的双踪选择"DUAL"的 CH1 开关压下(否则将 CH2 开关压下),将示波器上的耦合开关(AC-GND-DC)置于 AC 或 DC,把水平扫描旋钮"TIME/DIV"调到适当位置;将垂直衰减开关"VOLTDIV"也调到适当位置,荧光屏上将会出现稳定的被测信号的波形.

如果波形不稳定或不能正常显示,则需调节示波器右下角的"触发电平"旋钮,使扫描频率与被测信号同步.

(4)调节"辉度"和"聚焦"旋钮,使波形亮度适中,波形清晰.

2. 方波电压峰峰值和频率的测量

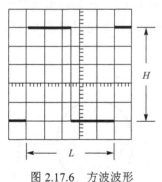

图 2.17.6   方波波形

调节垂直衰减旋钮"VOLTDIV"和水平扫描时间因数旋钮"TIME/DIV"到适当位置,将垂直微调旋钮"VARIBLE"顺时针旋到底,记下此时"V/DIV"旋钮上的挡位数值 b,从屏幕上数出被测信号正、负峰值之间纵向占据的高度值 H,记下所用探头此时的衰减比 k(如果探头上开关的位置在×1,则 $k=1$,如果开关的位置在×10,则 $k=10$),被测信号电压峰峰值:$V_{p\text{-}p}=kbH$. 将扫描"微调"控制旋钮"VARIBLE"顺时针旋到底,记下此时"TIME/DIV"旋钮上的挡位数值 a,从荧光屏上数出波形一个周期在屏上占据的水平宽度 L,则被测信号的周期:$T=aL$,频率:$f=1/T$. 参见图 2.17.6.

3. 观察垂直方向振动的合成——李萨如图形

测不同比例李萨如图形相应的频率.

(1)接线如图 2.17.7 所示,x 方向正弦信号的频率为已知,由实验室统一提供($f_x=50$Hz,把它接在示波器的 CH1 通道),y 方向正弦信号 f_y 为被测信号,由一台信号发生器提供.

(2) 将 YB4320A 型示波器面板上的 "X-Y" 开关按下 (其他型号的示波器将 "TIME/DIV" 旋钮逆时针旋到 X-Y 位置).

(3) 仔细调节信号发生器的输出频率, 使荧光屏上出现 N_x ：N_y 分别为 1：1、2：1、1：2、2：3 四种李萨如图形, 这些图形在缓慢地、周期性地 "翻滚".

(4) 画出相应图形, 用公式 f_y：$f_x=N_x$：N_y 计算出每个图形对应的未知正弦信号频率 f_y.

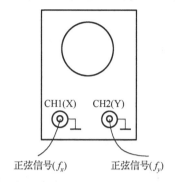

图 2.17.7　用示波器观察李萨如图形接线图

【实验数据及处理】

1. 方波电压峰峰值的测量

"V/DIV" 的读数 $b=$_____V/DIV, 方波正、负峰值间占据荧光屏上纵向格数 $H=$_____, 探头的衰减比 $k=$_____, 方波电压峰峰值 $V_{p\text{-}p}=$_____.

2. 方波频率的测量

"TIME/DIV" 的读数 $a=$_____ms/DIV, 方波一个周期在荧光屏上横向占据的格数 $L=$_____, 方波的周期 $T=$_____, 频率 $f=$_____.

3. 观察和测量其他基本波形的电压和频率

首先将信号发生器产生的正弦波信号输给示波器, 把扫描旋钮 "TIME/DIV" 调节到适当位置, 荧光屏上将出现 2～3 个完整的正弦波波形. 仿照方波电压和频率的测量方法, 其次改变输入信号为正弦波信号, 测量正弦波信号电压和频率. 最后改变输入信号为三角波信号, 测量其电压和频率. 数据可按表 2.17.1 记录.

表 2.17.1　测量不同波形的电压和频率

波形	方波	正弦波	三角波
电压 (U_0)/V			
频率 (f_0)/Hz			
V/DIV			
衰减比 k			
纵格数 (H)			

续表

波形	方波	正弦波	三角波
电压峰峰值($V_{p\text{-}p}$)/V			
TIME/DIV			
横格数(L)			
周期(T)/s			
频率(f)/Hz			

4. 利用李萨如图形测量正弦波的频率 $f_x=$＿＿＿＿Hz(表 2.17.2)

表 2.17.2　李萨如图形测量正弦波的频率

$N_x:N_y$	1:1	2:1	1:2	2:3
李 萨 如 图 形				
f_y 测量值/Hz				
f_y 理论值/Hz				

注解：李萨如图形缓慢地、周期性地"翻滚"的原因为：信号发生器的输出频率 f_y 可能比 f_x 略大(或略小)．以 $N_x:N_y=2:1$ 为例，若 $f_x=50$Hz，而低频信号发生器的输出频率 f_y 是 100.1Hz，比 100Hz 大了 0.1Hz，这时可写成

$$A\sin\omega t=A\sin2\pi f t=A\sin(2\pi\times100.1t)=A\sin2\pi(100+0.1)t=A\sin(2\pi\times100t+2\pi\times0.1t)$$

令 $\varphi_0=2\pi\times0.1t$，把它看作振动的初相位，可见，每经过 10s，φ_0 要发生 360°(即 2π)的变化，这时，屏上图形就以 10s 为周期进行"翻滚"．类似地，其他比例的李萨如图形的"翻滚"也是如此.

【思考讨论】

(1)在观测正弦波信号时，待测信号已从 y 轴方向输入，若不加扫描电压，荧光屏上的亮点将在＿＿＿＿＿＿＿＿方向做＿＿＿＿＿＿＿＿＿＿＿＿＿运动；扫描电压频率 f_x 和待测电压频率 f_y 以及荧光屏上 n 个完整正弦波之间的关系为＿＿＿＿＿＿＿＿＿＿；观察 50Hz 正弦信号波形时，如果荧光屏上有两个完整的正弦波形，问扫描电压的频率是＿＿＿＿＿＿＿.

(2)利用李萨如图形测量正弦波频率时，水平外切线与图形的切点数 N_x，垂直外切线与图形的切点数 N_y，水平偏转板上所加电压的频率 f_x，垂直偏转板上所加电压频率 f_y，它们之间的关系为＿＿＿＿＿＿＿＿＿＿.

(3)为了保护荧光屏不受损伤，光点的亮度不可调得＿＿＿＿＿＿.

【探索创新】

示波器是一种主要用于测量电信号电压与时间关系的电子仪器. 如果配合各种传感器, 把非电量转换成电量, 它也可以用来测量诸如压力、振动、声、光、热等非电信号, 甚至通过传感器, 可用示波器来观察某些化学量、生物量的高速变化过程. 示波器不仅能像电流表、电压表那样测量信号的大小, 而且可以测量信号的周期、频率、相位等多种参数. 因此, 示波器是科学实验和工程技术中应用十分广泛的一种信号测试仪器. 学生可以自己设计在示波器上测试某一可转变成电信号的物理量, 如磁滞回线、晶体管的特性、电弧、压力、速度、位移、厚度等.

【拓展迁移】

刘宪力, 特日格乐, 张清. 2009. 基于等效和实时采样的数字滤波器设计. 电子设计工程, 17(06): 69-71.

朱明强. 2015. 基于单片机及 CPLD 的数字存储示波器的研究与设计. 北京: 北京交通大学.

Andrew D. 2006. 如何选择合适的波形仪器: 数字存储示波器或数字化仪表. 今日电子, (1): 32-33.

【注意事项】

(1) 使用示波器前, 先接通电源预热 2～3min, 然后进行光点调节.

(2) 荧光屏上的光点不可太亮, 尽量将辉度调暗些, 以看得清为准. 尽量避免让电子束固定打在荧光屏上的某一点, 以免损坏荧光屏. 用聚焦旋钮将扫描线调至最细、最清晰.

(3) 示波器的所有开关和旋钮均有一定的转动范围, 决不可用力硬旋, 以免使内部电子线路发生断路、短路或使旋钮移位.

2.18　惠斯通电桥测电阻

惠斯通电桥是由英国发明家克里斯蒂在 1833 年发明的, 1843 年惠斯通公布了他对欧姆定律的证明结果, 正是借助于电桥电路和变阻器, 惠斯通用一种新的方法测量了电阻和电流. 所以人们习惯上把这种电桥称作惠斯通电桥.

通过该实验, 可以掌握惠斯通电桥测量电阻的工作原理和电路结构并测量电阻.

电桥线路在电磁测量技术中有着广泛的应用, 可以测量电阻、电容、电感、频率、温度、压力等许多物理量, 也广泛应用于自动控制中. 根据用途不同, 电桥有多种类型，其性能和结构各有特点，但它们的基本原理都相同，都是利用比较法进行测量的. 惠斯通电桥是其中的一种.

【实验目的】

(1)掌握惠斯通电桥测量电阻的工作原理和电路结构.
(2)掌握用惠斯通电桥测量电阻的方法.

【实验原理】

如图 2.18.1 所示，待测电阻 R_X 和 R_1、R_2、R_S 分别组成电桥的四个臂. 在 A、C 两点间连接直流电源，在 B、D 两点间连接灵敏检流计 G，用来检测其间有无电流通过. 通过调节电阻 R_1、R_2、R_S，总可以使得 B、D 两点等电势，当 B、D 两点电势相等时，检流计中无电流通过，称之为电桥平衡. 此时有

$$U_{AB}=U_{AD}, \qquad U_{BC}=U_{DC}$$

即

$$I_1 R_1=I_2 R_2, \qquad I_S R_S=I_X R_X$$

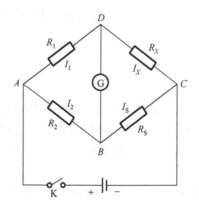

图 2.18.1　惠斯通电桥原理图

根据电路特点可得 $I_1=I_X$, $I_2=I_S$, 所以

$$R_X = \frac{R_1}{R_2} R_S \tag{2.18.1}$$

如果 R_1、R_2、R_S 已知，就可测得 R_X 的阻值. 通常把 R_1 和 R_2 称为比例臂，其比值称为比率；R_S 称为比较臂，R_X 称为未知臂. 在测量电路中，R_1、R_2、R_S 可以用标准电阻或精度较高的电阻箱，电阻测量可以达到较高的准确度，用于测量在 $10\sim$ $10^6\Omega$ 范围内的电阻.

实验中采用滑线式电桥电路测量，如图 2.18.2 所示. R_1、R_2 是均匀电阻丝的两

部分，长度分别为 L_1、L_2，由电阻定律知

$$R_X = \frac{L_1}{L_2} R_S \tag{2.18.2}$$

L_1、L_2 可以直接从米尺上读出，R_S 为电阻箱的实际读数.

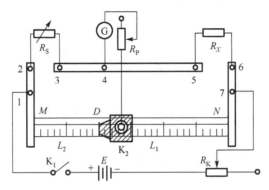

图 2.18.2 滑线式电桥电路图

滑线式电桥电阻丝两端有不相等的接触电阻，电阻丝的粗细不均匀，所以 $R_1/R_2 \neq L_1/L_2$，这种情况可用互易桥臂 (R_S, R_X) 的方法加以消除. R_S 和 R_X 交换位置后，通过相同的方法可以测得

$$R_X = \frac{L_2}{L_1} R_S' \tag{2.18.3}$$

式中，R_S' 为电桥再次平衡时标准电阻阻值. 由以上两式可得

$$R_X = \sqrt{R_S R_S'} \tag{2.18.4}$$

由于检流计所能允许通过的电流很小，所以在检流计支路还必须安装保护电阻 R_P 和接触开关 K_2. 在电桥接通电源，调节电桥平衡之前，R_P 应置最大阻值处，碰接 K_2，观察检流计偏转的大小和方向，同时调节 R_S，使检流计偏转减小，随着电桥逐渐趋于平衡，可将 R_P 逐渐减小到 0，继续调节 R_S 直到电桥达到完全平衡. 图中滑线变阻器 R_K 的作用是调节 1、7 两触点间的电压. 开始实验时，应将 R_K 置于阻值最大处，当调节电桥趋于平衡时，可适当减小 R_K，以增大 1、7 两触点间的电压，但是 R_K 可否减小到 0，必须依电源输出功率及桥臂电阻所能承受的最大电流而定.

【仪器及工具】

滑线式电桥板、直流稳压电源、滑线变阻器、检流计、待测电阻、箱式电桥、箱式电阻、开关等.

【实验内容】

1. 用滑线式电桥测电阻 R_X 的阻值

(1)按图 2.18.2 接线，经复查后把 R_P 和 R_K 调到最大值，接通电源.

(2)将 D 置于中点，即令 $L_1/L_2 = 1$. 在接 D 的同时，观察检流计指针的偏转情况，并调节 R_S 使检流计指针为零. 重复上述步骤，直至 $R_K = 0\Omega$. 再逐渐减小 R_P 值，继续调节 R_S 使检流计指针为零，直至 R_P 接近 0 时，再按下和放开 D，若检流计指针均为零，记下此时的 R_S.

(3)交换 R_S 和 R_X 的位置，并将 R_K 和 R_P 重新调到最大，D 仍置于标尺中点不变，$L_1/L_2 = 1$，重复步骤(2)，电桥平衡后，记下 R_S.

2. 用箱式电桥测电阻 R_X（参考主要仪器介绍部分）

(1)对待测电阻 R_X 进行单次测量.
(2)单次测量电桥的灵敏度.

【实验数据及处理】

(1)计算 R_X 阻值，并计算待测电阻的标准不确定度，写出正确的结果表示.
(2)用箱式电桥测量 R_X，并计算相应的不确定度.
① 分别计算电桥因仪器误差限及灵敏度误差限产生的 B 类不确定度；
② 计算合成标准不确定度，并写出正确的结果表示.

【思考讨论】

(1)如何提高电桥灵敏度？
(2)电桥测量电阻时，如何提高测量的准确度？
(3)电桥平衡的条件是什么？在具体操作中是如何实现的？
(4)与伏安法测电阻相比较，电桥测量电阻有什么优点？
(5)在用滑线式电桥测电阻的实验中，有哪些原因导致了电桥产生比例臂系统误差？如何消除？
(6)用惠斯通电桥测电阻时，如果发现检流计的指针:①总是向某一边偏转；②总是不偏转. 试分别指出其故障出在何处？

【探索创新】

利用迈克耳孙干涉仪测压电陶瓷的系数，将压电陶瓷片固定在迈克耳孙干涉仪的移动镜上，通过改变加在压电陶瓷片上的驱动直流电压，引起压电陶瓷的微小伸长或缩短，进而使移动镜移动，在光屏上产生干涉条纹环数目的变化，从而测定压电陶瓷的系数.

【拓展迁移】

李春兰，程林松，杨阳. 2011. 惠斯通电桥在水电模拟实验中的应用. 实验室科学，14（3）:96-98.

刘力铭，肖雪，刘睿，等. 2019. 惠斯登电桥法研究静电场的描绘. 大学物理实验，32（5）:29-31.

宋克威. 2001. 用惠斯通电桥测电容器的电容. 大学物理实验，14（4）:23-24.

【主要仪器介绍】

箱式电桥的基本原理如图 2.18.1 所示，只是将除待测电阻 R_X 之外的其他元器件装在箱内，其板面布置如图 2.18.3 所示.

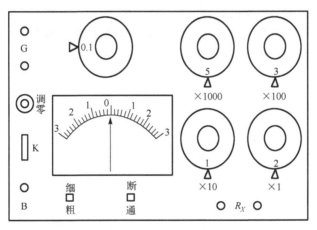

图 2.18.3　箱式电桥面板图

电桥的比较臂 R_S 是一个旋转式四钮十步进电阻箱，其最小步进值为 1Ω，在板面的右侧有对应于它们的读数盘. 比例臂由八个电阻组成，转动转换开关可以得到相应的比率. 转换开关位于面板的左上方，在它的下方是电桥的内附检流计，在检流计旁边有"G"两个接线柱，用内附检流计时，"G"两个接线柱不用. 若内附检流计灵敏度不够高或坏了，可以从"G"两个接线柱接入灵敏度更高的检流计. "G"两个接线柱的下方是内附检流计的机械调零旋钮. 调零旋钮下方是回路开关 K. 面板右下方有接未知臂 R_X 的两个接线柱，左下方是接通电源的按钮开关 B，检流计的下方有两个选择开关"粗、细"和"断、通". 电桥内附电源是三节干电池，总电压为 4.5V. 将待测电阻 R_X 接在 X_1 和 X_2 接头上，估计待测电阻的近似值，选择

适当的比率 K_r，打开回路开关 K，将选择开关 "断、通" 打在 "通"，将选择开关 "粗、细" 打在 "粗"，并校准检流计零点. 按下按钮 B，调节 R_S，当电桥趋于平衡时，将选择开关 "粗、细" 打在 "细"，再调节 R_S，直到电桥完全平衡，此时 $R_X = K_r R_S$.

2.19 模拟法测绘静电场

带电体在空间形成的静电场比较简单，能通过理论计算得出其分布，而大多数则无法写出具体的数学表达式，亦不能进行求解. 在科学研究和工业设计中，常有一些像静电场这样的物理量很难直接测定，应采用间接的方法. 模拟法是指不直接研究自然现象或过程的本身，而用自然现象或过程相似的模型来进行研究的一种方法.

通过该实验，可掌握利用电场线与等势面的正交性来研究静电场的原理，并可加深对电场强度和电势概念的理解.

在电子管、示波管和电子显微镜等电子束器件的设计和研究中，常利用模拟实验方法研究静电场的分布. 因此，本实验研究有着非常重要的科学意义.

【实验目的】

(1)学习用电流场模拟静电场的办法.
(2)测绘几种静电场的等势线.
(3)学习应用最小二乘法处理数据.

【实验原理】

静电场的电场强度和电势是描述静电场的两个基本量，这两个量的直接测量是很困难的. 首先，难以保持场源电荷电量的持久不变，这是因为电荷总要通过大气或支持物不断地泄漏. 其次，在测量时将探针引入静电场的同时，在针上会感应电荷，这些电荷产生的静电场叠加在原电场，使电场发生显著畸变，测量也失去了意义.

现以同轴带电圆柱为例，对模拟法做进一步说明. 如图 2.19.1 所示，设同轴圆柱面是 "无限长" 的，内、外半径分别为 R_1 和 R_2，电荷线密度为 $+\lambda$ 和 $-\lambda$，柱面间介质的介电常量为 ε. 若取外柱面的电势为零，则内柱面的电势 U_0 就是两柱面间的电势差，可表示为

$$U_0 = \int_{R_1}^{R_2} E dr = \int_{R_1}^{R_2} \frac{\lambda}{2\pi\varepsilon} \frac{dr}{r} = \frac{\lambda}{2\pi\varepsilon} \ln \frac{R_2}{R_1} \tag{2.19.1}$$

在两柱面间任意一点 $r(R_1 \leqslant r \leqslant R_2)$ 的电势为

$$U(r) = \frac{\lambda}{2\pi\varepsilon}\ln\frac{R_2}{r} \qquad (2.19.2)$$

比较以上两式，可得

$$U(r) = U_0\frac{\ln R_2 / r}{\ln R_2 / R_1} \qquad (2.19.3)$$

现考察一电流场. 若在导体两端维持恒定电势差(电压)，则会在导体内形成稳恒电流. 从场的角度看，在导体内部存在一个电场，正是这个电场的作用才使导体中的载流子产生定向运动. 这个电场与静电场不同，叫做电流场. 在上例中若两圆柱面为导体，其间填充电阻率为 ρ 的导体，并在两导体柱面间维持恒定电势差 U_0，我们来计算电流场中任一点的电势 $U(r)$. 如图 2.19.2 所示，设导体厚为 h，在半径 r 处取一薄圆环，宽度为 $\mathrm{d}r$，这个薄圆环的电阻 $\mathrm{d}R$ 为

$$\mathrm{d}R = \rho\frac{\mathrm{d}r}{S} = \rho\frac{\mathrm{d}r}{2\pi rh} \qquad (2.19.4)$$

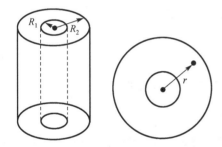

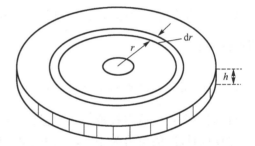

图 2.19.1 同轴带电圆柱示意图   图 2.19.2 描绘同轴带电圆柱面静电场示意图

导体的总电阻 R_0 是这些圆环电阻的总和

$$R_0 = \int\mathrm{d}R = \int_{R_1}^{R_2}\rho\frac{\mathrm{d}r}{2\pi rh} = \frac{\rho}{2\pi h}\ln\frac{R_2}{R_1} \qquad (2.19.5)$$

导体中的径向电流为

$$I = \frac{U_0}{I_0} = 2\pi h\frac{U_0}{\rho\ln R_2 / R_1} \qquad (2.19.6)$$

再计算导体 $r(R_1 \leqslant r \leqslant R_2)$ 处的电势. 在半径 r 和 R_2 之间导体的电阻 R' 为

$$R' = \int_r^{R_2}\mathrm{d}R = \frac{\rho}{2\pi rh}\ln\frac{R_2}{r} \qquad (2.19.7)$$

则 r 处的电势为

$$U(r) = IR' = 2\pi h \frac{U_0}{\rho \ln R_2 / R_1} \cdot \frac{\rho}{2\pi rh} \ln \frac{R_2}{r} = U_0 \frac{\ln R_2 / R_1}{\ln R_2 / r} \tag{2.19.8}$$

比较式(2.19.3)和式(2.19.8)可知,在同轴圆柱面之间建立一个静电场或电流场,如果柱面间静电电势差和直流电势差相同, 则在两种场中对应点处有相同的电势. 由此可见, 静电场和电流场虽然是不同的场, 但是可以看出它们的相似性, 正如上面所讨论的, 它们都引入了电势 U, 而电场强度 $E= -\nabla U$; 再如它们都遵守高斯定理; 对于静电场

$$\oiint_S E \cdot dS = 0, \quad 闭合曲面S内无电荷 \tag{2.19.9}$$

对于稳恒电流场, 则可表达为

$$\oiint_S j \cdot dS = 0, \quad 闭合曲面S内无电流 \tag{2.19.10}$$

这就是用电流场来模拟静电场的理论依据.

【仪器及工具】

静电场描绘仪、游标卡尺、坐标纸(或其他介质纸).

【实验内容】

1. 定性研究, 画出两个点电荷带电系统静电场的等势线

(1)取两个点电荷电极板插入电极架下层, 接上电源;

(2)取两极间的电势为 10V, 画出 1V, 3V, 5V, 7V, 9V 的等势线, 每条等势线至少取 7 个等势点;

(3)将电势相等的点连成光滑曲线, 即成为一条等势线, 共 5 条等势线;

(4)将电极板改为聚焦电极, 重复步骤(2)、(3), 再画出 5 条等势线(选做).

2. 定量研究, 测量同轴带电圆柱面静电场的等势线分布

(1)取同轴带电圆柱面电极, 用同步探针记下圆柱面中心位置;

(2)接上电源, 调节电压 $U_0=10V$, 画出 $U=1V$, 3V, 5V, 7V, 9V 等势线, 每条等势线至少取 6~8 个等势点.

【实验数据及处理】

(1)取下记录纸, 根据等势点位置, 量得各等势点到中心的距离 r, 计算每个等势面的平均半径 r, 填入表 2.19.1 中.

表 2.19.1　同轴带电圆柱面静电场的测量数据表

U/V	1.00	3.00	5.00	7.00	9.00
U/U_0	0.10	0.30	0.50	0.70	0.90
r/mm					
$\ln r$					

(2) 用最小二乘法计算圆柱面的半径 R_1 和 R_2. 由式 (2.19.3) 可得

$$\frac{U(r)}{U_0} = -\frac{\ln r_1}{\ln R_2/R_1} + \frac{\ln R_2}{\ln R_2/R_1} \tag{2.19.11}$$

可见 U/U_0 与 $\ln r$ 呈线性关系，即 U/U_0-$\ln r$ 图线为直线. 实验给出 U/U_0 与 $\ln r$ 的若干组实验数据，用最小二乘法可计算该直线的斜率 k 和截距 b. 设

$$y = \frac{U}{U_0}, \quad x = \ln r, \quad k = -\frac{1}{\ln R_2/R_1}, \quad b = \frac{\ln R_2}{\ln R_2/R_1} \tag{2.19.12}$$

最小二乘法给出

$$k = \frac{\bar{x}\cdot\bar{y} - \overline{(x\cdot y)}}{\bar{x}^2 - \bar{y}^2}, \quad b = \bar{y} - k\bar{x} \tag{2.19.13}$$

由式 (2.19.11)，又因 k、b 与 R_1、R_2 有关，因而

$$R_{1\text{计}} = \mathrm{e}^{\frac{1-b}{k}}, \quad R_{2\text{计}} = \mathrm{e}^{\frac{-b}{k}} \tag{2.19.14}$$

(3) 用游标卡尺测量圆柱形电极的半径 $R_{1\text{测}}$ 和 $R_{2\text{测}}$. 计算误差为

$$\varepsilon_{R_1} = \frac{R_{1\text{计}} - R_{1\text{测}}}{R_{1\text{测}}}, \quad \varepsilon_{R_2} = \frac{R_{2\text{计}} - R_{2\text{测}}}{R_{2\text{测}}} \tag{2.19.15}$$

【思考讨论】

(1) 怎样根据实验数据来确定两个变量之间的线性关系？

(2) 如果电源电压增大一倍，等势线、电场强度线的形状是否变化？

(3) 通过本次实验你对模拟法有何认识？两个物理量可以模拟的条件是什么？

【探索创新】

惠斯通电桥是一种常见的电桥形式，它不仅可以用来测量电阻、电容及电感系数，还可以测量转矩、加速度、桥梁的载荷等；在静电场测绘实验中，亦可采用惠斯通电桥来测绘等势线分布图. 请学生自己提出实验思路，设计实验装置与操作过程，并测绘静电场中的等势线分布.

【拓展迁移】

林春丹，李秋真，张程，等. 2020. 基于智能手机的静电场描绘及模拟. 物理与

工程，30(3)：113-118.

刘力铭，肖雪，刘睿，等. 2019. 惠斯登电桥法研究静电场的描绘. 大学物理实验，32(5)：32-34.

田凯，蔡晓艳. 2016. 一种模拟法测绘静电场的实验装置. 实验科学与技术，14(5)：70-73.

谢斐昂，孙扶阳，顾得月，等. 2015. 水槽放置倾斜对模拟法测绘静电场实验的影响. 大学物理实验，28(2)：40-43.

谢莉莎，邓小玖. 2020. 基于创新教育的静电场模拟实验教学研究. 实验技术与管理，37(1)：205-207，211.

【主要仪器介绍】

JDZ 模拟静电场描绘实验仪.

本仪器装置由专用测试电源及电场实验装置两部分组成. 用水(普通自来水)代替导电纸和导电玻璃，导电均匀，免除了边缘效应，克服了导电纸的缺点；同时实验所需的材料为普通自来水，大大节约了实验室的实验经费. 另外用高精度三位LED 数字交流电压表对电极探针电压进行测量，避免了传统的用指针表测量电压导致数据误差太大的缺陷.

主要技术参数如下.

(1)输出电压：AC，0～15V，连续可调；

(2)测量仪表：3 位 LED 数字显示，内阻 10MΩ；

(3)电极：两点电荷电极板，点圆(同轴电缆)，平行板电极(电容器)，聚焦电极(示波管)，点线电极.

【注意事项】

(1)电极、探针应与导线保持良好接触.

(2)在实验过程中，不要移动白纸或水槽，也不要调节电压，以减少实验误差.

(3)实验完毕后，将水槽内的水倒净控干.

2.20　灵敏检流计特性研究

灵敏检流计也叫直流检流计或检流计，是一种精密的磁电式仪表，与其他磁电式仪表一样皆是根据载流线圈在磁场中受力矩作用而偏转的原理制成的，只是在结构上有所差别. 普通电表中的线圈是安装在轴承上，用弹簧游丝维持平衡，用指针指示偏转；而灵敏检流计则是用极细的金属丝代替轴承，且将线圈悬挂于磁场中，由于悬丝细而长，反抗力矩很小，所以当有极弱的电流通过线圈时就会使其发生明显偏转. 因此, 灵敏检流计要比一般的电流表灵敏很多, 可以测量 $10^{-11} \sim 10^{-6}$A 范围的微弱电流和 $10^{-6} \sim 10^{-3}$V 范围的微小电压.

通过该实验, 可了解灵敏检流计的结构和工作原理, 观察灵敏检流计内部线圈的三种运动状态, 并能学会测量灵敏检流计的内阻及灵敏度.

灵敏检流计是一种重要的电学测量仪器, 它的灵敏度很高, 用来检测闭合回路中的微弱电流或微弱电压, 如光电流、生理电流、温差电动势等; 常用作检流计, 如作为电桥、电势差计中的示零器等. 因此, 本实验研究有着非常重要的实际意义.

【实验目的】

(1) 了解灵敏检流计的结构和工作原理, 观察灵敏检流计的三种运动状态.
(2) 掌握测量灵敏检流计的内阻和灵敏度的原理和方法.

【实验原理】

1. 灵敏检流计的结构

光点反射式灵敏检流计主要由三部分组成, 第一部分为永久磁铁和圆柱形软铁芯, 如图 2.20.1 所示; 第二部分为金属悬丝和轻薄的小反射镜(弹性金属悬丝又作为线圈两端的电流引线); 第三部分为 "光线指针", 即光学放大刻度尺读数系统, 如图 2.20.2 所示. 当以一束平行光线投射到小反射镜上, 线圈中没有电流时, 经过反射后, 反射光斑位于标尺的中点. 当电流通过线圈时, 磁场作用于线圈的力矩使其转动, 小镜的反射光束随之偏转, 当线圈受到的磁力矩与金属悬丝的反向扭转力矩相等时, 线圈将不再转动, 这时, 反射光标将停在一定的位置上.

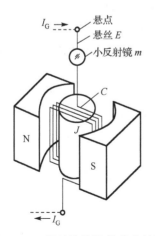

图 2.20.1　灵敏检流计的基本结构

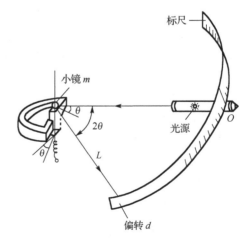

图 2.20.2　灵敏检流计的镜尺

由于用悬丝代替了普通电表的转轴和轴承，去掉了机械摩擦. 在悬丝上固定有一个小反射镜，采用光学放大原理使光标反射到标尺上读数，大大提高了检流计的灵敏度.

2. 灵敏检流计的三种运动状态

使用灵敏检流计时，重要的不仅是它的灵敏度，还有检流计的光标平稳到达偏转位置的时间，即能否迅速且准确地读取光标所在位置的指示数. 这与检流计中线圈的阻尼情况有关系. 在使用时，只有在外电路电阻合适的情况下，才能够使检流计处于最佳工作状态. 当线圈通有电流 I_G 时，磁场与线圈中的电流相互作用产生转动力矩，这一力矩使线圈发生转动；当线圈发生转动时，金属悬线被扭转而产生扭转力矩，当两相反力矩相等时，线圈达到平衡. 此外，由于线圈在磁场中转动而产生感应电动势，电流计在工作时由内阻 R_G 和外电路总电阻 $R_外$ 构成闭合回路，因而在线圈中有感应电流通过，感应电流也要与磁场相互作用而产生电磁阻尼力矩，线圈的运动状态由电磁阻尼力矩来决定，而阻尼力矩只与外电路的电阻有关. 因此，通过调节外电路电阻大小可以控制线圈的运动状态，具体情况如下：

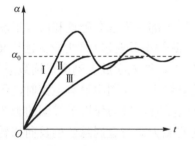

图 2.20.3　灵敏检流计线圈的运动状态图

(1) 当 $R_外 > R_C$ (R_C 是临界电阻值，从检流计铭牌上读取) 时，即外电路总电阻 $R_外$ 较大时，电磁阻尼较小，断开电流时，线圈要经过多次来回振动后光标才能停在零点，这种情况下线圈处于欠阻尼振动状态，如图 2.20.3 曲线Ⅰ所示. 这种状态对测量是不利的，因为要经过较长时间线圈才会停止振动.

(2) 当 $R_外 = R_C$ 时，电磁阻尼较大，断开电流时光标从偏转位置能快速回到零点，线圈不发生周期性振动，这种情况下外电路总电阻称为临界电阻 R_C，光标的运动如图 2.20.3 中的曲线Ⅱ所示，线圈处于临界阻尼状态.

(3) 当 $R_外 < R_C$ 时，外电路总电阻 $R_外$ 更小，电磁阻尼更大，光标从偏转位置要经过较长时间才能回到零点，光标的运动如图 2.20.3 中的曲线Ⅲ，这种情况下线圈处于过阻尼状态. 过阻尼状态对测量也是不利的，因为它到达平衡位置的时间太长，不易判断是否已达到平衡位置.

用检流计测量电流时，为了减少测量时间，检流计在接近临界阻尼状态下工作，才能较迅速地读取数据.

3. 灵敏检流计的灵敏度 S_i

当电流 I_G 通过线圈时，线圈偏转角 θ 与电流 I_G 的大小成正比，即 $\theta = S_i I_G$，则

$$S_i = \frac{\theta}{I_G} \tag{2.20.1}$$

可见，比例系数 S_i 是线圈中通过单位电流时所偏转的角度. 而在灵敏检流计的标尺上是当线圈流过单位电流时光标所偏转的刻度 N，即当线圈通有电流 I_G 时，光标的偏转刻度 N 与电流 I_G 的大小成正比，故上式可改写为

$$S_i = \frac{N}{I_G} \tag{2.20.2}$$

S_i 即为检流计的灵敏度，单位为 div/A，光点反射式检流计的灵敏度可达 $10^8 \sim 10^{10}$div/A，通常又把 S_i 的倒数称为电流计常数.

4. 测量灵敏检流计灵敏度 S_i 和内阻 R_G 的原理

当用灵敏检流计测量微小电流时，不但要选择灵敏检流计的运动状态，还要知道它的灵敏度 S_i 和内阻 R_G. 测出通过检流计的电流 I_G 和光标的偏转刻度 N，由式 (2.20.2) 即可得到灵敏度 S_i.

测量电路如图 2.20.4 所示，由于允许通过灵敏检流计的电流很小，所以采用二级分压电路，电源 E 经滑线变阻器分出电压 U，再经 R_2 和 R_S 第二次分压，在 R_S 上得到一个微小电压 U_{ab}，根据电路可得

$$U_{ab} = \frac{R_{ab}}{R_{ab} + R_2} U \tag{2.20.3}$$

$$R_{ab} = R_S / (R_1 + R_G) \tag{2.20.4}$$

实验中 $R_S = 1\Omega$，所以 $R_2 \gg R_{ab}$，则式 (2.20.3) 可近似为

$$U_{ab} = \frac{R_{ab}}{R_2} U \tag{2.20.5}$$

在 R_S-R_1-G 回路中，有

$$U_{ab} = I_G(R_1 + R_G) \tag{2.20.6}$$

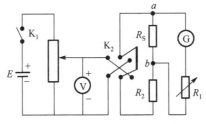

图 2.20.4　灵敏电流计实验电路图

由式(2.20.6)可以看出，对不同的 U_{ab}，调节 R_1，使 I_G 保持不变，U_{ab} 与 R_1 就呈线性关系，把式(2.20.5)代入式(2.20.6)可得

$$\frac{R_{ab}}{R_2}U = I_G(R_1 + R_G) \tag{2.20.7}$$

再将 R_{ab} 代入上式整理可得

$$R_1 = -(R_S + R_G) + \frac{R_S}{R_2 I_G}U \tag{2.20.8}$$

这样就可以把 U_{ab} 与 R_1 之间的线性关系转换成 R_1 与 U 之间的线性关系. 由于 U 可以从电压表直接读取，因此在实验中利用式(2.20.8)可得出检流计的灵敏度 S_i 和内阻 R_G. 若令 $A = -(R_S + R_G)$ 与 $B = R_S/R_2 I_G$，则式(2.20.8)可改写为

$$R_1 = -A + BU \tag{2.20.9}$$

由于 R_1 与 U 呈线性关系，用图解法或最小二乘法求出直线的斜率 B 和截距 A，即可得到内阻 R_G 和电流 I_G 分别为

$$R_G = -(R_S + A) \tag{2.20.10}$$

$$I_G = \frac{R_S}{R_2 B} \tag{2.20.11}$$

将式(2.20.11)代入式(2.20.2)可得

$$S_i = \frac{N}{I_G} = N\frac{R_2 B}{R_S} \tag{2.20.12}$$

【仪器及工具】

灵敏检流计、电阻箱、直流电压表、直流稳压电源、双刀双掷换向开关、单刀开关、滑线变阻器等.

【实验内容】

1. 观察灵敏检流计的三种运动状态

(1)取 $R_1 > R_C$（R_C 为临界电阻值，从检流计铭牌上读取），观察检流计线圈的欠阻尼运动状态；
(2)取 $R_1 < R_C$，观察检流计线圈的过阻尼运动状态；
(3)取 $R_1 = R_C$，观察检流计线圈的临界阻尼运动状态.

2. 测量 R_1 与 U 的关系数据

按图 2.20.4 连接好电路，先把开关 K_1、K_2 断开，经教师检查，电路正确无误后，调整电阻 $R_S=1.0\Omega$，$R_2=800.0\Omega$，先把电阻 R_1 调到 500Ω 左右；把检流计调零后，打开电源，将电源输出电压调至 6V，然后闭合 K_1，调节滑线变阻器使电压表读数为零，闭合 K_2. 调节滑线变阻器，增大电压表读数，使电压为 2.00V 左右时，调节 R_1，使指针向左偏转 40div，记录此时 U 和 $R_{1左}$ 的值；由于检流计线圈左右偏转不对称，会给测量带来误差，故在同一电压值下将换向开关 K_2 合向另一边，改变电流方向，调节 R_1，使光标向右偏转 40div，再记录此时的 U 和 $R_{1右}$ 的值. 从 2.00~6.00V 取 8 个点，重复测量，将测量数据记入表 2.20.1 中.

【实验数据及处理】

1. 数据记录表

表 2.20.1　电阻与电压的关系

U/V								
$R_{1右}/\Omega$								
$R_{1左}/\Omega$								
$\overline{R}_1/\Omega$								

2. 数据处理

(1) 在坐标纸上作出 U-R_1 的图线；
(2) 由图线计算出直线的斜率 B 和 A，计算检流计灵敏度 S_i 和内阻 R_G.

【思考讨论】

(1) 灵敏检流计线圈的三种运动状态是什么？
(2) 灵敏检流计在不使用或搬运时，需要将线圈置于短路，此时灵敏检流计的线圈处于什么运动状态？
(3) 在本实验中，为什么要采用两次分压电路？

【探索创新】

灵敏检流计的内阻是一个重要的电学参量，要求能够精确地测量出来. 请学生尝试在过阻尼状态下测定灵敏检流计的内阻，并比较临界阻尼状态下的测量结果，分析两种测量方式的优劣及其原因.

【拓展迁移】

浦天舒，姜若诗，杨波，等. 2017. 利用灵敏电流计研究电磁动量. 物理实验，37(2)：17-19, 23.

浦天舒，姜若诗，杨波，等. 2017. 灵敏电流计线圈运动时电磁动量与机械动量的转化. 大学物理，36(4)：17-21.

严箫，王新春，岳开华，等. 2014. 用等偏法与 Spss 研究灵敏电流计的特性. 大学物理实验，27(2)：65-68.

张新龙，邵毅全. 2017. 基于光点式灵敏电流计对人体经脉穴位电位的研究. 激光杂志，38(3)：155-158.

祝卫堃. 2009. 灵敏检流计内阻测定方法的讨论. 实验科学与技术，7(2)：32-34.

【主要仪器介绍】

AC5-4 型灵敏直流检流计.

该检流计可作为直流电势差计、直流电桥等外接用高灵敏检流计，也可直接作为电流表使用，内阻为表内取样电阻，误差小于±5%.

主要技术参数如下.

(1)测量范围：$0\sim\pm10\mu A$；　　　(2)阻尼时间：<2s；

(3)电压电流常数：$2\times10^{-7}A$/格；　　(4)环境温度：$-10\sim40℃$；

(5)内阻：100Ω.

【注意事项】

(1)检流计应水平放置，保证检流计内悬丝铅垂；

(2)任何时候都不应使通过检流计的电流超过满度电流值；

(3)使用完毕后应先关闭检流计电源开关.

2.21　介电常量测量

介电常量是物体的重要物理性质，对介电常量的研究有重要的理论和应用意义. 电气工程中的电介质问题、电磁兼容问题、生物医学、微波、电子技术、食品加工和地质勘探中，无一不利用到物质的电磁特性，对介电常量的测量提出了要求. 目前对介电常量测量方法的应用可以说是遍及民用、工业、国防的各个领域.

通过该实验，可以了解介质极化原理，测定介质常数和介质损耗在材料工程技术中有着重要意义.

在电工技术中，电介质主要用作电气绝缘材料，故电介质亦称为电绝缘材料. 随着科学技术的发展，发现一些电介质具有与极化过程有关的特殊性能. 如具有压电性、热释电性、铁电性的材料分别称为压电材料、热释电材料、铁电材料. 这些具有特殊性能的材料统称为功能材料，它是电介质的一个重要组成部分，可用作机械、热、声、光、电之间的转换，在国防、探测、通信等领域具有极为重要的用途.

【实验目的】

(1) 了解介质极化原理，测定介电常量和介质损耗的关系.

(2) 了解高频 Q 表的工作原理.

(3) 掌握室温下用高频 Q 表测定材料的介电常量和介质损耗角正切值.

【实验原理】

按照物质电结构的观点，任何物质都是由不同的电荷构成的，而在电介质中存在原子、分子和离子等. 当固体电介质置于电场中后会显示出一定的极性，这个过程称为极化. 对不同的材料、温度和频率，各种极化过程的影响不同.

(1) 相对介电常量 (ε_r)：某一电介质(如硅酸盐、高分子材料等)组成的电容器在一定电压作用下所得到的电容量 C_x 与同样大小的介质为真空的电容器的电容量 C_0 之比值，称为该电介质材料的相对介电常量.

$$\varepsilon_r = \frac{C_x}{C_0} \tag{2.21.1}$$

式中，C_x 为电容器两极板充满介质时的电容；C_0 为电容器两极板为真空时的电容；标准大气压下，不含二氧化碳的干燥空气的相对介电常量 ε_r 等于 1.00053，近似等于 1. 因此，在一般测量中，都以该结构在空气中形成的电容量 C_0 来替代真空中的电容量 C_0.

因为在绝缘材料的测量中，一般都采用平板电容的结构. 平板电容在空气中的电容量为 $C_0 = \dfrac{\varepsilon_0 S}{d_1}$；当平板电容两极片之间夹入绝缘材料时，平板电容两极片之间的电容量为 $C_x = \dfrac{\varepsilon_0 \varepsilon_r S}{d_2}$，如果令 $C_0 = C_x$，则可获得绝缘材料相对介电常量

$$\varepsilon_r = \frac{d_1}{d_2} \tag{2.21.2}$$

(2) 介电损耗 $(\tan\delta)$：指电介质材料在外电场作用下发热而损耗的那部分能量. 在直流电场作用下，介质没有周期性损耗，基本上是稳态电流造成的损耗；在交流

电场作用下，介质损耗除了稳态电流损耗外，还有各种交流损耗. 由于电场的频繁转向，电介质中的损耗要比直流电场作用时大许多(有时达到几千倍)，因此介质损耗通常是指交流损耗.

在工程中，常将介电损耗用介质损耗角正切 tanδ 来表示. tanδ 是绝缘体的无效消耗的能量对有效输入的比例，它表示材料在一周期内热功率损耗与储存之比，是衡量材料损耗程度的物理量.

通常测量材料介电常量和介质损耗角正切的方法有两种：交流电桥法和 Q 表测量法，其中 Q 表测量法在测量时由于操作与计算比较简便而广泛采用. 本实验主要采用的是 Q 表测量法.

tanδ 的倒数称为品质因素，或称 Q 值. Q 值大，介电损失小，说明品质好. 所以在选用电介质前，必须首先测定它们的 ε_r 和 tanδ. 经计算推导可得介电损耗的表达式为

$$\tan\delta = \frac{Q_1 - Q_2}{Q_1 Q_2} \cdot \frac{C_1}{C_1 - C_2} \tag{2.21.3}$$

式中，C_1 为标准状态下的电容量；C_2 为样品测试的电容量；Q_1 为标准状态下的 Q 值；Q_2 为样品测试的 Q 值.

【仪器及工具】

QBG-3E/F 全数显高频 Q 表、电感、平板电容器、圆形电介质.

【实验内容】

(1)开机预热 15min，使仪器恢复正常状态后才能开始测试.

(2)将电感和电容按照要求插入接孔，将频率调到 1MHz.

(3)测量介电常量.

① 转动螺旋测微器，使平行板电容器的平板刚好接触，测量距离 d_0；

② 将圆形样品放入平行板电容器内，调节测量装置的测微杆，使平行板电容器两极片夹住样品，并测量距离 d_1，调节高频 Q 表的电容，观察 Q 值达到最大即可；

③ 取下样品，再次转动螺旋测微器，当 Q 值达到最大时，记下测量距离 d_2；

④ 转动样品，对上述过程进行多次测量.

(4)介电损耗测量.

① 将圆形样品放入平行板电容器内，测量距离 d_1，调节高频 Q 表的电容，观察 Q 值达到最大，并记录电容值 C_2 和品质因素 Q_2；

② 取下样品，调节螺旋测微器保持测量距离 d_1 不变，调节高频 Q 表的电容，观察 Q 值达到最大，并记录电容值 C_1 和品质因素 Q_1.

【实验数据及处理】

(1) 计算相对介电常量 $\varepsilon_r = \dfrac{d_1 - d_0}{d_2 - d_0}$，并计算平均值和不确定度，写出正确的结果表示.

(2) 根据式 (2.23.3) 计算介电损耗，并计算平均值和不确定度，写出正确的结果表示.

【思考讨论】

(1) 测试环境对材料的介电常量和介质损耗角正切值有何影响，为什么？
(2) 试样厚度对介电常量的测量有何影响，为什么？
(3) 电场频率对极化、介电常量和介质损耗有何影响，为什么？

【探索创新】

介电常量 (又称电容率) 是反映材料特性的重要参数，电介质极化能力越强，其介电常量越大. 测量介电常量的方法有很多，常用的有比较法、替代法、电桥法、谐振法、Q 表法、直流测量法和微波测量法等，各种方法各有特点和适用范围，因而要根据材料性能、样品形状和尺寸大小及所需频率范围等选择适当的方法测量. 本实验采用 Q 表法，请设计电路利用另一种方法进行测量.

【拓展迁移】

李丽英，张立新，赵少杰. 2016. 冻土介电常量的实验研究. 北京师范大学学报，43(3):241-244.

张福州，廖瑞金，袁媛，等. 2012. 低介电常量绝缘纸的制备及其击穿性能. 高电压技术，38(3):691-696.

朱红青，辛邈，常明然，等. 2016. 煤介电常量测量技术研究进展. 煤炭科学技术，44(9):6-12.

【主要仪器介绍】

QBC-3E/F 全数显高频 Q 表.

QBC-3E/F 全数显高频 Q 表主机前面板和外形示意图如图 2.21.1 所示.

(1) 工作频段选择/数字 1 按键，每按一次，切换至低一个频段工作；先按 12 键，再按此键，功能为数字键 1.

(2) 工作频段选择/数字 2 按键，每按一次，切换至高一个频段工作；先按 12 键，再按此键，功能为数字键 2.

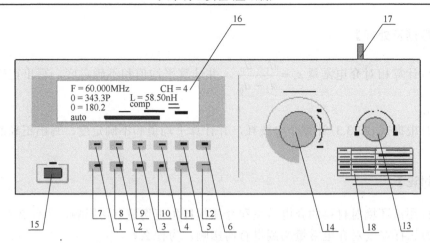

图 2.21.1　介电常量及介质损耗主机前面板和外形示意图

(3)Q 值量程递减(手动方式时有效)/数字 3 按键；先按 12 键，再按此键，功能为数字键 3.

(4)Q 值量程递增(手动方式时有效)/数字 4 按键；先按 12 键，再按此键，功能为数字键 4.

(5)谐振点频率搜索/数字 5 按键，按此键显示屏第四行左部出现 SWEEP 时，表示仪器正工作在频率自动搜索被测量器件的谐振点，如需退出搜索，再按此键；先按 12 键，再按此键，功能为数字键 5.

(6)数字 6 按键，先按 12 键后有效.

(7)Q 值合格范围比较值设定/数字 7 按键，按此键后，显示屏第三行右部出现 COMP 字符，当 Q 合格时，显示 OK，并同时鸣响蜂鸣器，Q 不合格时，显示 NO. 设置 Q 值合格范围详细说明见后页. 先按 12 键，再按此键，功能为数字键 7.

(8)Q 值量程自动/手动控制方式选择/数字 8 按键，按此键后，显示屏第四行左部出现对应的指示：AUTO(自动)，MAN(手动)；先按 12 键，再按此键，功能为数字键 8.

(9)Ct 大电容直接测量/数字 9(先按 12 键后有效)按键.

(10)Lt 残余电感扣除/数字 0(先按 12 键后有效) 按键.

(11)介质损耗系数测量/小数点(先按 12 键后有效) 按键.

(12)频率/电容设置按键，第一次按下(频率指示数在闪烁)为频率数输入，单位为 MHz. 例如，要输入 79.5MHz，按一次此键，频率指示数在闪烁，然后输入 79.5，再按一下此键完成设置. 第二次按下(电容指示数在闪烁)为电容数输入，数输入要满 4 位. 例如，要输入 79.5P，按两次此键，电容指示数在闪烁，然后输入 0795，有效数后为 0 的，可以不输入 0，直接再按一下此键完成设置.

(13)频率调谐数码开关.

(14)主调电容调谐(长寿命调谐慢转结构).

(15)电源开关.

(16)液晶显示屏.

(17)测试回路接线柱：QBG-3E 左边两个为电感接入端，右边两个为外接电容接入端.

(18)电感测试范围所对应的频率范围表.

【注意事项】

(1) 介质损耗因数的测试中，因存在测试装置对材料样品夹的松紧问题，以及材料样品的厚度均匀问题和仪表的误差，所以每次的测量结果不一致，需多次测量，取其平均值.

(2) 在测量损耗因数极小的材料时，应仔细调谐 Q 值的谐振点，Q 值应精确到最小数.

2.22 直流电势差计的工作原理及应用

用电势差计测量电压，是将未知电压与电势差计上的已知电压相比较. 它不像伏特计那样需要从待测电路中分流，因而不干扰待测电路，测量结果仅仅依赖于准确度极高的标准电池、标准电阻和高灵敏度的检流计. 它的准确度可以达到 0.01%，甚至更高，在精密测量中应用广泛. 另外，电势差计还可以用来校准电表和直流电桥等直读式仪表，在非电参量(如温度、压力、位移和速度等)的电测法中也占有重要地位. 电势差计的构造原理简单，在物理学、化学工业、医学等方面有着广泛的应用.

(1)在物理学中常用电势差计精确测量电动势、电压，与标准电阻配合还可以精确测量电流、电阻和功率等，也可以用来校准精密电表和直流电桥等直读式仪表，有些电器仪表厂则用它来确定产品的准确度和定标，而且还可用于温度、压力、位移、速度等非电量的测量和控制.

(2)在化工生产企业中，电势差计一是用于对现场各类 mV 信号进行测量，二是作为计量检定用标准器，对一些以 mV 为激励信号的计量器具，如配热电偶用动圈仪表和数字显示仪表及电子电势差计等进行计量检定. 比如对液体 pH 的测量，利用安插在被测溶液中的特殊电极，测量其电动势，即可算出其 pH，也可以得到溶液中氢离子的浓度.

(3)医学中常用电势差计来测定生物电动势. 人体活组织每一活动都伴随有电现象，如当肌肉兴奋时就有动作电势. 由于活组织所产生的电动势很小，而组织的内阻又很大，因此电流很小. 这样，测量时就要用灵敏度较高的仪器，其中应用较广的是电势差计.

(4)小型自动电子电势差计记录仪,经过改进应用于长网造纸机. 主要应用于以下几个方面:①造纸断头计数;②有效生产时间的记录与累计;③纸张线速度的指示记录;④纸机空运转时间的指示记录;⑤纸机停止运转时间记录;⑥可控硅直流电机传动系统稳定状态的反映与记录等方面的综合能力.

利用电势差计测量高低电势的要求不同,选用的型号也不同. 当被测参量的准确度要求较高,如产品检测、科研教学、计量检定等时,可选用 TX-YJ108B/1 型数字电势差计. 被测量的未知电势数值较高,应选用高电势直流电势差计,如 UJ41 型、UJ24 型、UJ25 型等;若被测量的未知电势数值较低,则应选用低电势直流电势差计,如 UJ51 型、UJ35 型等. 当被测参量的准确度要求不高,如一般工业参数的检测或生产现场的测试以及被测量的未知电势较高时,应选用 UJ33a 型、UJ63 型等便携式高电势直流电势差计. 反之,若被测量的未知电势较低,则应选用 UJ36 型便携式直流电势差计或 UJ31 型实验室型直流电势差计等.

2.22.1　温差电动势的测量

【实验目的】

(1)掌握电势差计的构造、工作原理及使用方法.

(2)掌握用补偿法测量微小电动势的原理和方法.

(3)作温差电动势随温度的变化曲线(ε-Δt 曲线),并从曲线图中求出热电偶的温差系数($\alpha = \Delta\varepsilon/\Delta t$).

【实验原理】

1. 温差电动势产生原理

温差电效应是由不同种类固体的相互接触而发生的热电现象. 它主要有三种效应:塞贝克(Seebeck)效应(1821 年德国科学家塞贝克发现)、佩尔捷(Peltier)效应(1834 年法国科学家佩尔捷发现)与汤姆孙(Thomson)效应(1856 年汤姆孙发现). 温差电效应广泛用于测温、发电、制冷、焊接等领域.

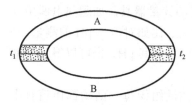

图 2.22.1　温差电动势

在由两种不同的金属(或合金)A,B 构成的闭合电路中(图 2.22.1),当两接触点的温度 t_1、t_2 不同时,电路将有电流通过,即电路中产生了电动势,这个现象叫做温差电现象,同时把这个电路叫做 A-B 温差电偶,如铜–康铜温差电偶. 温差电偶又称为热电偶.

　　热电偶的温差电动势 ε 的大小除了和组成热电偶的材料有关外，唯一决定于两接触点的温度差 $\Delta t = t_1 - t_2$。通常情况，ε 与 Δt 的关系相当复杂，一般可用级数表示，若取二级近似，可表示为

$$\varepsilon = \alpha(t_1 - t_2) + \beta(t_1 - t_2)^2 = \alpha \cdot \Delta t + \beta \cdot \Delta t^2 \qquad (2.22.1)$$

式中 t_1 为热端温度，t_2 为冷端温度，α、β 是与两种金属材料性质有关的常量，在 $\alpha \gg \beta$ 的场合下，这两种金属构成的热电偶电动势与温度差近似呈线性关系。即

$$\varepsilon = \alpha \cdot \Delta T \qquad (2.22.2)$$

　　在实际应用中常用热电偶的这一性质做成热电偶温度计。

2. UJ31 型箱式电势差计的工作原理

　　电势差计是根据补偿原理并应用比较法，将待测电动势或电压与标准电动势或电压相比较来进行测量的仪器。如图 2.22.2 所示，将待测电压 E_x 与可调标准电动势并联，并在该回路中连接一个检流计 G，调节标准电动势的输出电压 E_0，当检流计的指针指 "0" 时，表示 G 中无电流通过，此时有 $E_x = E_0$，两者极性相反，这时称为相互补偿，这种测量方法称为补偿法。

　　采用补偿法对电动势(或电压)进行高准确度测量时，除需用补偿原理外，还要有高准确度的可调标准电源、高准确度的读数装置以及灵敏度足够高的检流计。箱式电势差计就是根据这种原理和要求做成的。

　　箱式电势差计是利用补偿测量原理做成的一个精密而且使用方便的仪器。它虽然有多种型号，但一般都包括三个部分，如图 2.22.3 所示。

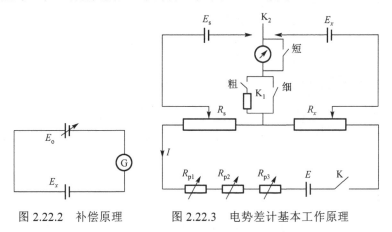

图 2.22.2　补偿原理　　　　图 2.22.3　电势差计基本工作原理

　　①工作电流调节回路：由工作电源 E、调节电阻 R_p、标准电阻 R_s 及补偿电阻 R_x 组成。

　　②标准工作电流回路：由标准电池 E_s、标准电阻 R_s 及检流计 G 组成。

③测量电压回路：由补偿电阻 R_x、被测电压 E_x 及检流计 G 组成.

这三部分是一个有机的整体，缺少任何一部分都不能完成电动势(或电压)的测量. 为了能从箱式电势差计上直接读出电动势 E_x(或电压 U_x)，需要先用标准电池的电动势来校准电势差计的工作电流 I. 例如，在测量时室温为 20℃，查得此时标准电池的电动势为 1.0186V，则选取标准电阻 R_s 在校正回路中的阻值为 101.86Ω，然后接通 K、K_1，将 K_2 倒向"标准"，调节可调节电阻 R_p，以改变工作电流 I 的大小，直至检流计指针不偏转为止. 显然这时工作电流回路中电流大小为

$$I = \frac{E_s}{R_s} = \frac{1.0186\text{V}}{101.86\Omega} = 0.010000\text{A} \tag{2.22.3}$$

因而精密补偿电阻在测量回路中的部分压降为 $0.010000 \times R_x$. 当用校准过的电势差计测量电动势(或电压)时，可将 K_2 倒向"未知"，调节补偿电阻 R_x 在待测回路中的阻值，使得电势差计待测回路处于补偿状态，则从电阻的转盘上就可直接读出待测电动势(或电压)的值.

【仪器及工具】

UJ31 型电势差计、直流稳压电源、检流计、标准电池、导线、温度计、水杯等(图 2.22.4).

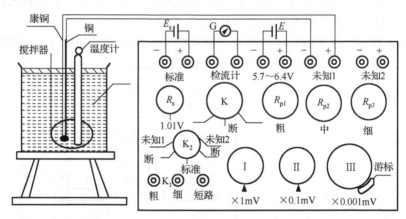

图 2.22.4　用 UJ31 型电势差计测温差电动势

【实验内容】

(1)按图 2.22.4 安排仪器、用具、连接线路. 注意区分热电偶两个接触端的正负极性.

(2)测量前先调整检流计指针正对"0"位，将 K 旋至"×1"处，K_2 指在"标准"，再根据标准电池的电动势的值调节 R_s.

（3）校准工作电流：断续按下 K_1 的"粗"按钮，先调节 R_{p1}（粗），再调节 R_{p2}（中），最后调节 R_{p3}（细），使检流计指针指零．这一步的关键是先观察检流计指针偏转方向，再调节 R_{p1} 和 R_{p2} 使检流计指针向零点靠近，然后按"细"按钮调节 R_{p3} 使检流计指针指示为零，使标准工作电流回路达到补偿状态．

（4）取刚烧开的热水（温度 $t>80℃$），让热水自然冷却，在冷却过程中进行测量．

（5）当热水温度为 80℃左右时开始测量温差电动势．不要调动 R_{p1}、R_{p2}、R_{p3} 的转盘，将 K_2 指向"未知 1"或"未知 2"（热电偶接"未知 1"，K_2 指向"未知 1"；热电偶接"未知 2"，K_2 指向"未知 2"），依次调节转盘Ⅰ、Ⅱ、Ⅲ，使测量电压回路处于补偿状态．从电势差计的转盘上读出温差电动势 ε_i，同时记下此时热电偶高温端的温度 t_i．

（6）重复步骤（3）和步骤（5），当热水温度每下降 5℃左右时测一组温差电动势的值．同时记下热电偶高温端的温度 t_i，测量 8～10 组数据．

【实验数据及处理】

（1）将所测数据填入表 2.22.1 中．

表 2.22.1　温差电动势测量数据记录表

t_1 /℃	t_2 /℃	$(\Delta t = t_2 - t_1)$ /℃	ε / mV

（2）以室温或冰水混合物的温度为热电偶低温端的温度（实验室中常将热电偶的低温端放在空气中），绘出温差电动势和温度差的曲线，即 $\varepsilon\text{-}\Delta t$ 关系曲线，用图解法算出温度每升高 1℃时温差电动势的增加值．

【思考讨论】

（1）电势差计的工作原理是什么？箱式电势差计是由哪三部分构成的？在使用电势差计时如何校准工作电流，使工作回路达到怎样的状态？在进行测量时 K_2 应置于什么位置？调节哪个旋钮使哪个回路达到补偿状态？

（2）电势差计在使用过程中，必须使用标准电池，标准电池的输出电动势与其所处环境温度有关，其计算公式是什么？如果环境温度为 18℃，则它输出的电动势为多少伏特？此时在校准电势差计时，R_s 应为多少欧姆？

(3)在电势差计的校准过程中，无论怎样调节 R_p，检流计的指针总是向一个方向偏转可能的原因是什么？

(4)用电源、滑线变阻器、开关、标准电阻、电势差计设计一个电路来校正某一电流表．要求：①画出电路图；②推导测量公式；③校正步骤．

【探索创新】

补偿法是实验中一种重要的实验方法，电势差计是利用这种方法的一种典型仪器．请学生自己设计一个利用电势差计测量一个电学量(如电阻、电阻率等)的实验．

【拓展迁移】

韩雨龙，薛志超，文丰．2020．低功耗热电偶无线传感器节点设计与实现．电子测量技术，347(15):137-142.

罗晓琴，谢英英．2013．电势差计测电阻的两种简易电路.实验科学与技术，11(01)：36-38.

【主要仪器介绍】

1. UJ31 型电势差计

UJ31 型电势差计是一种测量低电势的电势差计．它的测量范围为 1μV～17mV(K 旋至×1)或 10μV～170mV(K 旋至×10)．使用 5.7～6.4V 的外接电源，总工作电流为 10mA．其面板图如图 2.22.5 所示，它和工作原理图相应部分的对照如表 2.22.2 所示．

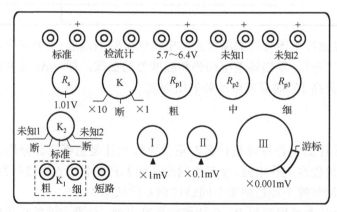

图 2.22.5　UJ31 型电势差计面板图

表 2.22.2　电势差计原理图与面板图对照表

原理图	面板图
R_s	标有 R_s 的旋钮,用来调节 R_s 两端电压,使与标准电动势补偿
R_x	标有 Ⅰ、Ⅱ、Ⅲ 的三个转盘.用来调节 R_s 两端电压,使与未知电动势 E_x 补偿
R_p	标有 R_{p1}、R_{p2}、R_{p3} 的三个旋钮,用来调节工作电流
K	标有 K 的旋钮."断"为切断工作电源.两个接通位置中"×10"比"×1"量程大 10 倍
K_1	标有 K_1 的两按钮中,粗按钮串有保护电阻,先按它,以保护标准电池和检流计
K_2	标有 K_2 的旋钮.与标准电动势补偿时,应指"标准";与未知电动势补偿时,应指"未知 1"或"未知 2". K_2 是选择开关

　　面板上方的一排接线柱分别外接标准电池 E_s、检流计 G、工作电源 E 和两个未知电动势.左下方短路按钮能使检流计两端接通,按下短路按钮,摆动的检流计指针迅速停下来.

　　2.标准电池

　　标准电池是一种化学电池,由于其电动势比较稳定、复现性好,长期以来在国际上用作电压标准.在温度恒定时,标准电池的输出电动势稳定.但它对温度非常敏感,标准电池的电动势 $E_s(t)$ 要按下述公式计算(0~40℃):

$$E_s(t) = E_s(20) - [\alpha(t-20) + \beta(t-20)^2 - \gamma(t-20)^3] \times 10^{-6}\,\text{V} \qquad (2.22.4)$$

式中,$E_s(t)$ 表示 t 时标准电池的电动势值;$E_s(20)$ 表示在 20℃时标准电池的电动势.BC_{18}^9 型的标准电池 $E_s(20)$=1.0186V,系数 α、β、γ 分别为 α=40.6,β=0.95,γ=0.01.

　　标准电池的准确度和稳定性与使用和维护情况有很大关系.因此在使用和存放时必须注意以下几点:

　　(1)标准电池由于内阻高,在充放电的情况下会极化,因而它只能作为电动势或电压的比较标准,不能作为电源用,不能用电压表测量其电压,更不能短路;

　　(2)不能摇晃震动,更不能倒置;

　　(3)必须在温度波动小的条件下保存,应远离热源,避免太阳光直照;

　　(4)使用时正负极决不允许接反.

【注意事项】

　　(1)在测数据时,必须将水加热后,在自然冷却过程中一次性测出 8~10 组数据,不能在测量过程中反复进行加热.

　　(2)在测完一组数据后,一般要求重新校准电势差计的工作电流,即重复实验内容(3),但在测量电动势的过程中决不允许调节 R_{p1}、R_{p2}、R_{p3} 的转盘.(为什么?)

(3)请注意电势差计工作电源电动势的调节，以及标准电池使用注意事项.

(4)做完实验后，将开关 K_2 转到断开.

2.22.2　干电池电动势及内阻的测量

【实验目的】

(1)掌握直流电势差计的工作原理和组成特点.

(2)学会用补偿法测量电动势和电压的原理和方法.

【实验原理】

1. 直流电势差计工作原理

直流电势差计工作原理可参照 2.22.1 直流电势差计工作原理部分的叙述，也可参照图 2.22.6.

2. 干电池电动势及内阻测量原理

设干电池电动势为 E，内阻为 r. 用标准电阻箱与干电池组成图 2.22.7 所示的电路，根据全电路欧姆定律 $I = E / (R+r)$，电源的内阻与电源的电动势 E 和端电压 U 之间有如下关系：

$$r = \frac{E-U}{I} = \frac{R(E-U)}{U} \tag{2.22.5}$$

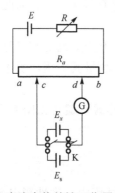
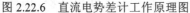

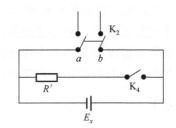

图 2.22.6　直流电势差计工作原理图　　　图 2.22.7　测干电池电动势和内阻

只要用电势差计测出干电池的电动势 E 和端电压 U，即可由上式求出干电池的内阻 r. 但由于干电池的内阻 r 在电池工作时不是个常数，它随输出电流大小和电池电量的消耗而变，因此本实验要求测量干电池内阻随输出电流 I 的变化曲线.

【仪器及工具】

87-1 型学生电势差计、标准电池、干电池、电阻箱、直流稳压电源、导线若干.

【实验内容】

用标准电阻箱与干电池组成图 2.22.7 所示的电路. 整个实验用图 2.22.7 取代图 2.22.9 中的 E_x.

1. 校准学生式电势差计(称校准)

使用电势差计之前，先进行校准，使电流达到规定值. 先放好 R_A、R_B 和 R_C，使其电压刻度等于标准电池电动势，取掉检流计上短路线，用所附导线将 K_1、K_2、K_3、G、R、R_b 和电势差计等各相应端钮间按原理线路图进行连接，经反复检查无误后，接入工作电源 E，标准电池 E_s 和待测电动势 E_x，R_b 先取电阻箱的最大值(使用时如果检流计不稳定，可将其值调小，直到检流计稳定为止)，合上 K_1、K_3，将 K_2 推向 E_s(间歇使用)，并同时调节 R，使检流计无偏转(指零)，为了增加检流计灵敏度，应逐步减少 R_b，如此反复开、合 K_2，确认检流计中无电流流过时，则 I_0 已达到规定值.

2. 测量干电池电动势(称测量)

按待测电动势的近似值放好 R_A、R_B、R_C，R_b 先取最大值，K_2 推向 E_x 并同时调电势差计 R_A、R_B、R_C 和 R_b 使检流计无偏转(在测 E_x 的步骤中 R 不能变动)，此时 R_A、R_B 和 R_C 显示的读数值即为 E_x 值，测盘结束应打开 K_1、K_2、K_3.

重复"校准"与"测量"两个步骤. 共对 E_x 测量三次,取 E_x 的平均值作为测量结果.

3. 测量干电池的内阻

(1) 把电阻箱的阻值调至 1500Ω，先对电势差计进行标准化.

(2) 闭合开关 K_4，依次取 R 值为：1500Ω，150Ω，75Ω，30Ω，20Ω，15Ω，7.5Ω，5Ω，用电势差计分别测量干电池的端电压 U.

4. (选做)用电势差计校准电流表、电压表

(1)用电势差计对实验室提供的电流表进行校正,设计出校正电流表的电路原理图.

(2)根据测量数据画出校准表的校准曲线，定出校准表的准确度级别.

【实验数据及处理】

(1)列表记录测量数据，并求出 R 各阻值下的干电池内阻 r 的值.

(2)根据欧姆定律 $U=IR$ 求出对应各个 R 值的电流 I，以电流 I 为横坐标，内阻 r 为纵坐标，作出 r-I 曲线.

(3)根据测量数据画出校准表的校准曲线，定出校准表的准确度级别.

【思考讨论】

(1)在电势差计调平衡时发现检流计指针始终朝一个方向偏转，这是什么原因？

(2)电势差计的直接测定量是什么？如何用它测量其他电量？试画出其电路图.

【探索创新】

干电池电动势和内阻是其基本参量. 除了本实验所讲的测量方法外，请学生自己设计测量干电池内阻和电动势的测量方法，并画出测量电路图. 学生根据实验的制作、研究，提出自己的新思想、新实验方法等.

【拓展迁移】

黄北京，彭长礼，王利峰.2020. 用 Arduino 辅助快速测定干电池的电动势和内阻. 中学物理，(03):56-57.

张凤云，罗伟，牟海维.2016. 干电池电动势及内阻的测量与研究. 大学物理实验，29(06):33-35.

朱林.2019. 电阻箱在板式电势差计测干电池内阻实验中的应用.内江科技,(09): 34-35.

【主要仪器介绍】

87-1 型学生式电势差计面板图如图 2.22.8 所示. 87-1 型学生式电势差计其内部电路如图 2.22.9 虚线内所示. 电阻 R_A、R_B、R_C 相当于图 2.22.6 中的电阻 R_{ab}，可见 BA^+ 和 R^- 两个接头相应于图 2.22.6 的 ba 两点，E^-、E^+ 两个接头则相应于 c、d 两点.

R_A 全电阻是 320Ω，分 16 挡，每挡 20Ω；R_B 全电阻是 20Ω，分 10 挡，每挡 2Ω 电阻；R_C 为滑线盘电阻，电阻值为 2.2Ω. R_B 电阻在测量时，会随测量挡的变化而变化，这势必引起如图 2.22.6 中 a、b 间电阻变化，破坏了工作电流 I_O 不变的规定. 为此，引入 R_B' 所谓的替代电阻. R_B 和 R_B' 同轴变化，当 R_B 每增加一挡电阻时，R_B' 则减少一挡电阻，反之亦然. 保证 R_B 不论处于哪一挡，R_B+ R_B'=20Ω 不变，确保图 2.22.6 中 a、b 间总电阻值不变.

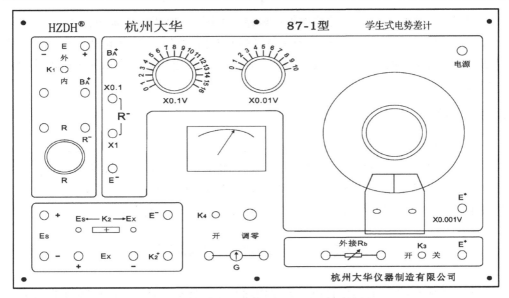

图 2.22.8　87-1 型学生式电势差计面板图

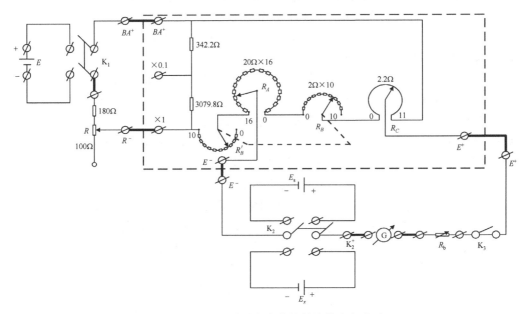

图 2.22.9　87-1 型学生式电势差计的内部电路

为了实施量程变换，在产生测量补偿电压支路上并联了一条分流支路. 当位于×1 挡时，流过测量补偿电压支路的电流为 5mA，分流支路电流为 0.5mA；当位于×0.1 挡时，流过补偿电压支路电流为 0.5mA，流过分流支路电流 5mA. 显然，后者量程由于电流减少到十分之一，量程也减少十分之一.

使用学生电势差计时，必须加外接电路，如图 2.22.8 所示. 而 R_A、R_B、R_C(由 c 到 d)和外电路的检流计 G、保护电阻 R_b 等组成补偿回路. K_1 为电源开关，K_2 可保持 E_s 和 E_x 迅速替换，K_3 作检流计的开关，R_b 是可变电阻箱，用以保护检流计和标准电池.

【注意事项】

(1)不使用本仪器时，检流计一定要短路，否则检流计处于开路状态.

(2)标准电池只能短时间通过 1μA 左右的电流，否则将影响标准电池的精度，直到造成永久性电动势衰落. 所以，校准中要注意选用"R_b"，使用 K_2 要快，以保护标准电池，不能用伏特计测它的电动势，要防止标准电池震动.

2.23　霍尔效应及其应用

霍尔效应是霍尔(E. H. Hall，美国物理学家，1855~1938)于 1879 年在研究金属的导电机制时发现导电材料中的电流与磁场相互作用而产生电动势的一种磁电效应. 利用半导体材料制成了霍尔元件，其霍尔效应显著、结构简单、形小体轻、无触点、频带宽、动态特性好、寿命长，因而被广泛地应用于自动化技术、检测技术、传感器技术及信息处理等方面.

在霍尔效应发现约 100 年后，德国物理学家克利青(K. von Klitzing, 1943~)等在研究极低温度和强磁场中的半导体时发现了量子霍尔效应，这是当代凝聚态物理学令人惊异的进展之一. 之后，美籍华裔物理学家崔琦(D. C. Tsui,1939~)、美国物理学家劳克林(R. B. Laughlin，1950~)、德国物理学家施特默(H. L. Störmer，1949~)在更强磁场下研究量子霍尔效应时发现了分数量子霍尔效应，这个发现使人们对量子现象的认识更进一步. 张首晟教授预言"量子自旋霍尔效应"的存在，之后被实验证实. 这一成果是美国《科学》杂志评出的 2007 年十大科学进展之一. 如果这一效应在室温下工作，它可能导致新的低功率的"自旋电子学"计算设备的产生. 工业上应用的高精度的电压和电流型传感器有很多就是根据霍尔效应制成的，误差精度能达到 0.1%以下.

目前，利用半导体材料制成的霍尔元件，已广泛用于测量磁场、电流强度、功率以及信号转换、放大等技术领域，霍尔效应在传感器、自动化控制、计算机技术以及汽车工业等方面的应用也越来越多.

2.23.1　螺线管轴向磁感应强度分布研究

【实验目的】

(1)掌握霍尔效应的产生机理以及霍尔器件的工作原理.

(2)用霍尔效应测量霍尔元件的 V_H-I_S 和 V_H-I_M 曲线，以及螺线管的轴向磁感应强度分布.

(3)学习用"对称测量法"消除副效应对测量结果的影响.

【实验原理】

1. 霍尔效应原理

如图 2.23.1 所示，将厚为 d，宽为 b 的半导体薄片放在垂直于它的磁场中(磁场的方向如图)，若给薄片通上横向电流 I_S，而电流 I_S 是由载流子的定向运动形成的，则载流子将受洛伦兹力而发生偏转，从而在薄片上、下表面聚集一定量的正、负电荷，在薄片的 A、A' 两极之间形成附加纵向电场 E_H，与之对应的 A、A' 两极之间就存在一个电势差 V_H，这个电势差叫做霍尔电压. 纵向电场 E_H 将阻止载流子的偏转，当载流子受到的纵向电场力和洛伦兹力相等时，薄片上聚集的电荷量达到平衡，此时有

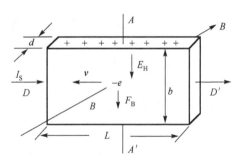

图 2.23.1　霍尔效应产生原理示意图

$$eE_H = evB \tag{2.23.1}$$

图中 v 为载流子的漂移速度. 设薄片内载流子浓度为 n，控制电流 $I_S = nevbd$，载流子定向漂移速度为

$$v = \frac{I_S}{nebd} \tag{2.23.2}$$

E_H 与 V_H 的关系为

$$V_H = E_H b \tag{2.23.3}$$

由式(2.23.1)～(2.23.3)得

$$V_H = \frac{1}{ne}\frac{I_S B}{d} = \frac{R_H}{d} I_S B \tag{2.23.4}$$

其中 $R_H = \dfrac{1}{ne}$, R_H 叫做霍尔系数.

这种将载流薄片放在磁场中而出现纵向电压的现象，称为霍尔效应. 这种半导体薄片称为霍尔元件. 当一个霍尔元件做成时，其霍尔系数 R_H 和厚度 b 都已确定.

令 $K_H = \dfrac{R_H}{d}$, K_H 称为霍尔元件的灵敏度，它表示霍尔元件在单位工作电流和单位磁感应强度下输出的霍尔电压，得

$$V_H = K_H I_S B \tag{2.23.5}$$

由式(2.23.5)可得

$$B = \frac{V_H}{K_H I_S} \tag{2.23.6}$$

可见，给定工作电流 I_S 和霍尔元件灵敏度 K_H ，测出 V_H ，即可测得 B .

2. 霍尔电压 V_H 的测量

在实际实验中，伴随霍尔效应会产生各种副效应，使测得的 A 、 A' 两电极间的电压不是真实的霍尔电压. 如图 2.23.2 所示，由于 A 、 A' 两电极的位置不在一个理想的等势面上，即使不加磁场，只要有电流 I_S 通过，就有电压 $V_0 = I_S r$ 产生(r 为 A 、 A' 所在等势面之间的电阻). 所以，在测量 V_H 时，就叠加了 V_0 ，使得 V_H 值偏大(V_H 与 V_0 同号)或偏小(V_H 与 V_0 异号). 当然，还有其他的副效应也会给测量带来误差，但在磁感应强度和控制电流不太大的情况下，所有这些副效应给测量带

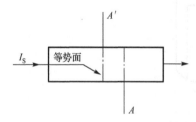

图 2.23.2　副效应产生原理示意图

来的误差都可以用电流 I_S 和磁场 B 换向的对称测量法予以消除. 具体地说，就是保持电流 I_S 和磁场 B (即 I_M)的大小不变，在设定电流 I_S 和磁场 B 的正方向后，依次改变 I_S 和 B 的方向，分别测得 A 、 A' 之间电压 V_1 、 V_2 、 V_3 、 V_4 ，即

$$+ I_S , + B , \text{有} V_1$$
$$+ I_S , - B , \text{有} V_2$$
$$- I_S , - B , \text{有} V_3$$
$$- I_S , + B , \text{有} V_4$$

霍尔电压 V_H 为

$$V_H = \frac{1}{4}(|V_1| + |V_2| + |V_3| + |V_4|) \tag{2.23.7}$$

通过这种对称法测得的 V_H ，虽然还存在个别无法消除的副效应，但其引入的

误差甚小，可以忽略不计.

【仪器及工具】

TH-S 型螺线管磁场实验组合实验仪、霍尔效应测试仪等.

【实验内容】

1. 测量霍尔器件输出特性曲线

(1)测绘 V_H-I_S 曲线. 转动旋钮 X_1、X_2，将霍尔器件移到螺线管的中心位置，调节 I_M 旋钮，让 $I_M=0.800$A，测试过程中保持霍尔器件在螺线管的中心位置不变. 调节 I_S，用对称法测出相应的 V_1、V_2、V_3 和 V_4，将数据填入表 2.23.1 中.

(2)测绘 V_H-I_M 曲线. 调节 I_S 旋钮，让 $I_S=10.00$mA，保持霍尔器件在螺线管的中心位置不变. 调节 I_M，用对称测量法测量出相应的 V_1、V_2、V_3 和 V_4，将数据填入表 2.23.2 中.

2. 测绘螺线管轴线上磁感应强度的分布

取 $I_S=10.00$mA，$I_M=0.800$A，测试过程中 I_S 和 I_M 保持不变. 移动霍尔元件在螺线管中的位置，用对称测量法测出霍尔元件在螺线管中不同位置处(具体位置见数据记录表 2.23.3)的 V_1、V_2、V_3 和 V_4 值，将测量数据填入表 2.23.3 中.

【实验数据及处理】

1. 数据记录

表 2.23.1　测绘 V_H-I_S 曲线　　　　　　　　　　($I_M=$_____A)

I_S/mA	V_1/mV	V_2/mV	V_3/mV	V_4/mV	V_H/mV
	$+I_S$, $+B$	$+I_S$, $-B$	$-I_S$, $-B$	$-I_S$, $+B$	
3.00					
4.00					
5.00					
6.00					
7.00					
8.00					
9.00					
10.00					

表 2.23.2　测绘 V_H-I_M 曲线　　　　　　　(I_S =_____mA)

I_M/A	V_1/mV	V_2/mV	V_3/mV	V_4/mV	V_H/mV
	$+I_S$, $+B$	$+I_S$, $-B$	$-I_S$, $-B$	$-I_S$, $+B$	
0.20					
0.30					
0.40					
0.50					
0.60					
0.70					
0.80					
0.90					
1.00					

表 2.23.3　测绘螺线管轴向磁场的分布　　　　(I_S=_____mA, I_M =_____A)

X_1 /cm	X_2 /cm	X /cm	V_1/mV	V_2/mV	V_3/mV	V_4/mV	V_H /mV	磁感应强度 B/kGs
			$+I_S$, $+B$	$+I_S$, $-B$	$-I_S$, $-B$	$-I_S$, $+B$		
0.00	0.00							
0.50	0.00							
1.00	0.00							
1.50	0.00							
2.00	0.00							
5.00	0.00							
8.00	0.00							
11.00	0.00							
14.00	0.00							
14.00	3.00							
14.00	6.00							
14.00	9.00							
14.00	12.00							
14.00	12.50							
14.00	13.00							
14.00	13.50							
14.00	14.00							

2. 数据处理

(1)根据表 2.23.1 和表 2.23.2 中的数据，绘制出 V_H-I_S 曲线和 V_H-I_M 曲线.

(2)计算出表 2.23.3 中的 V_H 和 B 的值，绘制出 B-X 曲线，给出螺线管端口的磁感应强度 B_0 和螺线管中心位置的磁感应强度 $B_中$，并验证 $B_中 = 2B_0$ 是否成立.

(3)螺线管中心的磁感应强度的理论值为 $B'_中 = \mu_0 NI$（N 为螺线管的匝数密度，$\mu_0 = 4\pi \times 10^{-7} \, \text{N/A}^2$），把相关数据代入，算出 $B'_中$，将螺线管中心的磁感应强度的测量值 $B_中$ 与理论值 $B'_中$ 进行比较，算出百分误差.

【思考讨论】

(1)利用霍尔效应测磁场的原理公式为＿＿＿＿＿＿＿＿＿，长直螺线管中心磁感应强度的理论计算公式为＿＿＿＿＿＿＿.

(2)在霍尔电压的测量中，由于存在不等位电势 V_0 而引起的误差属于系统误差，在本实验中为了消除不等位电势带来的误差，采用 I_M 和＿＿＿＿＿换向的＿＿＿＿＿测量法.

(3)在测绘 V_H-I_S 曲线和 V_H-I_M 曲线时，霍尔器件应放在螺线管的＿＿＿＿＿＿位置.

(4)霍尔电压 V_H 的正负与哪些因素有关？

【探索创新】

永磁体广泛应用于能源、交通、家电、医学等众多领域，表面磁场强度是永磁体重要的磁性能参数之一，测量的准确与否直接影响着产品的质量与应用前景. 目前，磁材组件表面磁场强度测试常用的是霍尔效应法. 同学们可以设计一个实验来测定一个永磁体的磁场分布.

【拓展迁移】

宿刚. 2020. 铁(211)薄膜的反常霍尔效应. 通化师范学院学报，(08):40-44.

孙梦翔，陈杭武，等. 2020. 霍尔效应法永磁体表面磁场强度分布的测试. 电工材料，(03): 28-30+34.

赵振起，迟超，董新平，等. 2020. 一种应用于复杂环境的霍尔电流传感器设计. 科学技术创新，(18):31-32.

【主要仪器介绍】

TH-S 型实验仪结构如图 2.23.3 所示，该实验仪的螺线管长为 28cm，其单位长度上线圈匝数 N 标注在实验仪上. 霍尔元件的灵敏度 K_H(20℃附近)在实验仪上已标注.

线管中的磁感应强度 B 由电流 I_M 产生，改变 I_M 的大小和方向，B 的大小和方向随之改变.

霍尔元件探头从螺线管的右端移到左端,为调节顺手,可先调节 X_1 旋钮,再调节 X_2 旋钮,调节范围 0.00~14.00cm;反之,要使探头从螺线管左端移到右端,可先调节 X_2 旋钮,再调节 X_1 旋钮.探头位于螺线管右端、中心及左端,测距尺指示值见表 2.23.4.

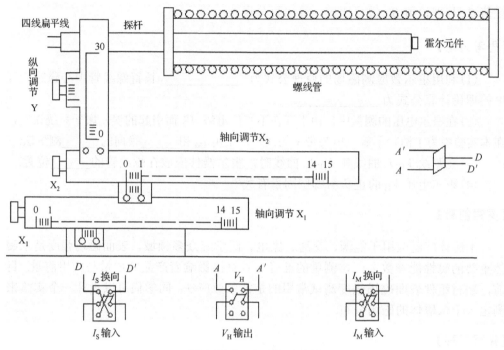

图 2.23.3　实验仪示意图

表 2.23.4　测距尺读数

位置		右端	中心	左端
测距尺读数	X_1/cm	0.00	14.00	14.00
	X_2/cm	0.00	0.00	14.00

【注意事项】

(1)若 B 的单位用 kGs,则 I_S 单位用 mA,V_H 单位用 mV,K_H 单位为 mV/(mA·kGs).

(2)仪器开机前,应将 I_S、I_M 调节旋钮逆时针方向旋转到底,使其输出电流最小,再开机实验;仪器关机前,也应将 I_S、I_M 调节旋钮逆时针方向旋转到底,使其输出电流最小时切断电源.

2.23.2　半导体特性研究

【实验目的】

(1)掌握霍尔效应的产生机理以及霍尔器件的工作原理.

(2)用霍尔效应测量载流子的浓度和迁移率.

【实验原理】

1. 霍尔效应原理

霍尔效应原理参见 2.23.1 节中霍尔效应测量磁感应强度部分.

2. 霍尔元件的电导率 σ

如图 2.23.1 所示,在 D、D'两电极间的一段样品材料上加上电压 V_σ,对应的电阻 $R = V_s/I_R$.由于电导率 σ 与电阻率 ρ 互为倒数,样品的电导率 σ 为

$$\sigma = \frac{1}{\rho} = \frac{L}{bdR} = \frac{I_S L}{V_\sigma bd} \tag{2.23.8}$$

3. 载流子浓度 n

由式(2.23.1)得

$$V_H = R_H \frac{B}{d} I_S \tag{2.23.9}$$

测出霍尔电压 V_H,即可得到霍尔系数 R_H,由 $R_H = \frac{1}{ne}$ 可得

$$n = \frac{1}{R_H e} \tag{2.23.10}$$

式(2.23.10)是假定所有的载流子都具有相同的漂移速度得到的,若考虑载流子速度的统计分布规律,需要引入一个修正因子,即

$$n = \frac{3\pi}{8} \frac{1}{|R_H| e} \tag{2.23.11}$$

将测得的霍尔系数 R_H 和载流子的带电量 e 代入式(2.23.11)即可确定出样品的载流子浓度 n.

4. 载流子的迁移率

迁移率是指载流子(电子和空穴)在单位电场作用下的平均漂移速度,即载流子在电场作用下运动速度快慢的量度,运动得越快,迁移率越大;运动得越慢,迁移率越小. 同一种半导体材料中,载流子类型不同,迁移率不同,一般是电子的迁移率高于空穴.

电导率 σ 与载流子浓度 n 以及迁移率 μ 之间有如下关系:

$$\sigma = nqu \tag{2.23.12}$$

电导率 $\sigma = \dfrac{1}{\rho}$,测出 σ 即可得出迁移率 $\mu = \dfrac{\sigma}{nq}$,其国际单位为 $m^2/(V \cdot s)$. 考虑到载流子速度的统计分布规律,需要引入一个修正因子,迁移率为

$$\mu = \frac{8|R_H|\sigma}{3\pi} \tag{2.23.13}$$

【实验仪器】

TH-s 型霍尔效应实验组合仪.

【实验内容】

1. 测量霍尔元件的电导率 σ

将测试仪的"功能切换"置于 V_σ,在磁感应强度为零(即 I_M=0)的情况下,取 I_S＝2.00mA,测出 V_σ. 实验中,D、D' 两电极间距 L＝3.0mm,实验仪器中样品的厚度 d＝0.5mm,宽度 b＝4.0mm.

2. 描绘 V_H-I_S 曲线,由 R_H 确定样品的载流子浓度 n

取 I_M＝0.6A,并保持 I_M 值不变(即 B 给定,B 的大小与励磁电流 I_M 的关系由仪器制造厂家给定,并标明在实验仪器上),d＝0.5mm. 将数据记入表 2.23.5 中,测绘出 V_H-I_S 曲线.

【实验数据及处理】

1. 数据记录

表 2.23.5　测绘 V_H-I_S 曲线　　　　　　　　　　　　　(I_M＝_____A)

I_S/mA	V_1/mV	V_2/mV	V_3/mV	V_4/mV	V_H/mV
	$+I_S, +B$	$+I_S, -B$	$-I_S, -B$	$-I_S, +B$	
3.00					

续表

I_S/mA	V_1/mV	V_2/mV	V_3/mV	V_4/mV	V_H/mV
	$+I_S, +B$	$+I_S, -B$	$-I_S, -B$	$-I_S, +B$	
4.00					
5.00					
6.00					
7.00					
8.00					
9.00					
10.00					

2. 数据处理

(1) 将测出的 V_σ 值和给定的相关数据代入式(2.23.8)，计算样品的电导率 σ.

(2) 根据表 2.23.5 中的数据，绘制出 V_H-I_S 图线，并在 V_H-I_S 图线取两点，求出斜率 k.

(3) 计算磁感应强度 B，并计算霍尔系数 R_H. 由式(2.23.9)可得

$$k = R_H \frac{B}{d} \qquad \text{或} \qquad R_H = \frac{kd}{B}$$

(4) 计算样品的载流子浓度和迁移率.

【思考讨论】

若已知通过霍尔元件样品的工作电流 I_S 和磁感应强度 B 的方向，如何判断样品的导电类型？

【探索创新】

在半导体材料研究中，载流浓度 n 是一个重要参数. 通过对霍尔系数的测量可以确定载流子的浓度. 由于半导体中载流子的浓度受杂质、温度等因素影响较大，因此霍尔效应为研究半导体的载流子浓度随杂质、温度等因素的变化提供了重要的测量方法.

霍尔系数 R_H 的正负取决于载流子电荷的正负. 当载流子为负电荷时，$R_H<0$；当载流子为正电荷时，$R_H>0$. 而霍尔电势差 U_H 的正负取决于 R_H 的正负，通过测量 U_H 的正负，可以确定载流子是正电荷还是负电荷. 通过测量发现，有的金属 R_H 为正，有的金属 R_H 为负. 霍尔系数的实验结果改变了长期以来人们一直认为金属导电只是电子导电的错误理解，而且证实了空穴导电机制. 空穴实际上相当于带正电的粒子，对于 n 型半导体，其载流子为带负电的电子；对于 p 型半导体，其载流子为带正电的空穴，所以利用霍尔系数的正负，可以判断半导体的导电类型.

【拓展迁移】

高茜，朱亚敏，喻纯旭，等. 2020. 霍耳效应实验中的对称性破缺研究. 大学物理，(06):39-43.

孙松松. 2019. 新型二维半导体材料载流子迁移率及光催化性质的理论研究. 成都：西南交通大学.

【注意事项】

(1)若 B 的单位用 kGs，则 I_S 单位用 mA，V_H 单位用 mV，K_H 单位为 mV/(mA·kGs)；计算样品的电导率 σ，霍尔系数 R_H，载流子浓度 n 和迁移率 μ 时，建议使用国际单位.

(2)仪器开机前，应将 I_S、I_M 调节旋钮逆时针方向旋转到底，使其输出电流最小，再开机实验；仪器关机前，也应将 I_S、I_M 调节旋钮逆时针方向旋转到底，使其输出电流最小时切断电源.

2.24　pn 结正向压降与温度关系研究

从 20 世纪 60 年代发展起来的 pn 结传感器具有灵敏度高、线性度好、热响应快和体积小等特点，尤其在温度数字化、温度自动化控制以及微机进行温度实时信号处理等方面有很强的优势. 除了 pn 结温度传感器外，常用的温度传感器还有热电偶、测温电阻器和热敏电阻等，根据它们各自的特点分别适用于不同的场合. 本实验是为介绍 pn 结温度传感器的工作原理而设置的，是集电学和热学为一体的综合性实验.

根据 pn 结的材料、掺杂分布、几何结构和偏置条件的不同，利用其基本特性可以制造多种功能的晶体二极管. 如利用 pn 结单向导电性可以制作整流二极管、检波二极管和开关二极管，利用击穿特性制作稳压二极管和雪崩二极管；利用高掺杂 pn 结隧道效应制作隧道二极管；利用结电容随外电压变化效应制作变容二极管. 利用半导体的光电效应与 pn 结相结合还可以制作多种光电器件. 如利用前向偏置异质结的载流子注入与复合可以制造半导体激光二极管和半导体发光二极管；利用光辐射对 pn 结反向电流的调制作用可以制成光电探测器；利用光生伏特效应可制成太阳能电池. 此外，利用两个 pn 结之间的相互作用可以产生放大、振荡等多种电子功能的元器件. pn 结是构成双极型晶体管和场效应晶体管的核心，是现代电子技术的基础.

【实验目的】

(1)在恒流供电情况下，验证其正向压降随温度呈线性关系.

(2)确定 pn 结的灵敏度和被测 pn 结材料的禁带宽度.

【实验原理】

1. pn 结

常用半导体材料有硅和锗. 硅和锗是 4 价元素, 当在硅或锗中掺杂 5 价元素(如磷、砷)的原子时, 半导体中的自由电子数大大超过空穴数, 这种半导体就称为电子型半导体(也叫 n 型半导体); 当在硅或锗中掺杂 3 价元素(如铝、铟)的原子时, 半导体中的空穴数大大超过电子数, 这种半导体就称为空穴型半导体(也叫 p 型半导体). 如果在一块半导体的两部分分别掺杂 3 价和 5 价元素的原子, 便形成 p 型半导体和 n 型半导体, 在 p 型和 n 型半导体的接界处就形成了 pn 结.

2. pn 结的测温原理

pn 结的重要特性就是单向导电性. 如图 2.24.1(a)所示, 将 pn 结的 p 区连接电源正极, n 区连接电源负极时(这种连接叫做正向偏置), 在 pn 结中就形成了正向导通电流 I_F, 且正向电流 I_F 随正向电压的增大而迅速增大; 如图 2.24.1(b)那样, 这种连接叫做反向偏置. 在 pn 结上加上反向电压时, pn 结中产生很微弱的电流, 且这一微弱的电流随着反向电压的增大而很快达到饱和, 这一微弱的电流称为反向饱和电流 I_m. 由此可见, pn 结只有在正向偏置时才有电流通过, 这就是 pn 结的单向导电性.

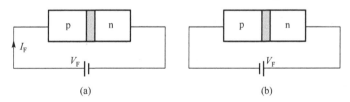

图 2.24.1　pn 结的正向偏置和反向偏置

理想的 pn 结正向电流 I_F 和正向压降 V_F 存在如下近似关系:

$$I_F = I_m e^{\frac{qV_F}{KT}} \tag{2.24.1}$$

式中, $K=1.38\times10^{-23}$J/K, 为玻尔兹曼常量, q 为电子带电量, T 为 pn 结周围的温度, I_m 为反向饱和电流, 其大小

$$I_m = CT^{\gamma}e^{-\frac{qV_g(0)}{KT}} \tag{2.24.2}$$

其中 C 是与半导体截面积、掺杂浓度等因素有关的常数; γ 为比热容比, 也是一个常数; $V_g(0)$ 为 pn 结周围的温度 $T=0$K 时, pn 结的能带结构中导带底、价带顶之间的电势差. 在半导体材料的能带理论中, 将有电子存在的能量区域称作价带, 空着

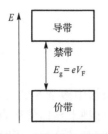

图 2.24.2　半导体的能带结构

的能量区域叫导带, 而电子不能存在的能量区域叫禁带, 如图 2.24.2 所示.

将式 (2.24.2) 代入式 (2.24.1), 两边取自然对数可得

$$V_F = V_g(0) - \left(\frac{K}{q} \ln \frac{C}{I_F} \right) T - \frac{KT}{q} (\ln T^\gamma) = V_1 + V_2 \tag{2.24.3}$$

其中, $V_1 = V_g(0) - \left(\dfrac{K}{q} \ln \dfrac{C}{I_F} \right) T$, $V_2 = -\dfrac{KT}{q} (\ln T^\gamma)$.

式 (2.24.3) 为 pn 结温度传感器的基本方程. 当正向电流 I_F 恒定时, V_1 为线性项, V_2 为非线性项, 这时正向压降只随温度的变化而变化, 但其中的非线性项 V_2 引起的非线性误差很小 (在室温下, $\gamma = 1.4$ 时求得的实际响应对线性的理论偏差仅为 0.048mV). 因此, 在 I_F 恒定情况下, pn 结的正向压降 V_F 对温度 T 的依赖关系只取决于线性项 V_1, 即

$$V_F = V_g(0) - \left(\frac{K}{q} \ln \frac{C}{I_F} \right) T \tag{2.24.4}$$

在 I_F 恒定的情况下, pn 结的正向压降 V_F 随温度 T 的升高而线性下降, 这就是 pn 结测温的依据.

令 $S = -\dfrac{K}{q} \ln \dfrac{C}{I_F}$ (S 称为 pn 结的灵敏度), 得到

$$V_F = V_g(0) + ST \tag{2.24.5}$$

对于式 (2.24.5), 当 $T = T_S$ 时, 有

$$V_g(0) = V_F(T_S) - S \cdot T_S \tag{2.24.6}$$

对式 (2.24.5) 微分, 得

$$\Delta V_F = S \Delta T \tag{2.24.7}$$

必须指出, 上述结论仅适用于掺入半导体中的杂质全部被电离, 且本征激发可以忽略的温度区间, 对于常用的硅二极管, 温度范围为 $-50 \sim 150$℃, 若温度超出此范围, 由于杂质电离因子减小或本征激发的载流子迅速增加, V_F-T 的关系将产生新的非线性项. 对于给定的 pn 结, 即使在杂质导电和非本征激发的范围内, 其线性度也会随温度的高低有所不同, 非线性项 V_{n1} 随温度变化的特征决定了 V_F-T 的线性度, 使得 V_F-T 的线性度在高温段优于低温段, 这是 pn 结温度传感器的普遍规律. 从式 (2.24.3) 可以看出, 正向电流 I_F 越小非线性项的影响越小, 所以减小 I_F, 可以改善线性度, 在实验中 I_F 取 50μA 较理想.

【实验仪器】

FB302a 型 pn 结正向压降温度特性和玻尔兹曼常量测量实验仪、TIP31 传感器、pn 结传感器等.

【实验内容】

1. 测量起始压降 $V_F(T_S)$ 和 ΔV 的调零

(1) 按要求连接线路，"风冷\断\低\高"选择开关置于"断". 打开电源开关(电源开关在机箱后面)，记录实验起始温度 T_S.

(2) 调节"I_F 调节"，使得 $I_F=50\mu A$，调节"补偿电压调节"至"低"位置，记录起始电压降 $V_F(T_S)$ 值.

(3) 调节"补偿电压调节"，使得 $\Delta V=0$.

若实验失败，需要重新进行测量时，pn 结所在处的温度在室温之上，这时可根据实验条件选取一个合适的起始温度(但起始温度不要超过 50℃)，记录下该温度值，即可开始测量，测量过程与上面完全相同.

2. 测定 ΔV-ΔT 曲线

(1) 开启"风冷\断\低\高"选择开关置于"低"位置，进行变温实验，并记录对应的 ΔV(通道 1)和温度 T，采用每改变 10mV 读取一组 ΔV 和 T 的值，可以减小误差.

(2) 记录对应的 ΔV 和 T，为了减小测量误差，便于处理数据，实验中按 ΔV 每改变 10mV 读取一组数据. 升温过程和降温过程各测一次，将数据填入拟定的表 2.24.1 中.

【实验数据及处理】

1. 数据记录

表 2.24.1　ΔV 和 T 的关系

(实验起始温度 t_S=___℃，$T_S=273.2+t_S$=___K；起始压降 $V_F(t_S)$=___ mV，I_F =___μA)

ΔV/mV	t 上升/℃	t 下降/℃	$\bar{t}$ /℃	$T=(273.2+\bar{t})$ /K	$\Delta T=(T-T_S)$/K
−10					
−20					
−30					

续表

$\Delta V/\text{mV}$	t 上升/℃	t 下降/℃	$\bar{t}$ /℃	$T=(273.2+\bar{t}$) /K	$\Delta T=(T-T_{\mathrm{S}})$/K
−40					
−50					
−60					
−70					
−80					
−90					
−100					
−110					
−120					

2. 数据处理

1)求被测 pn 结正向压降随温度变化的灵敏度 S(mV/K)

由实验数据作 ΔV-ΔT 图线：以 ΔV 为纵坐标，以 ΔT 为横坐标，在标准坐标纸上作出图线. 在图线上取两点，标出其坐标，计算出图线的斜率. 该直线斜率就是 pn 结的灵敏度 S. 注意：由于随着温度的升高，pn 结两端的电压降低，所以 $S<0$.

2)估算被测 pn 结材料的禁带宽度 ΔE_{g}

由半导体材料的能带理论可知，当温度接近热力学温度零度时，半导体和绝缘体都具有填满电子的满带和隔离满带与空带的禁带，如图 2.24.2 所示，通常把满带与禁带之间的能量宽度称为禁带宽度，并表示为

$$\Delta E_{\mathrm{g}} = eV_{\mathrm{g}}(0) \tag{2.24.8}$$

禁带宽度 ΔE_{g} 的物理意义：在热力学零度时，处于满带中的电子必须至少吸收 ΔE_{g} 的能量. 这样电子才能进入空带而成为导电的载流子. 因此，由实验测出 $V_{\mathrm{g}}(0)$，便可计算禁带宽度 ΔE_{g}. 由于 ΔE_{g} 的值很小，因此用"电子伏特(eV)"作为单位.

由式(2.24.6)计算出 $V_{\mathrm{g}}(0)$，再代入式(2.24.8)计算出禁带宽度 ΔE_{g}.

3)计算百分误差

绝缘体的禁带宽度为 3~6eV；半导体的禁带宽度比较窄，在 0.1~2eV，将实验所得到的测量值 ΔE_{g} 与本实验样品公认值 ΔE_{g} = 1.21eV 比较，计算百分误差.

【思考讨论】

(1)pn 结的测温依据是什么？pn 结温度传感器有什么普遍规律？

(2)实验时为什么要选用较小的正向电流？

(3)什么是 pn 结材料的禁带宽度？

【探索创新】

利用 pn 结的正向压降随温度升高而线性下降的特性制成二极管温度传感器. 学生可以根据 pn 结的正向压降随温度升高而线性下降的特性设计测温传感器,写出设计原理并在计算机上仿真.

【拓展迁移】

辜长明. 2010. LED 在基于光纤传输的照明系统中的应用.光学仪器,32(03):49-54.

史振江. 陈祖辉. 2010. 用 R-DCIV 方法研究 MOST 过渡层影响.现代电子技术,33(06):181-184.

杨春玲. 2019. 二极管传感器在温度测量前端电路设计中的应用.信息记录材料,(08):86-87.

【主要仪器介绍】

B302a 型 pn 结正向压降温度特性和玻尔兹曼常量测量实验仪.

实验仪由恒流源、基准电压和测量显示和 PID 智能温控器等单元组成,原理框图如图 2.24.3 所示. 恒流源提供正向 I_F,电流输出范围为 $0 \sim 1000 \mu A$,连续可调;V_F 液晶数字显示,双通道测量显示、记录、作图;电流-电压转换电路用于测量玻尔兹曼常量.

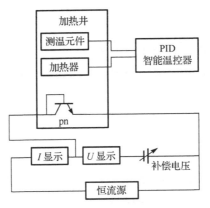

图 2.24.3 测试仪原理框图

基准电压源用于补偿被测 pn 结在起始温度 t_S 时的正向压降 $V_F(t_S)$,可通过面板上的"补偿电压调节"电位器实现 $\Delta V=0$. 若此时升温 $\Delta V<0$,而降温 $\Delta V>0$,表明正向压降随温度升高而下降.

【注意事项】

(1)为保持加热均匀,在整个实验过程中,升温速率不要太快,即控温电流一开始不可选择过大,且最高温度最好控制在 120℃ 之内.

(2)在实验过程中应保证 pn 结正向电流恒定,并保持在 50μA 上.

(3)ΔV 在实验开始时应调零,且在实验过程中 ΔV 不可再调节.

2.25 电子束的偏转及应用

1897 年英国剑桥大学卡文迪什物理实验室教授 J.J.汤姆孙首次利用磁偏转法测出电子荷质比并由此发现了电子,J.J.汤姆孙因此获得 1906 年诺贝尔物理学奖;后来,他的儿子 G.P.汤姆孙因发现电子的波动性于 1937 年也获得了诺贝尔物理学奖.电子在电场和磁场中的运动规律的研究,在示波管、显像管、电子显微镜、加速器和质谱仪等许多现代仪器设备中得到了广泛的应用.

通过该实验,可了解示波器的构造和工作原理,研究静电场对电子的加速作用,定量分析电子束在横向匀强电场作用下的偏转情况,以及在横向磁场作用下的运动和偏转情况.

在高科技成像、精密焊接、表面淬火、固化油墨、透射电镜制样、同步辐射光源、生物工程等诸多领域,其原理都涉及电子束的聚焦与偏转. 因此,本实验研究有着非常重要的科学意义.

【实验目的】

(1)了解示波管的结构、原理和使用方法;

(2)掌握电子束电偏转和磁偏转的规律,测定电偏转灵敏度、磁偏转灵敏度.

【实验原理】

1. 电偏转原理

电子束电偏转原理如图 2.25.1 所示. 在示波管(又称电子束管)的竖直偏转板(也可是水平的偏转板)加偏转电压,当加速后的电子以速度 v 沿 z 方向进入偏转板间后,受到电场力 $E(y$ 轴方向)的作用,电子运动轨迹发生偏移. 若偏转电场在偏转板范围内是均匀的,则电子在偏转板内做抛物线运动;在偏转板,电场为零,电子不受力(不考虑重力),做匀速直线运动.

假设电子刚从阴极逸出时速度很小,其动能可忽略不计. 但在加速电极(带较高的正电压)电场作用下,动能不断增大,根据能量守恒定律,动能的增量应等于它在加速电场中势能的减小，它应满足下列能量关系：

$$eV_2 = \frac{1}{2}mv^2 \tag{2.25.1}$$

则

$$v = \sqrt{\frac{2eV_2}{m}} \tag{2.25.2}$$

式中，e 为电子电量；V_2 为加速电压；m 为电子质量；v 为电子从加速极射出的速度.

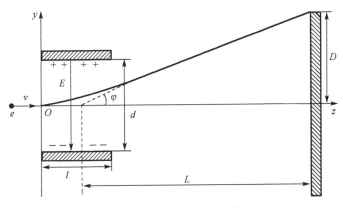

图 2.25.1　电子束的电偏转示意图

通常在示波管的偏转板上加偏转电压 V_d，当加速后的电子以速度 v 沿 z 方向进入偏转板后，受到偏转电场 E（图 2.25.1 为 y 轴方向，也可以在 x 轴方向）的作用，电场方向和运动方向垂直，电子一方面仍然以 v 速度继续向前做匀速运动，另一方面受电场力 F_E 的作用（式中 E 为偏转电场强度，d 为偏转板两板之间距离）.

$$F_E = eE = e\frac{V_d}{d} \tag{2.25.3}$$

使电子做抛物线运动，与物体平抛运动一样，即电子的运动轨迹发生偏转. 假定偏转电场在偏转板 l 范围内是均匀的，电子将做抛物线运动. 当电子离开偏转板后，即在偏转板外，电场为零，电子不受力，做匀速直线运动.

当电子离开偏转板时，设它的运动方向和 z 轴成 φ 角，则有

$$\tan\varphi = \frac{v_E}{v} \tag{2.25.4}$$

其中 v_E 为电子离开偏转板时在 y 轴方向的速度. 电子在偏转板之间穿过时，假定所用时间为 t，在 t 时间内电子在电场 E 作用下动量增加 mv_E，根据动量定理，应等于 F_E 的冲量，则

$$mv_E = F_E t = e\frac{V_d}{d}t \tag{2.25.5}$$

即

$$v_E = \frac{e}{m} \cdot \frac{V_d}{d}t \tag{2.25.6}$$

由于 t 是电子以速度 v 穿过偏转板所用的时间，则

$$v = \frac{l}{t} \tag{2.25.7}$$

将式(2.26.6)、(2.25.7)代入式(2.25.4)可得

$$\tan\varphi = \frac{v_E}{v} = \frac{e}{m} \cdot \frac{V}{dl}t^2 \tag{2.25.8}$$

将式(2.25.2)代入式(2.25.6)解得

$$t = \frac{l}{\sqrt{2eV_2/m}} \tag{2.25.9}$$

将式(2.25.9)代入式(2.25.8)可得

$$\tan\varphi = \frac{v}{V_2} \cdot \frac{l}{2d} \tag{2.25.10}$$

电子从偏转板出来后沿直线运动，直线倾角 φ 就是电子离开偏转区后的运动方向. 设电子打在屏上的距离为 D_E，则有

$$\tan\varphi = \frac{D_E}{L} \tag{2.25.11}$$

式中，L 为偏转板中心与屏的距离(忽略荧光屏的微小弯曲).

将式(2.25.10)代入式(2.25.11)可解得

$$D_E = L\tan\varphi = L\frac{v}{V_2}\frac{l}{2d} \tag{2.25.12}$$

令 $K_E = Ll/2d$，则荧光屏上电子束的偏转距离 D_E 可以表示为

$$D_E = K_E \frac{V_d}{V_2} \tag{2.25.13}$$

式中，V_d 为偏转电压，V_2 为加速电压，K_E 是与示波管结构有关的常数，称为电偏转常数. 为了反映电偏转的灵敏程度，定义

$$S_E = \frac{K_E}{V_2} = \frac{D_E}{V_d} \tag{2.25.14}$$

其中 S_E 称为电偏转灵敏度，单位为 m/V. 从式 (2.25.14) 中可知，因 K_E 为常数，则电偏转灵敏度 S_E 与加速电压 V_2 成反比，则有

$$D_E = S_E V_d \tag{2.25.15}$$

从式 (2.25.14) 与 (2.25.15) 可知，当 V_2 为某定值时，D_E 与 V_d 的关系是线性关系. 在垂直方向 (x 方向) 的横向电场作用下，在 X_1、X_2 之间单位电压产生的位移为水平电偏转灵敏度 S_{xE}. 同理，在垂直方向 (y 方向) 的横向电场的作用下，在 Y_1、Y_2 之间单位电压产生的位移为垂直电偏转灵敏度 S_{yE}.

2. 磁偏转原理

电子束磁偏转原理如图 2.25.2 所示. 通常在示波管瓶颈加一横向磁场，假定在 l 范围内是均匀的，在其他范围都为零. 当加速后的电子以速度 v 沿 z 方向垂直射入磁场时，将受到洛伦兹力作用，在均匀磁场 B 内做匀速圆周运动，其半径为

$$R = \frac{mv}{eB} \tag{2.25.16}$$

磁场强度为

$$B = kI \tag{2.25.17}$$

其中 k 是与线圈半径及匝数等有关的常量，I 为通过线圈的电流. 将式 (2.25.1) 与 (2.25.17) 代入式 (2.25.16)，根据图 2.25.2 的几何关系加以整理和化简，可得电子磁偏移的距离为

$$D_B = \frac{K_M I}{\sqrt{V_2}} \tag{2.25.18}$$

其中 K_M 为磁偏转常数，是一个与示波管结构有关的常数，可表示为

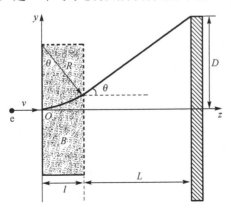

图 2.25.2　电子束的磁偏转示意图

$$K_M = \frac{Llk}{\sqrt{2}}\left(1 + \frac{l}{2L}\right)\sqrt{\frac{e}{m}} \tag{2.25.19}$$

为了反映磁偏转的灵敏程度，定义

$$S_B = \frac{D_B}{I} = \frac{K_M}{\sqrt{V_2}} \tag{2.25.20}$$

其中 S_B 称为磁偏转灵敏度，用 m/A 为单位. 由以上推导可知光点的移动距离与电流(横向磁场)成正比，与纵向电场的平方根成反比.

3. 磁聚焦与电子荷质比的原理

不受任何偏转电压的情况下，长直螺线管中的示波管正常工作时调节亮度与聚焦可在屏幕上得到一个小亮点. 若第二加速阳极 A$_2$ 的电压为 V_2，则电子的轴向运动速度 v_z 可表示为

$$v_z = \sqrt{\frac{2eV_2}{m}} \tag{2.25.21}$$

当给其中一对偏转板施加交变电压时电子将获得垂直于轴向的分速度 v_r，此时屏幕上会出现一条直线，再给长直螺线管通一直流电流 I，便会在螺线管内产生磁场 B. 运动电子在磁场中受到洛伦兹力 $F = ev_r B$ 作用(v_z 方向受力为零)，这个力使电子在垂直于磁场(也垂直于螺线管轴线)的平面内做圆周运动，则有

$$ev_r B = \frac{mv_r^2}{R} \quad 即 \quad R = \frac{mv_r}{eB} \tag{2.25.22}$$

圆周运动的周期 T 为

$$T = \frac{2\pi R}{v_r} = \frac{2\pi m}{eB} \tag{2.25.23}$$

电子既在轴线方向做直线运动，又在垂直于轴线的平面内做圆周运动，其轨迹是一条螺旋线，螺距 h 可表示为

$$h = v_z T = \frac{2\pi m v_z}{eB} \tag{2.25.24}$$

由式(2.25.23)与式(2.25.24)可以看出，电子运动的周期 T 及螺距 h 均与 v_r 无关. 虽然各个点电子的径向速度不同，但由于轴向速度相同，从一点出发的电子束经过一个周期后又会在距离出发点相距一个螺距的位置重新相遇，此即为磁聚焦的基本原理. 由式(2.25.21)与式(2.25.24)联立，整理后可得

$$\frac{e}{m} = \frac{8\pi^2 V_2}{h^2 B^2} \tag{2.25.25}$$

长直螺线管的磁感应强度 B 可根据下式计算:

$$B = \frac{\mu_0 NI}{\sqrt{L^2 + D^2}} \tag{2.25.26}$$

将式 (2.25.26) 代入式 (2.25.25) 可得电子荷质比 e/m 为

$$\frac{e}{m} = \frac{8\pi^2 V_2 \sqrt{L^2 + D^2}}{\mu_0^2 N^2 h^2 I^2} \tag{2.25.27}$$

其中 $L=234\text{mm}$ 为螺线管的长度, $D=90\text{mm}$ 为螺线管的直径, $h=145\text{mm}$ 为螺距(Y 偏转板至屏幕的距离), $N=1000$ 为螺线管的线圈匝数, $\mu_0=4\pi\times10^{-7}\text{H/m}$ 为真空中的磁导率.

【仪器及工具】

WDEB-3A 型电子束实验仪.

【实验内容】

1. 准备工作

(1)为减小地磁场对实验的影响, 实验时尽量将示波管组件东西方向放置, 即螺线管线圈在东西方向上.

(2)灯丝选择开关置于"示波管", 聚焦方式选择置于"POINT".

(3)先用导线连接电子与场实验仪聚焦电压 V_1 和加速电压 V_2 插孔与对应的测量孔, 偏转电压板"X_1Y_1"(内部已连接), 连接到"Vd±"(该点电压为零), 偏转电压板"X_2"与"Y_2"分别接偏转电压"V.dX±"与"V.dY±". 检查无误后连接电源线并打开电源开关(向上拨置 AC220V), 预热仪器.

(4)加速电压 V_2 调至 800V. 如已观察到光点, 根据辉度情况调整栅级电压 V_G(一般在−10~−30V), 使得光点辉度适中. 辉度过大, 增加栅压, 辉度过小则减小栅压, 并且通过调节聚焦电压 V_1 聚焦清晰; 如未观察到光点, 先将栅压暂时调至−20V 左右, 待调零过程中找到光点后, 再调整栅压和聚焦电压使得辉度适中, 聚焦清晰.

(5)外接磁场电源暂时不接, 并且水平和竖直方向的电场均调至 0V(即 X_2、Y_2 与 X_1Y_1 间电压为 0V), 再通过零点调节旋钮 X 调零和 Y 调零找到光点, 如先前光点不清晰或看不到光点, 则还需进行栅压和聚焦电压调整.

(6)旋转示波管, 调节 X 调零旋钮, 使产生的扫描线与水平方向保持平行(或调节 Y 调零改变产生的扫描线与竖直方向保持平行).

(7)通过零点调节旋钮 X 调零和 Y 调零将光点精确调至原点.

2. 电偏转灵敏度的测定

(1)水平偏转极板 X_2 接偏转电压"V.dX±"，通过调节"VdX 偏转"旋钮，偏转板 Y_2 电压接 0V，将偏转板 X_2 电压在–50V 至+50V 之间调节，观察光点偏转变化，偏转距离从–16mm 至+16mm，每 4mm 记录一次电压值，并记入数据记录表 2.25.1。

(2)偏转板 X_2 接电压 0V，竖直偏转极板 X_2 接偏转电压"V.dY±"，通过调节"VdY 偏转"旋钮，将偏转板 Y_2 电压在–50V 至+50V 之间调节，观察光点偏转变化，偏转距离从–20mm 至+20mm，每 5mm 记录一次电压值，并记入数据记录表 2.25.1。

3. 磁偏转灵敏度的测定

(1)准备工作与"电偏转灵敏度的测定"完全相同。先进行调零，尤其是竖直方向的偏转电压一定要接 0V。为了计算亥姆霍兹线圈(磁偏转线圈)中的电流，必须事先用数字万用表测量线圈的电阻值，并记录。

(2)将稳压电源连接亥姆霍兹线圈(横向磁场线圈)的"外供磁场电源"，分别记录偏转距离从–16mm 至+16mm，然后改变励磁电压的大小(若需改变偏转方向，只需换向开关，无须改变电路)，将励磁电压除以线圈电阻值，即可得励磁电流。

4. 调整

V_2 调至 1000V，重新调整栅压和聚焦电压，使得光点辉度适中，聚焦清晰，重新调零。再次测量水平方向、竖直方向的电偏转与磁偏转。

5. 磁聚焦与电子荷质比的测量

(1)把主机"励磁电流输出"的两插座与螺线管前面板"励磁电流输入"的两插座用导线连接起来，把"电流调节"旋钮逆时针旋转到底。

(2)开启电子束测试仪电源开关，将 y 轴"电子束-荷质比"转换开关向左置于"荷质比"位置，再将 x 轴"电子束-荷质比"转换开关向右置于"电子束"位置，此时荧光屏上出现一条竖线，把阳极电压调到 600V。

(3)按下"电流转换"按钮，"0~2A"电流挡指示灯亮，顺时针转动"电流调节"旋钮逐渐加大电流，使荧光屏上的直线一边旋转一边缩短，待直线变成一个小光点后读取电流值，然后将电流值调为零。接着，将螺线管前面板上的电流换向开关扳到另一方，从零开始增加电流使屏上的直线反向旋转并缩短，待其再次变成一个小光点后读取电流值，将实验数据填入表 2.25.2。

【实验数据及处理】

表 2.25.1 电子束偏转灵敏度测量数据表

$V_2=$___V	D /mm	−20	−15	−10	−5	0	5	10	15	20
	V_x /V									
	S_{xE} /(m/V)					*				
	V_y /V									
	S_{yE} /(m/V)					*				
	V_B /V									
	I_B /mA									
	S_B /(m/A)					*				
$V_2=$___V	D /mm	−20	−15	−10	−5	0	5	10	15	20
	V_x /V									
	S_{xE} /(m/V)					*				
	V_y /V									
	S_{yE} /(m/V)					*				
	V_B /V									
	I_B /mA									
	S_B /(m/A)					*				

$R=$____Ω

*距离为零时偏转电压或励磁电流在调零时已调好，无须再次测量，该点偏转灵敏度不存在.

表 2.25.2 电子荷质比测量数据表

V_2 /V	600	800	1000
$I_{正向}$ /A			
$I_{反向}$ /A			
$I_{平均}$ /A			
(e/m) /(C/kg)			
E/%			

(1) 分别计算不同加速电压下的水平、垂直电偏转灵敏度及磁偏转灵敏度的平均值；

(2) 验证电偏转灵敏度是否与加速电压成反比，磁偏转灵敏度是否与加速电压平方根成反比；

(3) 比较水平方向与竖直方向电偏转灵敏度大小差异，并分析原因；

(4) 根据式 (2.25.28) 分别计算不同阳极电压下的电子荷质比实验值，并与电子荷质比理论值$(-1.75881962\times10^{11}\text{C/kg})$进行比较求取百分比误差,并分析原因.

$$E = \frac{\left|\text{荷质比理论值} - \text{荷质比实验值}\right|}{\text{荷质比理论值}} \times 100\% \tag{2.25.28}$$

【思考讨论】

(1)电偏转、磁偏转的灵敏度是怎样定义的,它与哪些参数有关?

(2)在不同阳极电压下,为什么偏转灵敏度会不同?

(3)何谓截止栅偏压?

【探索创新】

电子束在高科技成像、材料加工、生物工程等诸多领域都有着广泛的应用. 请学生们在电子束磁聚焦现象的理论基础上分析利用磁聚焦法测量地磁场的可行性,并在电子束实验仪上测量地磁场的主要参数.

【拓展迁移】

陈杰,朱占武,张琴,等. 2017. 电子束电偏转实验中亮斑的线度研究. 大学物理,36(8): 38-40.

路开通,许海鹰,彭勇. 2019. 基于亥姆霍兹线圈的电子束偏转扫描技术研究. 航空科学技术,30(7): 73-79.

王党社. 2007. 电子束在横向磁场下偏移量的修正. 西安工业大学学报,27(4): 317-320.

邢红宏,梁承红,张纪磊,等. 2013. 基于虚拟现实技术的电子束聚焦与偏转. 实验室研究与探索,32(11): 113-116.

袁晓梅,郑晓慧,展建超. 2014. 用电子束电磁偏转原理测电阻值的研究. 大学物理,33(5): 22-25.

【主要仪器介绍】

WDEB-3A 型电子束实验仪.

WDEB-3A 型电子束实验仪主要是由电子示波管、电偏转螺线管、磁偏转螺线管对、实验主机、高压电子数码表组成. 采用工业级漆包线,缠绕螺线管紧密均匀,接口全密闭不会触电. 示波器控制电压采用负高压供电,安全可靠,加速电压范围 500~1300V,聚焦电压 50~300V,电偏转电压-500~+50V,励磁电流 0~2A,精度 1%.

主要技术参数:

(1) 螺线管的长度：$L=234mm$；

(2) 螺线管的线圈匝数：$N=1000T$；

(3) 螺线管的直径：$D=90mm$；

(4) 螺距：（Y 偏转板至荧光屏距离）$h=145mm$、（X 偏转板至荧光屏距离）$h_x=145mm$.

【注意事项】

(1) 电源开启后，需要预热 2min，待阳极电压稳定，实验结束后请关闭电源，以延长电子枪灯丝寿命；

(2) 开启电源前，请先按照要求正确连接线路，电源开启后请勿随意改变线路，以免触电，损坏仪器；

(3) 在使用磁聚焦电流换向开关时，需将励磁电流值调为零，再拨动开关，避免螺线管上感应电压烧坏电路元件；

(4) 本仪器具有过流保护功能，超过 1.5A 左右，将自动切断励磁电流，8s 后自动恢复，但励磁电流仍然不可调节过大，避免降低仪器使用寿命.

2.26　密立根油滴实验

美国物理学家密立根在 1907～1913 年通过实验测量微小油滴上所带电荷的电量，首次证明了任何带电物体所带的电量都是某一个最小电荷——电子电量的整数倍，亦即物体带电量是量子化的，并且精确地测定了电子电量的数值. 密立根由于这一杰出工作和在光电效应方面的研究成果而荣获1923年诺贝尔物理学奖. 电子电荷是物理学中基本常数之一，在理论和实际工作中都有重要意义，它的精确测定，为从实验上测定许多基本物理量提供了可能性，也为人类研究物质结构奠定了基础.

通过该实验，可验证电荷的量子性，并能测出单一电子的电荷量，更重要的是要学习物理学家严谨的思维方式、求实的科学作风和坚韧不拔的科学精神.

在静电除尘、静电分选、静电复印、静电喷雾等领域，其原理都与密立根油滴实验密切相关. 因此，本实验研究有着非常重要的科学意义.

【实验目的】

(1) 验证电荷的量子性，测定电子的电荷值.

(2) 测定电子的荷质比.

【实验原理】

为了测出电子的电量，首先要测出油滴的带电量. 测量方法有静态平衡测量法和动态非平衡测量法. 下面仅介绍静态平衡测量法的原理.

设有一质量为 m 带电量为 q 的油滴, 处在水平放置的两平行极板之间, 两极板之间相距为 d, 极板间的电压为 U, 如图 2.26.1 所示. 油滴在平行极板间将同时受到重力 mg 和静电力 qE 的作用, E 为极板间的场强. 如果调节两极板间的电压 U, 可使油滴受到的重力和电场力等值反向, 从而达到受力平衡, 这时有

$$mg = qE = q\frac{U}{d} \tag{2.26.1}$$

$$q = \frac{mgd}{U} \tag{2.26.2}$$

从上式可见, 为了测出油滴的带电量 q, 除了需要测定油滴受力平衡时极板间的电压 U 和极板间距离 d 外, 还需要测量油滴的质量 m. 由于油滴的质量很小, 因此需要用到下列特殊的测量方法进行测定: 平行板不加电压时, 油滴受重力作用而加速下降, 由于空气阻力的作用, 下降一段距离后速度达到 V_g, 空气阻力 f_r 与重力 mg 平衡时, 如图 2.26.2 所示(空气的浮力忽略不计), 油滴将匀速下降. 根据斯托克斯定律, 油滴匀速下降时, 阻力 f_r 为

$$f_r = 6\pi a\eta V_g \tag{2.26.3}$$

式中, η 是空气的黏滞系数; a 是油滴半径(表面张力使油滴呈小球形). 若油的密度为 ρ, 油滴的质量 m 可表示为

$$m = \frac{4}{3}\pi a^3 \rho \tag{2.26.4}$$

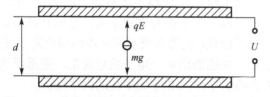

图 2.26.1　带电油滴在电极板之间的受力图　　图 2.26.2　带电油滴在重力场中运动时的受力

由式(2.26.3)和式(2.26.4)可得

$$a = \sqrt{\frac{9\eta V_g}{2\rho g}} \tag{2.26.5}$$

对于半径小到 10^{-6}m 的小球, 空气的黏滞系数 η 应修正为

$$\eta' = \frac{\eta}{1 + b/pa} \tag{2.26.6}$$

这样, 斯托克斯定律应修正为

$$f_{\mathrm{r}} = \frac{6\pi a \eta V_{\mathrm{g}}}{1 + b / pa} \tag{2.26.7}$$

式中，b 为修正系数，p 为大气压强. 由此可得

$$a = \sqrt{\frac{9\eta V_{\mathrm{g}}}{2\rho g} \cdot \frac{1}{1 + b / pa}} \tag{2.26.8}$$

将式 (2.26.8) 代入式 (2.26.4) 可得

$$m = \frac{4}{3}\pi \left[\frac{9\eta V_{\mathrm{g}}}{2\rho g} \cdot \frac{1}{1 + b / pa} \right]^{3/2} \rho \tag{2.26.9}$$

测量油滴的质量就转换为测量油滴匀速下降的速度 V_{g}.

当两极板间的电压 U 为零，油滴匀速下降的距离为 l 时，需要的时间为 t_{g}，则有

$$V_{\mathrm{g}} = \frac{l}{t_{\mathrm{g}}} \tag{2.26.10}$$

将式 (2.26.10) 代入式 (2.26.9)，油滴的质量 m 为

$$m = \frac{4}{3}\pi \left[\frac{9\eta l / t_{\mathrm{g}}}{2\rho g} \cdot \frac{1}{1 + b / pa} \right]^{3/2} \rho \tag{2.26.11}$$

再将式 (2.26.11) 代入式 (2.26.2) 可得

$$q = \frac{18\pi}{\sqrt{2\rho g}} \left[\frac{\eta l}{t_{\mathrm{g}}\left(1 + b / pa\right)} \right]^{3/2} \frac{d}{U} \tag{2.26.12}$$

实验用油及大气参数如下：

油的密度：$\rho = 981\ \mathrm{kg/m^3}$；　　　　重力加速度：$g = 9.80\ \mathrm{m/s^2}$；

空气的黏滞系数：$\eta = 1.83 \times 10^{-5}\ \mathrm{kg/(m \cdot s)}$；油滴匀速下降的距离取：$l = 2.00 \times 10^{-3}\ \mathrm{m}$；

修正常数：$b = 6.17 \times 10^{-6}\ \mathrm{m \cdot cm\ Hg}$[①]；　大气压强：$p = 76.0\ \mathrm{cm\ Hg}$；

平行极板距离：$d = 5.00 \times 10^{-3}\ \mathrm{m}$.

将以上参数代入式 (2.26.12) 可得

$$q = \frac{1.43 \times 10^{-14}}{\left[t_{\mathrm{g}}\left(1 + 0.02\sqrt{t_{\mathrm{g}}}\right) \right]^{3/2}} \frac{1}{U} \tag{2.26.13}$$

由式 (2.26.13) 可知，测出两极板间的电压 U 与油滴匀速下落时间 t_{g}，就可计算出油滴的带电量 q.

---

① 1cm Hg=1.333kPa.

【仪器及工具】

MOD-5C 型密立根油滴实验仪、监视器、喷雾器、实验用油.

【实验内容】

1. 调整仪器

(1)将工作电压选择开关放在"下落"位置,这时上下电极板短路,油雾易喷入;取下油雾室,检查绝缘环以及上电极板是否放平稳,上电极板压簧是否和上电极板接触好,是否压住上电极板;放上油雾室,并把喷雾口朝向右前方;打开油雾孔的开关,以便喷油.

(2)调整调平螺丝,使水准泡指示水平,这时油滴盒处于水平状态.

(3)打开电源开关,从测量显微镜中观察,如果分划板位置不正,则转动目镜头,将分划板放正,并将目镜头插到底. 调节聚焦目镜,使分划板清晰,同时让仪器预热 10min.

(4)用喷雾器将油从油雾室旁的喷雾口喷入(一下即可),调节显微镜的调焦手轮,使油滴清晰,这时视场中的油滴如夜空繁星. 如果视场不够明亮,或视场上下亮度不均匀,可调整发光二极管的方向使视场和油滴清晰明亮(取下油雾室调整发光二极管时,应将工作电压选择开关放在"下落"位置).

(5)将工作电压选择开关拨到"平衡"位置. 在平行极板上加约 250V 的工作电压,观察油滴的运动情况;调节工作电压的大小,观察油滴的运动速度有无变化;再将选择开关拨到"提升"位置,观察油滴的运动情况.

2. 练习测量

(1)练习控制油滴. 在喷入油滴后,在平行极板上加上工作(平衡)电压约 250V,工作电压选择开关置于"平衡"挡,驱走不需要的油滴,直到剩下几颗缓慢运动的油滴为止. 注视其中的一颗,仔细调节平衡电压,使这颗油滴静止不动. 然后去掉平衡电压,让它自由下降,下降一段距离后再加上"提升"电压,使油滴上升. 如此反复多次练习,以掌握控制油滴的方法.

(2)练习测量油滴运动的时间. 任意选几颗运动快慢不同的油滴,用计时器测出它们下降一段距离所需要的时间. 或者加上一定电压,测出它们上升一段距离所需要的时间. 如此反复多次练习,以便准确测量出油滴的运动时间.

(3)练习选择油滴. 要做好本次实验,很重要的一点就是选择合适的油滴. 所选的油滴体积不能太大,太大的油滴虽然比较亮,但带电量较多,下降的速度比较快,时间不容易测准. 另外,油滴也不能太小,太小布朗运动明显. 通常可选择平衡电压在

200V 以上，在 20s 左右的时间匀速下降 2mm 的油滴，其大小和带电量都比较合适.

(4) 练习改变油滴的带电量. 按下汞灯按钮，约 5s，油滴的运动速度发生改变，这时油滴的带电量已经改变了.

3. 正式测量

(1) 在练习测量的基础上，选择合适的油滴，仔细调节平衡电压，并将油滴置于分划板上某条横线附近，以便准确判断油滴是否平衡了，记录平衡电压 U.

(2) 测量油滴匀速下降一段距离 l 所需时间 t_g (为了在按动计时器时有所准备，应先让油滴下降一段距离后再测量时间)，油滴下降距离和位置的选择，应该在平行极板之间的中央部分，即视场的中央部分. 若太靠近上电极板，电场不均匀，会影响测量结果；太靠近下电极板，测量完时间 t_g 后，油滴容易丢失，影响下一次测量，一般取 $l=0.200$cm 比较合适.

(3) 对同一油滴进行 3～5 次测量，而且每次测量都要重新调整平衡电压(如果油滴逐渐变得模糊，要微调测量显微镜，跟踪油滴，勿使丢失).

(4) 用同样的方法分别对多个油滴进行测量，测量 4～10 个油滴，由于每个油滴的带电量是随机的，所以为了验证电荷的量子性和测定基本电荷，需要大量的原始数据并作必要的数据处理才能获得应有的结果.

【实验数据及处理】

(1) 将测得的数据计入表格中(数据表格自拟).

(2) 用所测得的实验数据，编写计算机程序，计算出 q 值并按其大小顺序排列. 或直接将测量数据代入式(2.26.13)计算出 q 值.

(3) 验证电荷的量子性并求出电子的带电量.

为了证明任一油滴的电量是基本电荷 e 的整数倍，并得到基本电荷 e 的量值，需要求得各个电荷带电量的最大公约数，这个最大公约数就是基本电荷 e 的电量值. 也就是电子的带电量. 但对初次实验者，测量误差一般都比较大，求出 q 的最大公约数也比较困难. 下面介绍用最小二乘法处理数据的方法.

把测得的一组油滴所带的电量 q_1, q_2, ... , q_m 除以公认的电子的带电量 $e_0=1.60 \times 10^{-16}$C 并取整数，得到 n_1, n_2, $\cdots$, n_m，运用最小二乘法，进一步优化测量结果，以期得到更好的测量值 e. 即

$$q_1 - en_1 = \pm\Delta e_1$$
$$q_2 - en_2 = \pm\Delta e_2$$
$$\cdots\cdots \qquad (2.26.14)$$
$$q_m - en_m = \pm\Delta e_m$$

对方程组两边求平方和，可得

$$\sum_{i=1}^{m}\left(q_i - en_2\right)^2 = \sum_{i=1}^{m}\left(\Delta e_i\right)^2 \tag{2.26.15}$$

把 e 作为变量,对方程左边求导,并令其为 0,以期求得 $\sum_{i=1}^{m}\left(\Delta e_i\right)^2$ 的最小值 e,也即 e 的最优值,即

$$\frac{\partial}{\partial e}\sum_{i=1}^{m}\left(q_i - en_i\right)^2 = 0 \tag{2.26.16}$$

求导可得

$$\sum_{i=1}^{m} n_i q_i - \sum_{i=1}^{m} e n_i^2 = 0 \tag{2.26.17}$$

解方程可得电子电量最优值为

$$e = \frac{\displaystyle\sum_{i=1}^{m} n_i q_i}{\displaystyle\sum_{i=1}^{m} n_i^2} \tag{2.26.18}$$

将实验中测得的测量数据代入式(2.26.18)中就可得到电子电量的实验值.

(4)将实验中测得的电子电量与理论值比较,计算两者的百分误差.

【思考讨论】

(1)在实验过程中,两极板加上某一电压,有些油滴向上运动,有些油滴向下运动,且运动越来越快,还有些油滴运动状况与未加电压时一样,这是为什么?

(2)实验前,若不用水准器对平行电极板进行水平校正,而是让电极板在不水平的状态下做实验会有什么现象?为什么?

(3)在处理数据时,验证电荷电量量子性的数据处理方法是什么?

【探索创新】

通常只利用一种油进行密立根实验,但实际上不同种类油的黏滞系数是不同的,喷出后所形成的油滴大小、下落时间以及与空气摩擦导致的所带电量也都不尽相同.请学生自己推导理论、设计实验,并探讨不同油滴的黏滞系数对电子电量测量的影响.

【拓展迁移】

陈尚明,李亮峰,潘琦. 2020. 密立根油滴实验的动态测量法. 大学物理,39(4):63-69.

关舒月,张明,张师平,等. 2019. 密立根油滴实验中的布朗运动. 大学物理,(6):48-54,59.

任文艺，姜建刚，伍丹，等．2016．密立根油滴实验中水平调节的重要性．物理实验，36（2）：10-13．

苏茂．2014．密立根油滴实验中运动速度的分析．大学物理实验，27（1）：19-21．

曾孝奇，邵明珍，陈佶，等．2017．密立根油滴实验的不确定度分析．大学物理，12（36）：39-42．

【主要仪器介绍】

MOD-5C 型密立根油滴实验仪．

MOD-5C 型密立根油滴实验仪主要由油滴盒、油滴照明装置、调平系统、测量显微镜、计时器、供电电源、显示器、喷雾器等几部分组成．其核心部件是油滴盒，油滴盒的平行极板中间垫有绝缘环．平行极板间的距离为 d，绝缘环上有照明发光二极管的进光孔、显微镜观察孔和紫外线进光窗口．油滴盒放在有机玻璃防风罩中，上下极板中央有一个 0.4mm 的进雾孔，油滴从进雾室的油雾孔进入两电极板之间．

主要技术参数如下．

平行极板间距：（5.00±0.01）mm；

测量显微镜放大倍数：60；

连续跟踪带电油滴时间：>2h；

提升电压：0～800V；

实验平均相对误差：<3%．

MOD-5C 型密立根油滴实验仪的基本结构如图 2.26.3 所示．油滴盒防风罩前装有测量显微镜，通过绝缘环上的观察孔观测平行极板之间的油滴．目镜中装有分划板，其竖直总刻度相当于视场中的 0.300cm（每小格 0.050cm），用以测量油滴运动的距离 l，视场中分划板的刻度如图 2.26.4 所示．

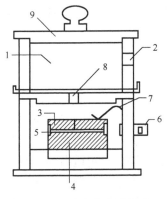

图 2.26.3　油滴盒和油雾室

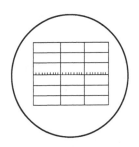

图 2.26.4　视场中分划板的刻度

1.油雾室；2.喷雾口；3.上极板；4.下极板；5.绝缘垫圈；
6.外界电源插口；7.上电极压簧；8.油雾孔；9.油雾室盖

【注意事项】

(1)用喷雾器喷油时，不要多次挤压喷雾器，以免油雾太多，堵住电极板上的油雾孔；

(2)喷雾器的喷嘴是玻璃制品，喷油时要谨慎操作，喷油后应妥善放置，以防损坏.

2.27　光电效应及普朗克常量的测量

1887 年，赫兹在实验中研究麦克斯韦电磁理论时偶然发现在光的照射下电子会从金属表面逸出，这种现象称为光电效应. 1905 年爱因斯坦用光量子理论对光电效应现象进行了全面的解释，10 年后光电效应理论被密立根用实验所证实，他们都因光电效应等方面的贡献而获得诺贝尔物理学奖. 光电效应实验及其光量子理论的解释在量子理论的确立与发展上，在解释光的波粒二象性等方面都具有划时代的深远意义；此外，利用光电效应制成的光电器件在科学技术中得到了广泛的应用，至今还在不断开辟新的应用领域，具有广阔的应用前景.

通过该实验，不仅可以了解光电效应的基本规律，加深对光的粒子性的认识，还可验证光电效应方程，测量普朗克常量.

在光电管、光电倍增管、光电池、传真电报、有声电影、电视录像以及微弱光信号检测等领域，其原理都涉及光电效应及其理论. 因此，本实验研究有着非常重要的科学意义.

【实验目的】

(1)了解光电效应的基本规律，加深对光的粒子性的认识.

(2)研究光电管的伏安特性曲线，测量不同光频率下的截止电压.

(3)验证爱因斯坦光电效应方程，测量普朗克常量.

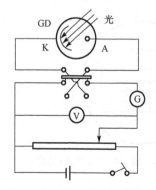

图 2.27.1　光电效应实验原理

【实验原理】

金属及其化合物在光的照射下释放出电子的现象称为光电效应，光电管就是利用光电效应所制成的光电器件. 如图 2.27.1 所示，在一个抽成真空的玻璃泡内装有金属电极 K(阴极)和 A(阳极)，用适当频率的光从石英窗口射入照在阴极 K 上，便有电子从阴极表面逸出，逸出的电子称为光电子；光电子经电场加速后被阳极所收集，在电路中形成电流，此电流称为光电流，光电流的大小与入射光的强度、两极间电压的大小以及阴极材料的性质有关.

1．光电效应的实验规律

1) 光电效应的伏安特性曲线

在图 2.27.1 中，改变两极间的电压 U_{KA}，测量对应的光电流 i，可得光电效应的伏安特性曲线，如图 2.27.2 所示．从图中可看出，光电流 i 开始时随 U_{KA} 增大而增大，而后趋于一个饱和值 i_m，i_m 称为饱和电流，它与单位时间内从阴极 K 逸出的光电子数成正比．实验证明：在入射光频率一定的情况下，饱和电流 i_m、单位时间内从阴极 K 逸出的光电子数都与入射光的光强 I 成正比．

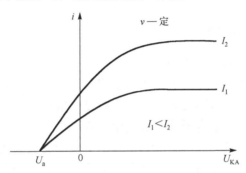

图 2.27.2   光电效应的伏安特性曲线

在保持光照射强度不变的情况下，改变电压 U_{KA}，发现当 $U_{KA}=0$ 时仍有光电流，表明光电子逸出时就具有一定的初动能．改变电压极性使 $U_{KA}<0$，当反向电压增至一定值时，光电流才降为零，光电流为零所对应的反向电压的绝对值称为截止电压，用 U_a 表示．不难看出，截止电压 U_a 与光电子最大初动能之间有下列关系：

$$\frac{1}{2}mv_m^2 = eU_a \tag{2.27.1}$$

式中，m 和 e 分别为电子的静止质量和电量；v_m 为光电子逸出金属表面时的最大速率．

2) 截止电压 U_a 与入射光频率 ν 呈线性关系

实验还表明：入射光的频率不同，截止电压不同，截止电压与入射光的频率之间呈线性关系，而与入射光强 I 无关．图 2.27.3 是几种金属的 U_a-ν 图线，其函数关系可表示为

$$U_a = K(\nu - \nu_0), \quad \nu \geqslant \nu_0 \tag{2.27.2}$$

式中，K 为 U_a-ν 图线的斜率．从图 2.27.3 中可看出，对不同金属，图线斜率相同，说明 K 是一个与材料性质无关的普适恒量．ν_0 为金属材料发生光电效应的截止频率，即金属产生光电效应的最小频率，入射光频率小于 ν_0 则不会产生光电效应；ν_0 与金属材料的性质有关，材料不同，其截止频率 ν_0 也不同；对同一材料，ν_0 为常数．

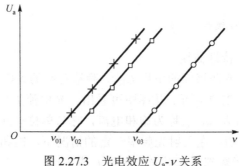

图 2.27.3　光电效应 U_a-ν 关系

2. 爱因斯坦光电效应方程

　　为了解释光电效应的实验规律,爱因斯坦提出光子假设. 他认为:一束光就是一束以光速运动的粒子流,这些粒子称为光子. 一束频率为 ν 的光,其中的每一个光子所具有的能量为 $h\nu$. 按照爱因斯坦光子假设并根据能量守恒定律,光电效应过程可解释为:当金属中一个电子从入射光中吸收一个光子后,其能量就会增加 $h\nu$,如果 $h\nu$ 大于这种金属的电子逸出功 A,这个电子就能够从金属中逸出(所谓逸出功,是一个电子脱离金属表面时为克服阻力所做的功). 由能量守恒定律可得

$$h\nu = \frac{1}{2}mv_{\mathrm{m}}^2 + A \qquad (2.27.3)$$

式(2.27.3)称为爱因斯坦光电效应方程,其中 $\frac{1}{2}mv_{\mathrm{m}}^2$ 为光电子从金属表面逸出时具有的最大初动能. 由式(2.27.1)和式(2.27.3)可得

$$\frac{1}{2}mv_{\mathrm{m}}^2 = eU_a = h\nu - A \qquad (2.27.4)$$

由式(2.27.4)可得

$$U_a = \frac{h}{e}\nu - \frac{A}{e} \qquad (2.27.5)$$

对同一金属材料,逸出功 A 为常量. 由式(2.27.2)和式(2.27.5)可得

$$h = eK \qquad (2.27.6)$$

　　由此可见,测出一组不同频率下的截止电压,作出相应的 U_a-ν 图线,得出该图线的斜率 K,就可以通过式(2.27.6)计算出普朗克常量 h 的数值;这与用其他方法测量出的普朗克常量值进行比较,结果是一致的,这就从实验上直接验证了爱因斯坦光电效应方程,从而也证实了光子理论,说明光确实具有粒子性.

3. 光电管实际的光电效应特性曲线

在实际测量中由于以下原因, 光电管两极间将出现反向电流:
(1)光电管中总存在某种程度的漏电;
(2)不管是阴极还是阳极, 在任何温度下都有一定数量的电子自发辐射;
(3)受光照射(包括杂散光)时, 不但阴极逸出光电子, 阳极也会逸出一定数量的光电子.

光电管中这种不可避免的反向电流称为暗电流. 由于暗电流的存在, 光电管的特性曲线对应的截止电压并不像图 2.27.2 所示的那样与横轴相交而终止, 而是如图 2.27.4 表示的那样在负方向出现一个饱和值. 这时截止电压 U_a 就是曲线 ab 段的"抬头点"所对应的电压值. 具体实验中, 测量不同频率入射光下的电压和电流值, 作出对应的特性曲线.

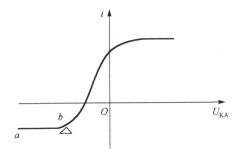

图 2.27.4　光电效应的实际伏安特性曲线

【仪器及工具】

微电流测试仪、光电管暗盒、光源.

【实验内容】

1. 测试前准备

(1)熟悉微电流测试仪上各个旋钮;
(2)将测试台上暗盒和汞灯之间的距离调至 30～50cm;
(3)转动转盘, 将通光孔转离光电管暗盒窗口, 打开测试仪和汞灯电源, 预热 20～30min, 然后慢慢调节"电压调节"旋钮, 使微电流指示为零.
(4)将"微电流量程转换"开关置于"调零挡", 调节"调零"旋钮, 使电流指示为零;
(5)将"微电流量程转换"开关置于"满度挡", 调节"满度调节"旋钮, 使微电流指示为−100.0.

2. 测量光电管的 i-U_{KA} 特性曲线

1) 观察 i-U_{KA} 变化特性

让光源对准光电管暗盒窗口，微电流量程转换开关置于 10^{-12}～10^{-10} 挡；从−2V 开始缓慢旋动"电压调节"旋钮(注意改变相应的有关旋钮)，仔细观察电流 i 随电压 U_{KA} 的变化情况，注意电流明显变化时的位置(该位置即为"抬头点"电压的位置)，初步确定精确测量的范围.

2) 测量"抬头点"电压

慢慢地转动光电管暗盒窗口转盘，从短波长开始测量(将"365nm"转至光电管暗盒窗口)，测量中不要改变光源和光电管暗盒之间的相对位置，读取不同 U_{KA} 对应的 i 值. 在电流 i 变化明显的电压附近适当多测几组数据，以便准确定出"抬头点"电压值，将数据记入表 2.27.1 中.

注意：电压从−2V 开始增加，电压调到一定值时，在电流开始增大的地方，以 0.1V 或 0.2V 为间隔测量光电流，其余地方以 0.5V 为间隔，到光电流急剧增加处停止测量，一般都在+1V 之内.

【实验数据及处理】

1. 数据记录

表 2.27.1　i-U_{KA} 数据记录表　　(电压单位：＿＿＿＿；电流单位：＿＿＿＿)

365 nm	电压										
	电流										
405 nm	电压										
	电流										
436 nm	电压										
	电流										
546 nm	电压										
	电流										
577 nm	电压										
	电流										

2. 数据处理

(1) 将测量的 i-U_{KA} 数据填入表 2.27.1 中，根据测量数据，在精度合适的坐标纸上，以"i"为纵坐标，"U_{KA}"为横坐标，作出不同波长(频率)下的 i-U_{KA} 特性曲线.

(2) 从描绘的 i-U_{KA} 特性曲线中找出电流开始变化的"抬头点"电压值，该值即为截止电压 U_a，将各个波长的滤色片的频率和对应的"抬头点"电压值记入表 2.27.2 中.

表 2.27.2　不同频率光照射下的截止电压

波长/nm	365	405	436	546	577
频率/($\times 10^{14}$Hz)	8.22	7.41	6.88	5.49	5.20
截止电压/V					

(3) 以 U_a 的绝对值为纵坐标，频率 ν 为横坐标，在坐标纸上描绘出 U_a-ν 曲线(注意：曲线在坐标的第一象限)；如果光电效应遵从爱因斯坦方程，则 U_a-ν 曲线是一条直线；然后在 U_a-ν 图线上取距离较远的两点，标出两点的坐标值，计算直线的斜率 K；将 K 值代入测量公式 $h=eK$，求出普朗克常量 h.

(4) 将实验中测得的普朗克常量与公认值(6.63×10^{-34}J·s)比较，计算两者的百分误差.

$$E_h = \frac{|h-h_{理}|}{h_{理}} \times 100\% \tag{2.27.7}$$

【思考讨论】

(1) 产生光电效应的条件是什么？
(2) 在爱因斯坦光电效应方程中，光电子的初动能与截止电压关系式是什么？
(3) 实验中如何确定截止电压 U_a？

【探索创新】

普朗克常量($h=6.6260755\times10^{-34}$ J·s)是物理学研究中极其重要的常数之一，通常基于经典的光电效应原理在实验中对其进行测量. 请学生自己设计一种测量普朗克常量的实验方法，如利用发光二极管. 学生根据实验的制作、研究，提出自己的新思路、新实验方法等.

【拓展迁移】

王林香．2016．光电效应实验的影响因素及误差分析．物理与工程，26(5)：33-36，45.

魏高尧，卢忠，隋成华．2017．滤光片带宽对光电效应测量普朗克常数的影响．浙江工业大学学报，45(3)：342-346.

徐子绪，张莹莹，陈畅．2018．外光电效应中深层电子的逸出功．大学物理实验，31(4)：17-20.

　　杨骏骏，何光宏，李巧梅，等. 2019. 光电效应实验教学中饱和光电流与入射光强成正比的实验探讨. 物理实验，39(2)：24-27.

　　杨璐，王惠源. 2019. 基于横向光电效应的火炮身管直线度检测系统研究. 中国测试，45(4)：98-103.

【主要仪器介绍】

　　WPG-2A 型普朗克常量测试仪.

　　本仪器主要是由光电管暗盒、高压汞灯套件、5 种滤色片(365.0nm、404.7nm、435.8nm、546.1nm、577.0nm)，GP-IA 微电流放大器以及实验主机组成，可用来验证爱因斯坦的光电效应方程、测定普朗克常量等(图 2.27.5).

　　(1)GGQ-50W Hg 型汞灯光源和光电管暗盒一起被安装在同一水平导轨上，光源和暗盒之间的距离可以调节；光电管装在带有入射窗口的暗盒内，且暗盒中安放有孔径尺寸分别为 5mm、10mm 及 20mm 的三种光阑各一个(安装在转盘中).

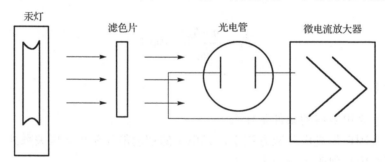

图 2.27.5　光电效应实验装置

　　(2)实验采用 WPE-2 型微电流测试仪，面板图如图 2.27.6 所示. 电流测量范围为：$10^{-13} \sim 10^{-7}$A，分为七挡；电压调节范围为：$-5 \sim +5$V.

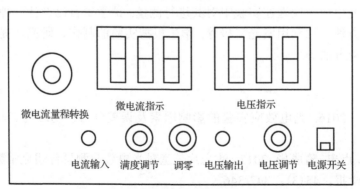

图 2.27.6　WPE-2 型微电流测试仪面板图

【注意事项】

(1) 微电流测试仪和汞灯的预热时间须大于 20min，实验中汞灯不可关闭；

(2) 微电流测试仪与暗盒之间的距离在整个实验过程中应当一致；

(3) 更换滤光片时应先将光源出射孔遮盖，实验完毕后应用遮光罩盖住暗盒光窗，以免强光照射阴极缩短光电管寿命.

参 考 文 献

杜红彦. 2020. 大学物理实验. 北京：科学出版社.

何军锋. 2017. 大学物理实验. 西安：西北工业大学出版社.

教育部高等学校物理学与天文学教学指导委员会物理基础课程教学指导分委员会. 2011. 理工科类大学物理课程教学基本要求、理工科类大学物理实验课程教学基本要求(2010版). 北京：高等教育出版社.

中华人民共和国国家质量监督检验检疫总局. 2005. JJG 571—2004 读数、测量显微镜检定规程. 北京：中国质检出版社.

中华人民共和国国家质量监督检验检疫总局. 2008. JJG21—2008 千分尺检定规程. 北京：中国质检出版社.

中华人民共和国国家质量监督检验检疫总局. 2012. JJG 30—2012 通用卡尺检定规程. 北京：中国质检出版社.

中华人民共和国国家质量监督检验检疫总局. 2013. JJF1059.1—2012 测量不确定度评定与表示. 北京：中国质检出版社.

中华人民共和国国家质量监督检验检疫总局, 中国国家标准化管理委员会. 2009. GB/T 8170—2008 数值修约规则与极限数值的表示和判定. 北京：中国标准出版社.

中华人民共和国国家质量监督检验检疫总局, 中国国家标准化管理委员会. 2014. GB/T 4883—2008 数据的统计处理和解释、正态样本离群值的判断和处理. 北京：中国质检出版社.

中华人民共和国国家质量监督检验检疫总局, 中国国家标准化管理委员会. 2018. GB/T 27418—2017 测量不确定度评定和表示. 北京：中国标准出版社.

附　　录

物理学是研究物质结构和运动的学科，它是一门实验科学. 在物理学发展过程中，已规定了其国际单位，并测出了一些反映物质基本属性的数据. 附录中将给出部分物理量的国际单位、常用物理常数及实验中用到的其他常数等.

附表1　国际单位制(SI)

	物理量	单位名称	单位符号	表示比例
基本单位	长度	米	m	
	质量	千克	kg	
	时间	秒	s	
	电流	安培	A	
	热力学温度	开尔文	K	
	物质的量	摩尔	mol	
	发光强度	坎德拉	cd	
有专门名称的导出单位	频率	赫(兹)	Hz	s^{-1}
	力	牛(顿)	N	$kg \cdot m/s^2$
	压强、应力	帕(斯卡)	Pa	N/m^2
	能量、功、热量	焦(耳)	J	$N \cdot m$
	功率、辐射通量	瓦(特)	W	J/s
	电荷量	库(仑)	C	$A \cdot s$
	电势、电压、电动势	伏(特)	V	W/A
	电容	法(拉)	F	C/V
	电阻	欧(姆)	Ω	V/A
	电导	西(门子)	S	A/V
	磁通量	韦(伯)	Wb	$V \cdot s$
	磁感应强度	特(斯拉)	T	Wb/m^2
	电感	亨(利)	H	Wb/A
	摄氏温度	摄氏度	℃	1℃=1K
	光通量	流(明)	lm	$cd \cdot sr$
	光照度	勒(克斯)	lx	lm/m^2
	放射性活度	贝可(勒尔)	Bq	s^{-1}
	吸收剂量	戈(瑞)	Gy	J/kg
	剂量当量	希(沃特)	Sv	J/kg
辅助单位	平面角	弧度	rad	
	立体角	球面度	sr	

注：括号中的名称，是它前面的名词的同义词，或者与前面的字构成单位名称的全称括号中的字，在不致引起混淆、误解的情况下，可以省略，省略后即为该单位名称的简称.

附表 2　基本物理常数

物理量	符号	数值	单位
真空中的光速	c	299792458	m/s
真空磁导率	μ_0	$1.25663706212(19)\times 10^{-6}$	N/A^2
真空电容率	ε_0	$8.8541878128(13)\times 10^{-12}$	F/m
万有引力常数	G	$6.67259(85)\times 10^{-11}$	m^3/(kg·s^2)
普朗克常量	h	$6.6260755(40)\times 10^{-34}$	J·s
基本电荷	e	$1.60217733(49)\times 10^{-19}$	C
里德伯常量	R_H	$10973731.534(13)$	m^{-1}
静止电子质量	m_e	$9.1093897(54)\times 10^{-31}$	kg
静止质子质量	m_p	$1.6726231(10)\times 10^{-27}$	kg
静止中子质量	m_n	$1.6749286(10)\times 10^{-27}$	kg
阿伏伽德罗常量	N_0	$6.0221367(36)\times 10^{23}$	mol^{-1}
原子质量常数	m_u	$1.6605402(10)\times 10^{-27}$	kg
原子质量单位	u	$(1/12)\,\mathrm{m}\,(^{12}\mathrm{C})$	
摩尔气体常数	R	$8.314510(70)$	J/(mol·K)
玻尔兹曼常量	k	$1.380658(12)$	J/K

附表 3　格鲁布斯(Grubbs)检验的临界值表

n	0.90	0.95	0.975	0.99	0.995	n	0.90	0.95	0.975	0.99	0.995
						26	2.502	2.681	2.841	3.029	3.157
						27	2.519	2.698	2.859	3.049	3.178
3	1.148	1.153	1.155	1.155	1.155	28	2.534	2.714	2.876	3.068	3.199
4	1.425	1.463	1.481	1.492	1.496	29	2.549	2.730	2.893	3.085	3.218
5	1.602	1.672	1.715	1.749	1.764	30	2.536	2.745	2.908	3.103	3.236
6	1.729	1.822	1.887	1.944	1.973	31	2.577	2.759	2.924	3.119	3.253
7	1.828	1.938	2.020	2.079	2.139	32	2.591	2.773	2.938	3.135	3.270
8	1.909	2.032	2.126	2.221	2.274	33	2.604	2.786	2.952	3.150	3.286
9	1.977	2.110	2.215	2.323	2.387	34	2.616	2.799	2.965	3.164	3.301
10	2.036	2.176	2.290	2.410	2.482	35	2.628	2.811	2.979	3.178	3.316
11	2.088	2.234	2.355	2.485	2.564	36	2.639	2.823	2.991	3.191	3.330
12	2.134	2.285	2.412	2.550	2.636	37	2.650	2.835	3.003	3.204	3.343
13	2.175	2.331	2.462	2.607	2.699	38	2.661	2.846	3.014	3.216	3.356
14	2.213	2.371	2.507	2.659	2.755	39	2.671	2.857	3.025	3.228	3.369
15	2.247	2.409	2.549	2.705	2.806	40	2.682	2.866	3.036	3.240	3.381
16	2.279	2.443	2.585	2.747	2.852	41	2.692	2.877	3.046	3.251	3.393
17	2.309	2.475	2.620	2.785	2.894	42	2.700	2.887	3.057	3.261	3.404
18	2.335	2.504	2.651	2.821	2.932	43	2.710	2.896	3.067	3.271	3.415
19	2.361	2.532	2.681	2.854	2.968	44	2.719	2.905	3.075	3.282	3.425
20	2.385	2.557	2.709	2.884	3.001	45	2.727	2.914	3.085	3.292	3.435
21	2.408	2.580	2.733	2.912	3.031	46	2.736	2.923	3.094	3.302	3.445
22	2.429	2.603	2.758	2.939	3.060	47	2.744	2.931	3.103	3.310	3.455
23	2.448	2.624	2.781	2.963	3.087	48	2.753	2.940	3.111	3.319	3.464
24	2.467	2.644	2.802	2.987	3.112	49	2.760	2.948	3.120	3.329	3.474
25	2.486	2.663	2.822	3.009	3.135	50	2.768	2.956	3.128	3.336	3.483

附表 4　标准大气压与不同温度下水的密度

温度 t /℃	密度 ρ /(kg/m³)	温度 t /℃	密度 ρ /(kg/m³)	温度 t /℃	密度 ρ /(kg/m³)
0	999.841	16	998.943	32	995.025
1	999.990	17	998.774	33	994.702
2	999.941	18	998.595	34	994.371
3	999.965	19	998.405	35	994.031
4	999.973	20	998.203	36	993.68
5	999.965	21	997.992	37	993.33
6	999.941	22	997.770	38	992.96
7	999.902	23	997.638	39	992.59
8	999.849	24	997.296	40	992.21
9	999.781	25	997.044	42	991.44
10	999.700	26	996.783	50	988.04
11	999.605	27	996.512	60	983.21
12	999.498	28	996.232	70	977.78
13	999.377	29	995.944	80	971.80
14	999.244	30	995.646	90	965.31
15	999.099	31	995.340	100	958.35

附表 5　20℃时常见固体和液体密度

物质	密度 ρ/(kg/cm³)	物质	密度 ρ/(kg/cm³)	物质	密度 ρ/(kg/cm³)
铝	2698.9	锡	7298	丙酮	791
锌	7140	黄铜	8500~8700	甲醇	791.3
铁	7874	青铜	8780	煤油	800
钢	7600~7900	康铜	8880	变压器油	840~890
铜	8960	石英	2500~2800	蓖麻油	957
银	10492	水银	13546.2	甘油	1260
金	19320	石英玻璃	2900~3000	弗利昂-12	1329
铂	21450	汽车用油	710~720	(氟氯烷-12)	
钨	19300	乙醚	714	食盐	2140
铅	11342	无水乙醇	789.4	蜂蜜	1435

附表 6　20℃时常用金属的杨氏弹性模量 Y

材料	$Y/(\times 10^{11} \text{N·m}^2)$	材料	$Y/(\times 10^{11} \text{N·m}^2)$
铝	0.70~0.71	灰铸铁	0.6~1.7
银	0.69~0.82	硬铝合金	0.71
金	0.77~0.81	可锻铸铁	1.5~1.8
锌	0.78~0.80	球墨铸铁	1.5~1.8
铜	1.03~1.27	普通低合金钢	2.0~2.2
铁	1.86~2.06	合金钢	2.06~2.20
镍	2.03~2.14	铸钢	1.96~2.06
铬	2.35~2.45	碳钢	2.06~2.22
钨	4.07~4.15	康铜	1.72

附表 7　物质中的声速

物质		声速/(m/s)	物质	声速/(m/s)
氧气	0℃	317.2	NaCl 14.8% 溶液 20℃	1 542
氩气	0℃	319	甘油　20℃	1 923
干燥空气	0℃	331.45	铅	1 210
	10℃	337.46	金	2 030
	20℃	343.37	银	2 680
	30℃	349.18	锡	2 730
	40℃	354.89	铂	2 800
氮气	0℃	337	铜	3 750
氢气	0℃	1269.5	锌	3 850
二氧化碳	0℃	258.0	钨	4 320
一氧化碳	0℃	337.1	镍	4 900
四氯化碳	20℃	935	铝	5 000
乙醚	20℃	1006	不锈钢	5 000
乙醇	20℃	1168	重硅钾铅玻璃	3 720
丙醇	20℃	1190	轻氯铜银瞽玻璃	4 540
汞	20℃	1451.0	硼硅酸玻璃	5 170
水	20℃	1482.9	熔融石英	5 760

注：气体压强为 1.01325×10^5Pa；固体中的声速为沿棒传播的纵波声速.

附表 8　不同温度下水与空气接触时的表面张力系数

(单位：$\times10^{-3}$N/m)

温度/℃	1	2	3	4	5	6	7	8	9	10
0	75.64	75.0	75.36	75.21	75.07	74.93	74.79	74.65	74.50	74.36
10	74.22	74.07	73.93	73.78	73.63	73.49	73.34	73.19	73.04	72.90
20	72.75	72.59	72.44	72.28	72.12	71.97	71.81	71.65	71.49	71.34
30	71.18	71.02	70.86	70.69	70.53	70.37	70.21	70.05	69.88	69.72

注：表中数值代表纵表头+横表头温度下的表面张力系数.

附表 9　20℃时不同液体与空气接触时的表面张力系数

(单位：$\times10^{-3}$N/m)

液体	表面张力系数	液体	表面张力系数	液体	表面张力系数
石油	30	肥皂溶液	40	水银	513
煤油	24	弗利昂-12	90	甲醇(0℃)	24.5
松节油	28.8	蓖麻油	36.4	乙醇(0℃)	24.1
水	72.9	甘油	63	(60℃)	18.4

附表 10　物质的比热容

物质	温度/℃	比热容/[J/(kg·K)]	物质	温度/℃	比热容/[J/(kg·K)]
金	25	128	石蜡	0~20	2.91×10^3
铅	20	128	水银	0	139.5×10^3
铂	20	134		20	139×10^3

续表

物质	温度/℃	比热容/[J/(kg·K)]	物质	温度/℃	比热容/[J/(kg·K)]
			弗利昂-12	20	0.84×10^3
银	20	234	汽油	10	1.42×10^3
铜	20	385		50	2.09×10^3
锌	20	389	变压器油	0~100	1.88×10^3
镍	20	481	蓖麻油	20	2.00×10^3
铁	20	481	煤油	20	2.18×10^3
铝	20	896	乙醇	0	2.30×10^3
黄铜	0	370		20	2.47×10^3
	20	384	乙醚	20	2.34×10^3
康铜	18	420	甘油	18	2.43×10^3
钢	20	447	甲醇	0	2.43×10^3
生铁	0~100	0.54×10^3		20	2.47×10^3
云母	20	0.42×10^3	冰	0	2 097
玻璃	20	585~920	纯水	0	4 219
石墨	25	707		20	4 182
石英玻璃	20~100	787		100	4 204
石棉	0~100	795	空气(定压)	20	1 008
橡胶	15~100	$(1.13\sim2.00)\times10^3$	氢(定压)	20	14.25×10^3

附表 11　常用固体的线胀系数 α

物质	温度/℃	$\alpha/(\times10^{-6}℃^{-1})$	物质	温度/℃	$\alpha/(\times10^{-6}℃^{-1})$
铝	0~100	23.8	铅	0~100	29.2
铜	0~100	17.1	锌	0~100	32
铁	0~100	12.2	铂	0~100	9.1
金	0~100	14.3	钨	0~100	4.5
银	0~100	19.6	石英玻璃	20~200	0.56
钢(0.5%碳)	0~100	12.0	花岗石	20	6~9
康铜	0~100	15.2	瓷器	20~700	3.4~4.1

附表 12　常见材料的热导率

(单位：J/(m·K))

物质	热导率	物质	热导率	物质	热导率
银	429	水垢	1.3~3.1	新下的雪	0.1
铜	401	PVC	0.14~0.15	填实了的雪	0.21
金	317	玻璃	0.52~1.01	水	0.5~0.7
铝	237	有机玻璃	0.14~0.20	甘油	0.276
锌	112	木材（横软）	0.14~0.17	汽油	0.11
镍	90	（纵）	0.38	煤油	0.12
锡	64	普通松木	0.08~0.11	橄榄油	0.165
钢	36~54	石棉	0.15~0.37	蓖麻油	0.18
铅	35	耐火砖	1.06	变压器油	0.128
黄铜	70~183	胶合板	0.125	甲醇	0.207
青铜	32~153	压缩软木	0.07	空气	0.01~0.04
康铜	20.9	皮革	0.18~0.19	水蒸气	0.024
不锈钢	17	瓷	1.05	氨气	0.022

附表 13　常见金属、合金的温度系数及其 20℃时的电阻率

物质	电阻率 /(μA·m)	温度系数 /℃$^{-1}$	物质	电阻率 /(μA·m)	温度系数 /℃$^{-1}$
铝	0.028	4.2×10^{-3}	锌	0.059	4.2×10^{-3}
铜	0.0172	4.3×10^{-3}	锡	0.12	4.4×10^{-3}
银	0.016	4.0×10^{-3}	水银	0.958	1.0×10^{-3}
金	0.024	4.0×10^{-3}	武德合金	0.52	3.7×10^{-3}
铁	0.098	6.0×10^{-3}	钢(0.10%～0.15%碳)	0.10～0.14	6×10^{-3}
铅	0.205	3.7×10^{-3}	康铜	0.47～0.51	$(-0.4～+0.01)\times10^{-3}$
铂	0.105	3.9×10^{-3}	铜锰镍合金	0.34～1.00	$(-0.03～+0.02)\times10^{-3}$
钨	0.055	4.8×10^{-3}	镍铬合金	0.98～1.10	$(0.03～0.4)\times10^{-3}$

附表 14　铜-康铜热电偶分度表(0～100℃)

(参考端温度为0℃)

温度 /℃	0	1	2	3	4	5	6	7	8	9	10
	温差电动势 /mV										
0	0.000	0.039	0.078	0.117	0.156	0.195	0.234	0.273	0.312	0.351	0.391
10	0.391	0.430	0.470	0.510	0.549	0.589	0.629	0.669	0.709	0.749	0.789
20	0.789	0.830	0.870	0.911	0.951	0.992	1.032	1.073	1.114	1.155	1.196
30	1.196	1.237	1.279	1.320	1.361	1.403	1.444	1.480	1.528	1.569	1.611
40	1.611	1.653	1.695	1.738	1.780	1.822	1.865	1.907	1.950	1.992	2.035
50	2.035	2.078	2.121	2.164	2.207	2.252	2.294	2.337	2.380	2.424	2.467
60	2.467	2.511	2.555	2.599	2.643	2.687	2.731	2.775	2.819	2.864	2.908
70	2.908	2.953	2.997	3.042	3.087	3.131	3.176	3.221	3.266	3.312	3.357
80	3.357	3.402	3.447	3.493	3.538	3.584	3.630	3.676	3.721	3.767	3.813
90	3.813	3.859	3.906	3.952	3.998	4.004	4.091	4.173	4.184	4.231	4.277

附表 15　常见物质的折射率

物质		折射率	物质		折射率	物质	折射率
气体	空气	1.0002926	液体	二硫化碳 (20℃)	1.6276	固体	氯化钾	1.49044
	氨气	1.000035		(18℃)	1.6255	氯化钠	1.54427
	氖气	1.000067		甲醇 (20℃)	1.3290	冕牌玻璃 K$_6$	1.51110
	甲烷	1.000444		乙醇 (20℃)	1.3618	冕牌玻璃 K$_8$	1.51590
	氢气	1.000132		丙醇 (20℃)	1.3593	冕牌玻璃 K$_9$	1.51630
	水蒸气	1.000256		水 (20℃)	1.3330	钡冕玻璃	1.53988
	氧气	1.000773		乙醚 (20℃)	1.3538	火石玻璃 F$_1$	1.60328
	氩气	1.000286		丙酮 (20℃)	1.3591	火石玻璃 F$_8$	1.60511
	氮气	1.000298		三氯甲烷 (20℃)	1.4467	重冕玻璃 ZK$_6$	1.61263
	一氧化碳	1.000338		四氯化碳 (20℃)	1.4607	重冕玻璃 ZK$_8$	1.61400
	二氧化碳	1.000449		甘油 (20℃)	1.4370	钡火石玻璃	1.62590
	氯气	1.000376		苯 (20℃)	1.5011	重钡火石玻璃	1.65680

附表 16　几种常见光源的谱线波长

(单位：nm)

光源	颜色	波长	光源	颜色	波长
氢(H)	红	656.28	汞(Hg)	橙	623.44
	绿蓝	486.13		黄	579.07
	蓝	440.05		黄	576.96
	蓝紫	410.17		绿	546.07
	蓝紫	397.01		绿蓝	491.60
钠(Na)	黄	589.595		蓝紫	435.83
	黄	588.995		蓝紫	407.78
He-Ne 激光器	橙	632.8		蓝紫	404.66
氦(He)	红	706.52	氖(Ne)	红	650.65
	红	667.82		橙	640.23
	黄	587.56		橙	638.30
	绿	501.57		橙	626.65
	绿蓝	492.19		橙	621.73
	蓝	471.31		橙	614.31
	蓝	447.15		黄	588.19
	蓝紫	402.62		黄	585.25
	蓝紫	388.87			

附表 17　常见金属的"红限"波长 λ_0 及逸出功 A

金属	λ_0/nm	A/eV	金属	λ_0/nm	A/eV
钾(K)	550.0	2.2	汞(Hg)	273.5	4.5
钠(Na)	540.0	2.4	金(Au)	265.0	5.1
锂(Li)	500.0	2.4	银(Ag)	261.0	4.0
铯(Cs)	460.0	1.8	铁(Fe)	261.0	4.5